Frank Rieg

Schweißen

für Hobbyschlosser und Oldtimerfans

Shaker Verlag
Aachen 2015

Bibliografische Information der Deutschen Nationalbibliothek
Die Deutsche Nationalbibliothek verzeichnet diese Publikation in der Deutschen Nationalbibliografie; detaillierte bibliografische Daten sind im Internet über http://dnb.d-nb.de abrufbar.

Printed in Germany.

ISBN 978-3-8440-3542-1

Shaker Verlag GmbH • Postfach 101818 • 52018 Aachen
Telefon: 02407 / 95 96 - 0 • Telefax: 02407 / 95 96 - 9
Internet: www.shaker.de • E-Mail: info@shaker.de

Vorwort

Schweißen ist die Königsdisziplin beim Schlossern – egal, ob an Geländern, Kunstwerken oder Oldtimern. Viele Hobbyschlosser und Oldtimerfans würden gerne selbst schweißen und das Schweißen lernen, aber es gibt merkwürdigerweise entweder nur reine Fachliteratur, die für Profis gedacht ist, oder aber wenige Bücher, die sich an den Laien wenden, die aber dann doch sehr schlicht sind und stellenweise sogar Unsinn vermitteln.

Dieses kleine Bändchen soll diese Lücke schließen; es ist zwar von einem erfahrenen Diplom-Ingenieur des Maschinenbaus geschrieben, aber mit ausschließlichem Blick auf den Nicht-Techniker. Daher beginnen wir auch mit einer knappen Einführung hinsichtlich der Ausrüstung einer Hobby-Metallwerkstatt und den Basisarbeiten wie Sägen und Scheren, die notwendig sind, um Bauteile zum Schweißen erst einmal vorzurichten. Dazu gehört auch ein kleiner Exkurs über das Messen. Ein recht trockenes Kapitel befasst sich mit den Interna der Metalle, denn Schweißen ist Metallurgie pur. Ohne dieses Hintergrundwissen werden Sie niemals richtig schweißen. Sollten Sie diese Beiträge langweilen oder wissen Sie diesbezüglich bereits Bescheid, dann können Sie direkt beim Kapitel 3, dem eigentlichen Schweißen, einsteigen. Alle Schweißnähte in diesem Buch sind vom mir selbst gefertigt worden – also in Bezug auf praktisches Schweißen einem Amateur – aber damit wird die Sache authentisch. Viele Bücher und auch Videos im Internet präsentieren Ihnen Schweißnähte, die dann entweder in Wahrheit Berufsschweißer oder gar Roboter gemacht haben – das ist kein Maßstab! Daher nochmals der Hinweis: Dieses Werk ist für interessierte Laien und Nicht-Techniker gedacht, nicht für die Maschinenschlosser, Kraftfahrzeugschlosser, Meister des Metallgewerbes bis hin zu richtigen Ingenieuren; die mögen sich in Sachen Literatur an den *Deutschen Verband für Schweißen und verwandte Verfahren DVS* oder an die Profiliteratur wie *Matthes/Schneider* [4] wenden.

Mit „Schweißen für Hobbyschlosser und Oldtimerfans“ sind Schweißarbeiten rund um Haus und Garten, aber auch feinere Konstruktionsarbeiten und die Überholung von Oldtimer-Bauteilen gemeint. Es wird zwar recht detailliert auch auf das Schweißen dünner Bleche eingegangen, wie es für Karosseriearbeiten bei Oldtimern nötig ist, aber dies ist ausdrücklich *kein Buch über Karosseriearbeiten*, d.h. wie man Reparaturbleche bis hin zu ganzen Kotflügeln fertigt. Das bleibt der Spezialliteratur und großem Können mit viel Übung vorbehalten. Aber Sie werden hier lernen, wie man z.B. einen Öltank für Ihr Motorrad oder Zahnräder auf Wellen Ihres Oldtimers schweißt.

An einigen Stellen werden explizit Empfehlungen für Maschinen und Werkzeuge gegeben, damit Sie nicht ewig suchen müssen; alle Maschinen, Geräte und Werkzeuge, die auf den Bildern gezeigt werden, sind mein regulär erworbenes Eigentum, nichts Geklautes, Geliehenes oder gar Gesponsertes – eigentlich immer, weil ich von diesen Herstellern und Marken überzeugt bin. Das heißt natürlich nicht, dass nicht erwähnte Firmen nicht ebenfalls Qualitätsware liefern. Gleiches gilt für die Mitarbeiter der verschiedenen Überwachungsorganisationen.

Mir war sehr wichtig, dass die entsprechenden Kapitel von Fachleuten auf sachliche Richtigkeit geprüft wurden: Herr Dipl.-Wirtsch.-Ing. SFI/IWE B. Ivanov von der Fa. EWM AG checkte die Kapitel 3.2, 3.4 und 7. Herr S. Reich von der Fa. *REHM GmbH u. Co. KG Schweißtechnik* übernahmdie Prüfung des Kapitels 3.3.

Herr Dipl.-Ing. (FH) J. Stiefler-Ebert vom TÜV Bayreuth stellt nicht nur Material zur Verfügung, sondern überprüfte auch das Kapitel 5. Die Firma *REHM GmbH u. Co. KG Schweißtechnik* stellte umfangreiches Datenmaterial in Form der WPQR/WPS für die DIN EN 1090 sowie interne Firmenunterlagen zur Verfügung.

Die Herren Dipl.-Ing. (FH) O. Brandstädter und D. Kocab, EWM AG, erläuterten mir die neuesten schweißtechnischen Entwicklungen, vgl. Kap. 7.

Mein Freund und Kollege Prof. Dr.-Ing. G. Fischerauer, Lehrstuhl Mess- und Regeltechnik, Universität Bayreuth, gab wertvolle Hinweise zum Kapitel 3.3.2, Thema „Schweißstromquellen“.

Frau Dr.-Ing. B. Alber-Laukant ergänzte das Kapitel Metallurgie, las das Buch Korrektur und gab ihm ein ansprechendes Design. Ihnen allen sei sehr herzlich gedankt.

Mir hat die Arbeit als Oldtimerfan, der schon eine Reihe von Motorrädern und Autos restauriert bzw. repariert hat, und der als Hobbyschlosser schon alles Mögliche von Möbeln bis hin zu Gartenplastiken geschweißt hat, viel Spaß gemacht. Ich hoffe, dass Sie genauso viel Spaß beim Lesen haben werden.

Zu diesem Büchlein gibt es im Internet Begleitmaterial in Form von kleinen Videos auf *YouTube*, und zwar im Kanal *PraktING-TV* mit hochwertigen Videos und im Kanal *LSCAD* mit nicht ganz so aufwendig bearbeiteten Videos.

Für den Kanal *PraktING-TV* können via Homepage www.prakting.tv in einem Forum Diskussionen zu den Videos und den vorgestellten Verfahren geführt werden.

Bayreuth, im Februar 2015

Inhaltsverzeichnis

KAPITEL 1 Ehe überhaupt geschweißt wird

1.1 Die Hobby-Metallwerkstatt

Eine eigene Werkstatt können Sie zum Beispiel in einem Kellerraum, in einer Garage, einem Anbau oder auch einer massiven Gartenhütte einrichten. Wo Sie das tun ist zunächst egal, aber Sie müssen erstens darauf achten, dass man diese Werkstatt vernünftig heizen kann, denn nichts ist schlimmer, als mit klammen Händen zu arbeiten, und zweitens ist extrem wichtig, dass diese Werkstatt halbwegs trocken ist. Da können Sie besonders in größeren Garagen Ihr blaues Wunder erleben, wenn neben Ihren hochwertigen Maschinen und Werkzeugen auch Autos parken, die im normalen Straßenverkehr täglich benutzt werden. Gerade im Winter fahren die Autos mit feuchtem Streusalz besprüht in die Garage, und der heiße Motorblock sorgt dann auch noch für erhöhte Temperaturen, bei denen sich der Rost ins Fäustchen lacht. Unter diesen Bedingungen können Sie regelrecht zuschauen, wie Ihre hochwertigen Werkzeuge verrosten! Sie müssen also Ihre Werkstatt wirklich völlig dicht mit einer Dampfsperre von der eigentlichen Autoabstellfläche unterteilen, sonst werden Sie Ihres Lebens nicht froh. Ich habe da im Freundeskreis schon Einschlägiges beobachten können: Auch z.B. Motorräder vergammeln ganz schnell, wenn sie in solchen streusalz-geschwängerten und warmen Garagen stehen. Warum rosten dann die Autos unter diesen Bedingungen nicht? Das tun sie natürlich auch, man sieht es nur nicht, weil da der Rost am Unterboden, in den Schwellern und Radkästen nagt – dort, wo man halt nicht hinsieht. Wie man solche Werkstatträume trocken und warm bekommt, entnehmen Sie der einschlägigen Literatur; ich bin dahingehend kein Spezialist. Im Zweifelsfalle fragen Sie einen Baumeister oder Architekten.

Ob Sie nun einen Betonboden, Fliesenboden oder Holzboden haben, ist weitgehend Geschmackssache. Am robustesten ist natürlich ein reiner Betonboden. Da ärgert man sich am wenigsten, wenn herunterfallende Werkzeug oder Werkstücke Knauben in den Boden hauen; bei Fliesen oder Holzböden kann das mitunter recht blöd aussehen. Ferner brauchen Sie sehr gutes Licht; im Zweifelsfall bringen Sie eine oder zwei weitere Neonlampen an. Oder auch im Zeichen der Energiewende LED-Lampen. Steckdosen kann man nie genug haben, im Allgemeinen genügen für unsere Zwecke die handelsüblichen 230 V Steckdosen. Die sollten dann aber auch wirklich mit 16 A abgesichert sein. Wenn Sie die Möglichkeit haben, wäre eine 400 V Kraftstrom-Steckdose nicht schlecht – gerade für stärkere MIG/MAG-Maschinen fast notwendig. So eine Steckdose kann man mit Geschick selbst legen; man darf es allerdings nicht. Im Zweifelsfall lassen Sie Ihren autorisierten Elektrofachbetrieb vorbeikommen, der soll Ihnen auch gleich die entsprechend trägen Sicherungen einbauen. Als letztes wäre eine brauchbare Lüftungsmöglichkeit vorzusehen: besonders beim Schweißen mit Elektroden, beim MIG/MAG-Schweißen und beim Hartlöten entstehen nicht gerade gesundheitsfördernde Dämpfe, denen man eine geeignete Abzugsmöglichkeit verschaffen sollte. Außerdem riecht es sonst im ganzen Haus nach diesen Schweißrauchen, unter Umständen noch mit Öldämpfen vom Drehen und Fräsen angereichert – ich mag das, aber die bessere Hälfte hat eigentlich immer etwas dagegen.

Das wichtigste Möbel in Ihrer Werkstatt ist eine stabile Werkbank. Vergessen Sie gleich irgendwelche ausrangierten Küchentische oder Esstische. So etwas ist viel zu instabil und hält keine Beanspruchungen aus, wie sie bei der Metallbearbeitung auftreten. Eine ordentliche Metall-Werkbank hat einen geschweißten Stahlrahmen mit einer massiven Schichtholzplatte. Nun befinden Sie sich in einer Zwickmühle: Wenn Sie dieses Buch durchgearbeitet und genügend geübt haben, können Sie sich eine solche Werkbank hinterher selbst herstellen. Aber da Sie gerade anfangen, sollten Sie doch eher auf eine gekaufte ordentliche Werkbank zurückgreifen. Dann gehört an eine solche Metall-Werkbank ein massiver Schraubstock. Unter 100 mm Backenbreite brauchen Sie erst gar nicht anzufangen, und Schraubstöcke, die man mit Flügelmuttern an die Tischplatte klemmt, sind Spielerei. Sie können einen solchen Schraubstock natürlich im Baumarkt oder gebraucht im Internet kaufen, aber da dies mit Ihr wichtigstes Werkzeug überhaupt ist, sollten Sie hier nicht sparen und sich an die bewährten Lieferanten wie *Leinen*, *Brockhaus Heuer* und *Pettinghaus* wenden. Diese Firmen sind seit Jahrzehnten am Markt und statten in der Hauptsache Handwerk und Industrie aus. Auch wenn ein solcher hochwertiger Schraubstock fast 200 € kostet, leisten Sie sich das! Mein eigener Schraubstock ist inzwischen fast 40 Jahre alt; ich habe vor einiger Zeit einmal die Führungen nachgestellt und jetzt arbeitet er wieder vollkommen spielfrei. Von untergeordneter Bedeutung ist es, ob der Schraubstock aus geschmiedetem Stahl oder aus hochwertigen Gusseisen besteht. Die Schraubstöcke zum Beispiel der Firma *Leinen* sind meistens aus hochwertigem Grauguss und trotzdem unzerstörbar. Da die

Schraubstöcke im Allgemeinen gehärtete Backen mit recht massiver Pflasterstein-Oberfläche haben, die natürlich zum Packen von rohen Stahlteilen ideal sind, setzt man einfach auf die Originalbacken zum Greifen von empfindlichen Werkstücken sogenannte Aufsatzbacken auf; diese können aus Aluminium oder Kunststoff sein.

Bild 1.1-1: Eine ordentliche Werkbank. Werkbild Regal Steger.

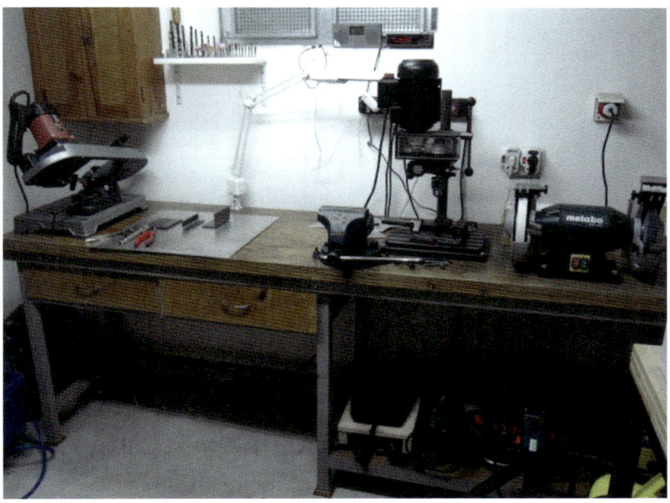

Bild 1.1-2: Meine selbstgebaute Werkbank - eine Schweißkonstruktion.

Bild 1.1-3: Ein massiver Schraubstock mit 135 mm Backenbreite. Seit fast 40 Jahren im Einsatz.

Das Aufbewahren Ihrer Werkzeuge können Sie zum Beispiel in Schubladen vornehmen; davon kann man nie genug haben, aber meistens hat man trotzdem zu wenig. Ich hebe in den Schubladen meiner selbstgefertigten Werkbank in der Hauptsache die verschiedenen Feilen auf, damit liegen sie in Griffnähe zum Schraubstock. Für Schraubenschlüssel, Schraubenzieher und Zangen finde ich sogenannte Lochwände ideal. Erstens ist dies ungeheuer platzsparend, zweitens sieht man damit den Werkzeugen sofort an, wenn sie das Rosten anfangen wollen und drittens hat man das Werkzeug mit einem Blick erfasst und sofort gegriffen.

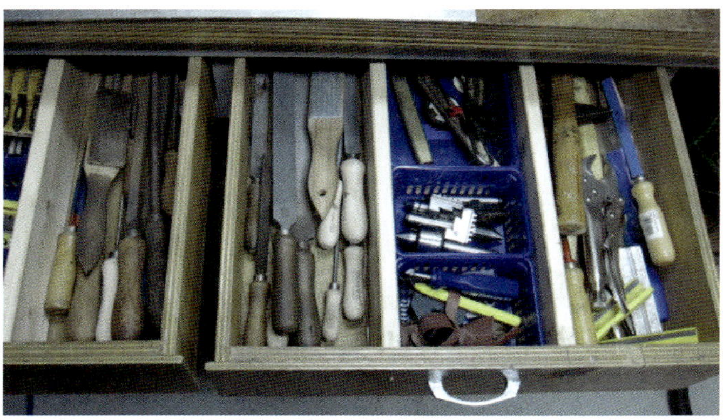

Bild 1.1-4: Schubladen in einer Werkbank.

Eine sehr gute Möglichkeit zur Aufbewahrung, speziell in der Garage, ist der altbewährte *Hazet Assistent* – sehr teuer, aber halt auch sehr gut. Kleine Elektrowerkzeuge, Spannmittel, Messmittel, Schweißzusatzstoffe und ganz allgemein Materialien lagere ich in Regalen. Metallregale als modulare Systeme bekommt man sehr preiswert in den Baumärkten; man sollte dann aber derartige Regale mit einigen Dübeln an der Wand festschrauben, damit sie auf keinen Fall umkippen können, denn teilweise lagern doch nicht unerhebliche Lasten in ihnen.

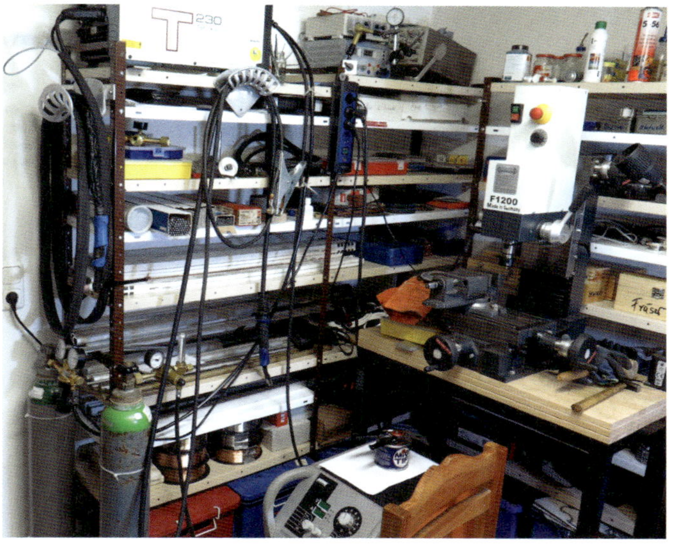

Bild 1.1-5: Größere Werkzeuge und Schweiß-Verbrauchsmittel werden in Regalen gelagert.

Dann brauchen Sie eine Grundausstattung an Handwerkzeugen, um Ihre Bauteile zum Schweißen überhaupt erst freilegen zu können:

Beginnen wir mit den Schraubenschlüsseln. Zwar braucht man statistisch am meisten die Schlüsselgrößen 8, 9, 10, 13, 17 und 19, aber gerade an Autos und Motorrädern, für die Sie ja jetzt unter Umständen Teile herstellen wollen, werden oft nicht genormte und herstellereigene Schrauben verwendet. Dies ist überhaupt kein Problem, da solche Spezialschrauben zu Millionen gebraucht werden, und jede Schraubenfabrik leckt sich alle zehn Finger danach, wenn sie eine Autofabrik mit geeigneten Spezialschrauben versorgen kann. Diese Spezialschrauben, gerade im Kfz-Bereich, haben aber sehr häufig Schlüsselgrößen, die eben nicht unbedingt den viel verwendeten Größen entsprechen, und daher möchte ich Ihnen empfehlen, sich einfach einen kompletten Schlüsselsatz, der von Größe 6 bis zur Größe 22 geht, zuzulegen. Vergessen Sie solche Schlüsselsätze vom Grabbeltisch aus den Baumärkten!

Ein guter Schlüsselsatz ist eine Anschaffung fürs Leben, und auch wenn ein solcher Satz von den deutschen Spitzenherstellern dann eben teuer ist, sollten Sie daran nicht sparen. Die führenden deutschen Firmen auf diesem Gebiet sind die Firma *Hazet*, *Gedore* (vormals *Dowidat*) und *Stahlwille*; auch die Firma *Proxxon* liefert ordentliche Qualität. Genaugenommen brauchen Sie eigentlich zwei Schraubenschlüsselsätze, denn sehr häufig hat man es mit sog. Durchsteckverbindungen zu tun, das heißt mit Schrauben und Muttern. Also müssen Sie mit dem einen Schlüssel die Schraube festhalten und mit dem andern Schlüssel die Mutter drehen. Ich würde zwei verschiedene Sätze nehmen, einen Gabelschlüsselsatz und einen gekröpften Ringschlüsselsatz. Und wenn Sie sich noch etwas ganz Gutes tun wollen, dann kaufen Sie einen dritten Satz, bei dem jeder Schlüssel auf der einen Seite eine Gabel und auf der anderen Seite einen Ring hat. Ergänzen Sie das mit einem Stecknusssatz der o.g. Lieferanten, am besten sogar gleich zwei, einmal für feine Arbeiten mit ¼“ Antrieb und einmal fürs Grobe mit ½“ Antrieb. Ein Kompromiss ist 3/8“.

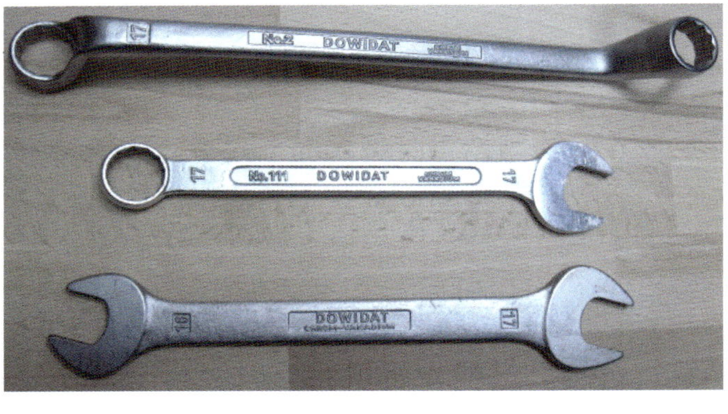

Bild 1.1-6: Schraubenschlüssel. Oben ein gekröpfter Ringschlüssel, in der Mitte ein Ring-Gabelschlüssel und unten der bekannte Gabelschlüssel.

Wenn man von Schraubenschlüsseln spricht, denkt man auch sofort an die sogenannten Inbusschlüssel für Innensechskantschrauben. Hier kaufen Sie sich am besten einen kompletten Satz, der ist nicht teuer. Wobei man meistens die Größen 3, 4, 5, 6 und 8 mm braucht. Die nächste Anschaffung wären einige ordentliche Schraubenzieher. Dabei brauchen wir die sogenannten Schlitzschraubenzieher, und zwar in den Größen 3, 5, 7 und 9 mm Klingenbreite und die sogenannten

Kreuzschlitzschraubenzieher. Hier müssen Sie etwas aufpassen, da gibt es zwei verschiedene Sorten: An Maschinen wird immer der so genannte *Phillips-Kreuzschlitz*, Abkürzung PH, bei Möbeln und Holzbau dagegen der so genannte *Pozidriv-Kreuzschlitz*, Abkürzung PZ, verwendet. Legen Sie sich für das Schrauben in der Werkstatt, am Auto und am Motorrad die Größen PH 0,1 und 2 zu. Nur in Ausnahmefällen braucht man auch noch die Größe 3. Geht's dagegen um sogenannte *Spax-Schrauben*, dann bräuchten Sie zusätzlich noch PZ 1 und PZ 2. Achten Sie bei Schraubenzieher auf die beste Qualität. Besonders die Schlitz-Schraubenzieher sollten ab der Klingenbreite 5 mm einen Sechskant haben, um einen Gabelschlüssel zur Unterstützung ansetzen zu können.

Bild 1.1-7: Ein Satz Inbusschlüssel für Innensechskantschrauben.

Dann brauchen Sie Zangen: Die viel geschmähte Kombizange ist besser als ihr Ruf, und Sie sollten sich auf jeden Fall eine zulegen. Dazu eine sogenannte Spitzzange zum Greifen und Positionieren von kleinen Bauteilen, eher fürs Grobe eine sogenannte Wasserpumpenzange und zum Abschneiden von Drähten (Schweiß-drähte!) einen Seitenschneider oder noch besser eine sogenannte Rabitzzange. Sehr gute Adressen für Zangen sind *Knipex* und *Alarm*. Eine ganz feine Sache sind die sogenannten Gripzangen. Sie sind unentbehrlich beim Schweißen zum Fixieren der Werkstücke. Aber auch sonst sind sie in vielen Situationen außerordentlich nützlich. Sie ersetzen sozusagen die dritte Hand und sind in vielen Fällen praktischer als Schraubzwingen.

Bild 1.1-8: Schlitz-Schraubenzieher und Kreuzschlitz-Schraubenzieher.

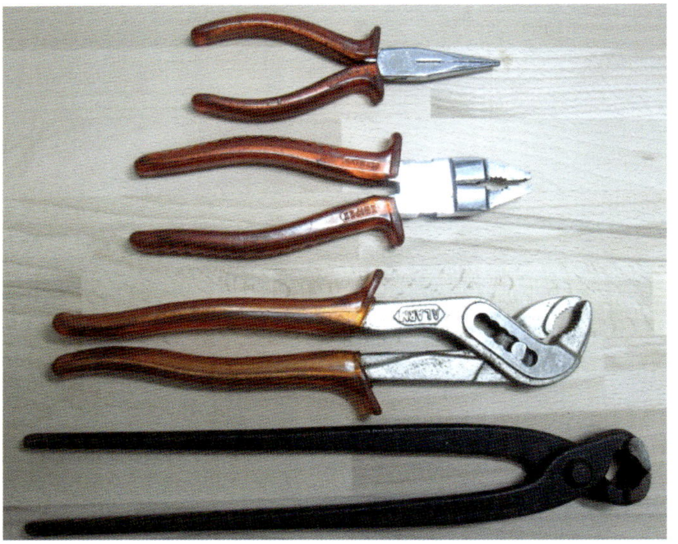

Bild 1.1-9: Von oben: Spitzzange, Kombizange, Wasserpumpenzange und Rabitzzange.

Dann brauchen Sie noch eine kleine Auswahl an Hämmern. Der wichtigste dabei ist der sogenannte Schlosserhammer; den brauchen Sie zweimal und zwar einmal mit 500 g Gewicht und einmal mit 200 g Gewicht. Der große Schlosserhammer wird für alle brutalen Arbeiten genommen, der kleine ist ideal zum Ausrichten von Spannzeugen und Schlitten an Werkzeugmaschinen. Man hat damit häufig wesentlich mehr Gefühl als mit einem sogenannten Schonhammer. Aber trotzdem brauchen wir auch zwei Schonhämmer und zwar als erstes einen sogenannten Plastikkammer und als zweites einen Holzhammer.

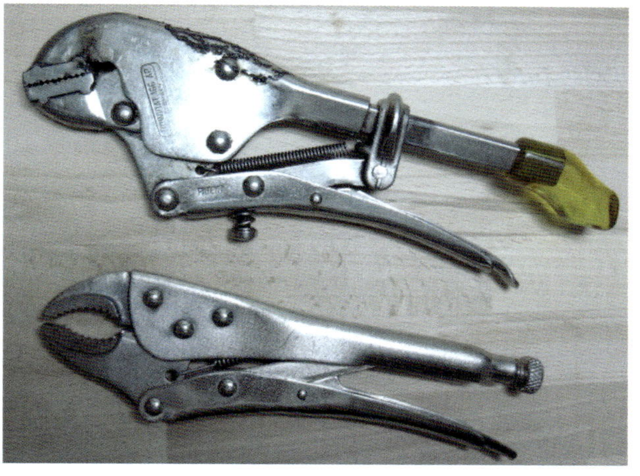

Bild 1.1-10: Gripzangen

Bild 1.1-11: Von oben: Schlosserhammer 500 g, Schlosserhammer 200 g, Plastikhammer, Holzhammer

Das wäre mal so auf den ersten Blick das Wesentliche; Werkzeuge für das Sägen, Feilen und Bohren besprechen wir in denen passenden Kapiteln.

Aber drei unentbehrliche Helfer dürfen wir nicht vergessen: Das wäre als erstes ein kleiner Kompressor; da tut's ein Baumarkt-Modell. Den quetschen Sie in irgendeine ohnehin tote Ecke hinter der Werkbank; zusammen mit einer Ausblaspistole können Sie damit prima Drehteile von Spänen und Vergaser von Verstopfungen befreien. Wo man etwas aufpassen muss, ist an Werkzeugmaschinen. Normalerweise ist es laut allen hochwichtigen Lehrbüchern hier verpönt, die Späne per Druckluft wegzublasen; wenn Sie's doch tun, dann blasen Sie die Späne jedenfalls nicht in die Führungen, Spindeln und Futter – dafür nehmen feine Leute dann eher einen ganz normalen Malerpinsel.

Bild 1.1-12: Ein preiswerter kleiner Baumarkt-Kompressor passt in jede Ecke.

Das zweite unentbehrliche Hilfsmittel ist ein robuster Staubsauger. Der sollte immer angeschlossen und startbereit in Griffnähe stehen; er ist ideal, um Schweißschlacke vom Boden, Späne von der Werkbank, aber ganz besonders von der Drehbank und der Fräsmaschine wegzusaugen. Ich verwende dieses Teil ständig, denn ordentliche Leute machen ihren Arbeitsplatz grundsätzlich sauber, ehe die Nacht kommt.

Und der dritte unentbehrliche Helfer ist eine mobile Werkbank. Diese Dinger sehen immer irgendwie für ahnungslose Heimwerker geschaffen aus, aber diese mobilen Werkbänke kann man für unglaublich viele Arbeiten brauchen: In Verbindung mit einer Granit-Platte als Anreißtisch, in Verbindung mit einer Aluminium- oder Stahlplatte als provisorischen Schweißtisch und einfach so für alle möglichen Halte- und Unterstützungsarbeiten.

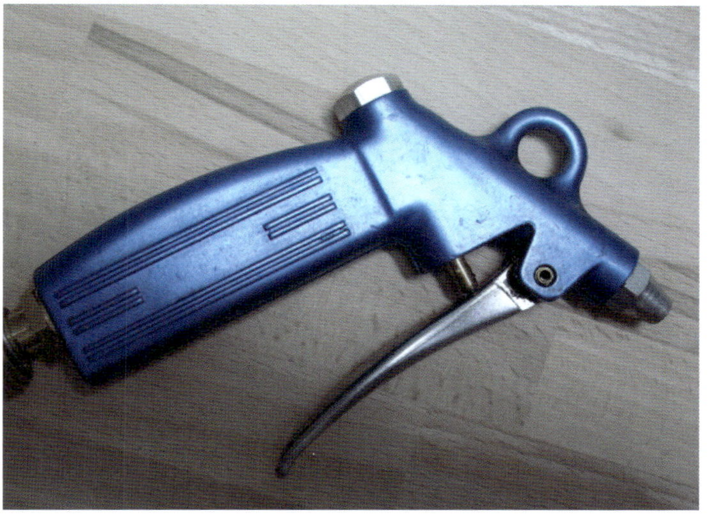

Bild 1.1-13: Eine Ausblaspistole ist ein feines Werkzeug, um Späne in Bohrungen zu entfernen.

Bild 1.1-14: Ein Staubsauger –immer angeschlossen und griffbereit.

Bild 1.1-15: Die mobile Werkbank als Anreißtisch.

Bild 1.1-16: Die mobile Werkbank als provisorischer Schweißtisch mit einer aufgelegten Aluplatte.

1.2 Metallische Werkstoffe

1.2.1 Allgemeines

Hinweis: Dies ist das einzige Kapitel des Buchs, das recht trocken und theorielastig ist, und Sie können es bei einer allerersten Lektüre überspringen. Aber irgendwann sollten Sie es durcharbeiten, denn nur mit einigermaßen fundierten Kenntnissen über die Interna von Metallen sind Sie in der Lage:

- bei neu zu fertigenden Bauteilen das richtige Material zu bestellen
- bei vorhandenen Bauteilen zumindest grob zu deuten, um welches Material es sich wohl handelt
- das jeweilige Material richtig zu schweißen, drehen oder zu fräsen

Der Hobbyschlosser wird wohl am ehesten mit folgenden Metallen zu tun haben: Stahl, Aluminium, und in selteneren Fällen Gusseisen und Messing. Eine herausragende Stellung nehmen dabei die Stähle und die Gusseisen ein. Nicht umsonst spricht man von der Steinzeit, der Bronzezeit und der Eisenzeit. Um diese beiden Eisenwerkstoffe zunächst ganz grob zu charakterisieren, sei hier eine sehr grobe Definition angeführt, die viele Ausnahmen kennt, aber anhand derer sich man die Dinge am einfachsten merken kann:

Technisch verwendete Eisenwerkstoffe sind grundsätzlich Legierungen aus Eisen und Kohlenstoff. Denen können dann – je nachdem – auch weitere Legierungselemente hinzugefügt werden, aber zunächst bestehen Stähle und Gusseisen immer aus einer "Mischung" von Eisen und Kohlenstoff. Dabei gilt ganz grob, dass Stähle unter 2 % Kohlenstoff haben, und die verschiedenen Gusseisensorten haben merklich über 2 % Kohlenstoff. Stähle gehören zu den sogenannten Knet-Legierungen, d.h. sie können geschmiedet, gebogen oder durch sonstige Verfahren bleibend verformt werden. Im Gegensatz dazu wird Gusseisen zunächst vergossen, und bis auf seltene Ausnahmen kann es anschließend weder kalt noch warm umgeformt werden, d.h. es kann nicht geschmiedet oder gebogen werden. Gusseisen lässt sich, besonders in der Form des sogenannten Graugusses, hervorragend vergießen und wird daher technisch für sehr komplizierte Gussstücke genutzt, die anschließend spannend bearbeitet werden. Das Ihnen vielleicht bekannteste Beispiel ist der Motorblock Ihres Autos. Immer noch werden weltweit die meisten Motorenblöcke von Verbrennungsmotoren aus Grauguss hergestellt, weil er sehr gute Eigenschaften für besonders diesen Verwendungszweck aufweist. Neuerdings gibt man immer mehr zu Aluminiummotorblöcken über, weil Aluminium, wie wir noch sehen werden, hervorragende Wärmeleiteigenschaften hat und gleichzeitig bestens vergießbar ist. Dafür ist es spürbar teurer als Grauguss und hat eine merklich geringere Festigkeit.

Einige Worte zur Geschichte der Eisenwerkstoffe: Wann die ersten Stähle gezielt hergestellt wurden, liegt im Dunkeln der Geschichte. Man kann aber davon ausgehen, dass in etwa um 500 v. Chr. die Kelten aus manganreichen Erzen in der Steiermark bzw. Kärnten sogenannten "Norischen Stahl" hergestellt haben. Interessanterweise war dagegen das Gusseisen im Altertum noch unbekannt. Man weiß heute, dass der Beginn der Herstellung des Eisengusses auf etwa das Jahr 1400 datiert werden kann [9]. Das erste umfassende Werk über die Metall- und Hüttenkunde verfasste 1556 *Georgius Agricola* (dessen latinisierter Name schlicht Georg Bauer bedeutet) mit seinen "De Re Metallica Libri XII", zu Deutsch "Zwölf Bücher über die metallische Sache" – frei amtlich übersetzt „Zwölf Bücher vom Berg- und Hüttenwesen“ [8].

Es folgten dann viele technische Verbesserungen, die aber für unsere Betrachtungen hier weniger interessant sind. Stahl in dem Sinne, wie wir ihn heute kennen, wird im großen Stil seit etwa 1850 hergestellt. Das heißt, der große *James Watt* (der übrigens als Mechaniker extra Deutsch lernte, um die Schriften *Otto von Guerickes* zu verstehen!) konnte bei der Entwicklung seiner Dampfmaschine um 1770, die das industrielle Zeitalter einläutete, noch nicht auf ordentliche Stähle zurückgreifen, sondern nur auf irgendwelche Schmiede- und Gusseisen, deren Qualität undefiniert war und stark schwankte. Und moderne Dreh-, Fräs- und Schweißverfahren gab es auch nicht; umso enormer ist seine Leistung!

Mit der modernen Stahlerzeugung ist ein Name untrennbar verknüpft: *Alfred Krupp* in Essen. 1851 zeigte die Firma Krupp auf der Londoner Weltausstellung ein Gussstahlgeschütz und ein Gussstahlblock von 4300 Pfund Gewicht; diese Exponate machten die Firma Krupp über Nacht weltberühmt. Zehn Jahre später nahm Krupp den berühmten Dampfhammer "Fritz" in Betrieb, dessen Bärgewicht - also das Fallgewicht - 50 t betrug. Der ganze Hammer selbst wog etwa 200 t. Um 1860 bestellte Preußen bei der Firma Krupp dann 300 Feldgeschützrohre aus Gussstahl [9]. Seitdem wird der Stahl für alle möglichen kriegerischen und friedlichen Zwecken benutzt. Er ist mit Abstand das technisch wichtigste Metall.

Wir können die technischen Metalle in etwa wie folgt einteilen, und zwar nur soweit, wie sie für den Hobbyschlosser interessant sind. Es fehlen also die Manganhartstähle, Schiffsbaustähle, Druckbehälterstähle, aber auch Magnesium und Titan und viele andere aus dem professionellen Bereich; wer hier Genaueres wissen will, möge die einschlägige Literatur konsultieren, z.B. [1, 2, 3].

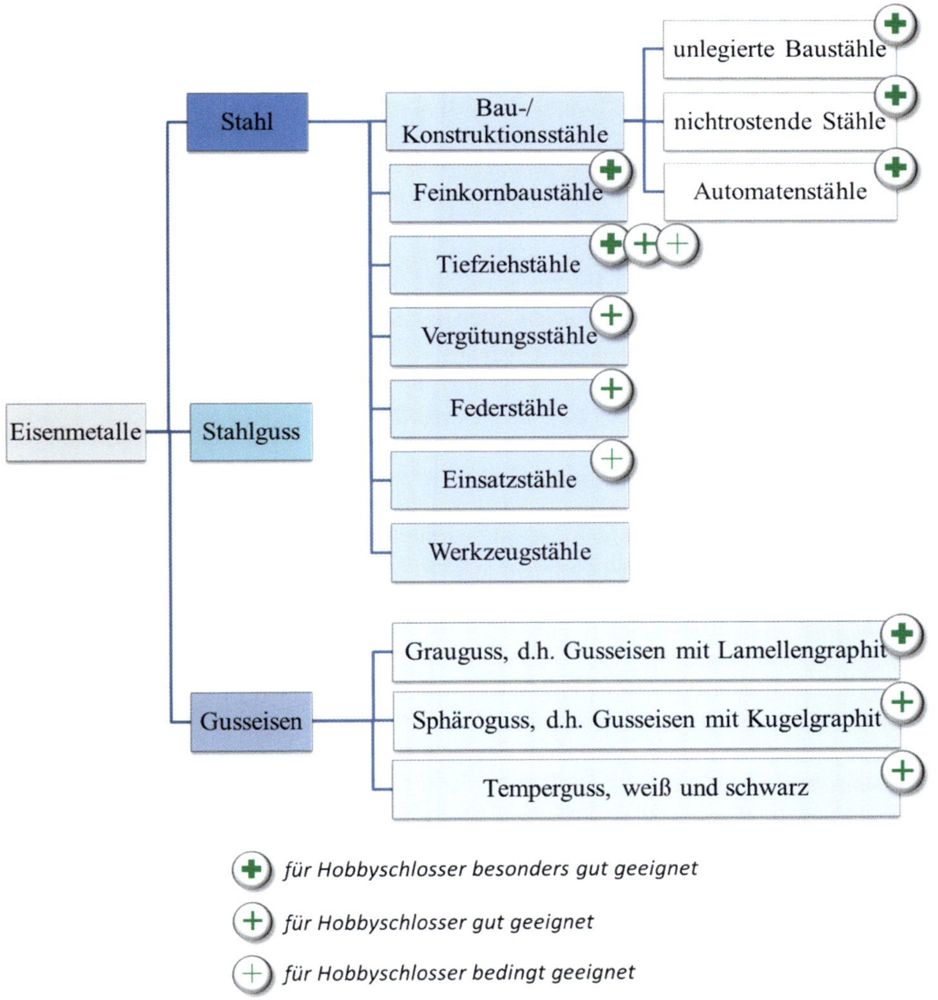

Bild 1.2-1: Einteilung der Eisenmetalle mit Wertung der Schweißeignung.

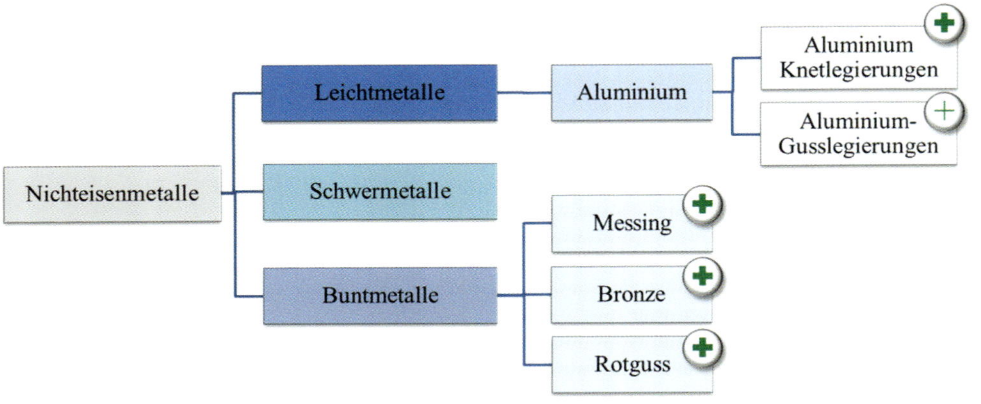

Bild 1.2-2: Einteilung der Nichteisenmetalle mit Wertung der Schweißeignung.

Nun wäre wichtig zu wissen, wie die verschiedenen Metalle offiziell benannt werden und welche Eigenschaften sie haben, damit man auch das Richtige bestellen kann:

1.2.2 Stahl

1.2.2.1 Gefüge und Legierungen

Für Stähle gelten nach DIN EN 10027-1 folgende Kennbuchstaben; auch hier nur wieder die Angaben, die den Hobbyschlosser betreffen:

- C = Kohlenstoff-Stahl
- DC, DD, DX = Blech zum Kaltumformen, d.h. Tiefziehen etc.
- E = Maschinenbaustahl
- G = Stahlguss
- HS= Schnellarbeitsstahl
- S = Stahl für den Stahlbau
- X = höherlegierter Stahl

Die dann folgenden Stellen und Kennungen sind uneinheitlich – natürlich streng genormt, aber dem Nichttechniker nicht ganz leicht zu vermitteln. Wir werden einfach ein paar Beispiele vorlegen:

- S235JR ist ein Stahl für den Stahlbau, die Zahl 235 ist ein Festigkeitswert, die sog. Streckgrenze, und JR gibt ein bestimmtes Prüfkriterium, die sog. Kerbschlagarbeit, bei 20°C ab.
- S275N ist besonders schweißgeeigneter Feinkornbaustahl, die Zahl 275 ist ein Festigkeitswert, N steht für die erhöhte Schweißeignung (normalgeglüht).
- E295 ist ein Maschinenbaustahl, die Zahl 295 ist ein Festigkeitswert.
- DC04 ist ein beliebter Tiefziehstahl, der im Automobilbau genutzt wird.
- C45 ist ein Kohlenstoffstahl mit 0,45% Kohlenstoff. Dies ist ein Vergütungsstahl für qualitativ höherwertige Bauteile. Vergüten bedeutet, den Stahl zunächst zu härten und dann wieder kontrolliert zäher zu machen.
- 16MnCr5 ist ein Einsatzstahl mit 0,16% Kohlenstoff, 1,25% Mangan (das ist die 5 am Schluss, geteilt durch 4, für das erste Legierungselement, also Mangan) und etwas Chrom. Ein Einsatzstahl hat von Haus aus immer so wenig Kohlenstoff, so unter 0,3%, dass er nicht härtbar ist. Das Bauteil wird dann „eingesetzt" (auch „aufkohlen" genannt), d.h. die Oberfläche wird mit Kohlenstoff angereichert, sodass die Oberfläche gehärtet werden kann. Die Umrechnung ist für alle unlegierten und legierten Stähle folgende, solange kein X davorsteht:
    a. Cr (Chrom), Co (Kobalt), Mn (Mangan), Ni (Nickel), Si (Silizium) und W (Wolfram): Teiler 4.
    b. Al (Aluminium), Be (Beryllium), Cu (Kupfer, lat.: Cuprum), Mo (Molybdän), Nb (Niob), Pb (Blei, lat.: Plumbum), Ta (Tantal), Ti (Titan), V (Vanadium) und Zr (Zirkon): Teiler 10.
    c. C (Kohlenstoff, lat.: Carboneum), Ce (Zer, lat.: Cerium), N (Stickstoff, lat.: Nitrogenium), P (Phosphor), S (Schwefel): Teiler 100.
- 42CrMo4 ist ein legierter Edelstahl mit 0,42% Kohlenstoff, 1% Chrom (s.o.) und etwas Molybdän.
- X100CrMoV5-1 ist ein legierter Werkzeugstahl mit 1% Kohlenstoff, 5% Chrom (denn wenn der Stahl mit X beginnt, dann werden die hinteren Zah-

len 1:1 verwendet. Ein Stahl beginnt dann mit X, wenn mindestens eines seiner Legierungselemente 5% oder mehr ausmacht – eigentlich ganz einfach, oder?)

- X5CrNiMo17-12-2 ist ein nichtrostender Edelstahl, volkstümlich V4A genannt (das steht für *Versuchsschmelze 4 Austenit*, damals vor ca. 100 Jahren, als dieser Stahl entwickelt wurde). 0,05% Kohlenstoff, 17 % Chrom, 12% Nickel und 2% Molybdän. Übrigens spricht man das so: „ iksfünfkronimosiebzehnzwölfzwei“. Das ist der typische *Nirosta* oder *Cromargan* für Schwimmbäder und Kochtöpfe.
- HS10-4-3-10 ist ein legierter *High Speed* Werkzeugstahl mit 10% Wolfram, 4% Molybdän, 3% Vanadium und 10% Kobalt. Wie das? Bei HS-Stählen ist die Reihenfolge der Zahlen immer: Wolfram, Molybdän, Vanadium, Kobalt in %. Aus diesem Stahl macht man z.B. Drehstähle und Fräser.

Das sind die „landläufigen“ Bezeichnungen für Stähle, die den Charme haben, dass man mit nur ein wenig Übung sofort erkennt, um was für einen Stahl es sich handelt. Nun gibt es aber eine alternative Kennung, die eher von den Materialwirtschaftlern (bei der Bundeswehr würde man von „Nachschiebern“ sprechen) verwendet wird, weil diese Werkstoffnummern sehr kurz und eindeutig, aber schwer zu entschlüsseln sind. Hier am besten ein paar Beispiele:

S235JR	= Werkstoffnummer 1.0038
S275N	= Werkstoffnummer 1.0490
E295	= Werkstoffnummer 1.0050
DC04	= Werkstoffnummer 1.0338
C45	= Werkstoffnummer 1.1191
16MnCr5	= Werkstoffnummer 1.7131
42CrMo4	= Werkstoffnummer 1.7225
X100CrMoV5-1	= Werkstoffnummer 1.2363
X5CrNiMo17-12-2	= Werkstoffnummer 1.4401
HS10-4-3-10	= Werkstoffnummer 1.3207

Und wie kommt man darauf? 1. steht für Stahl, die nächsten beiden Ziffern sind die Stahlgruppennummer und die letzten beiden Ziffern sind Zählnummern. So bedeuten bei den Stahlgruppennummern:

00 = Handelsgüte, d.h. nichts näher definiert

03 = unlegierter Qualitätsstahl, C <0,12%, Bruchfestigkeit < 400 N/mm²

04 = unlegierter Qualitätsstahl, 0,12%< C <0,25%, Bruchfestigkeit < 500 N/mm²

11 = Maschinenbaustahl mit C <0,5%

23 = Werkzeugstahl

32 = Schnellarbeitsstahl mit Kobalt

44 = nichtrostender Stahl

71, 72 = Maschinenbaustahl bestimmter Legierung

Nun ein paar Worte zum *Stahlguss*: Er beginnt mit GS, dann folgt eine Kennung für die Festigkeit. Übliche Qualitäten sind GS-38, GS-45, GS-52 und GS-60, wobei die beiden Zahlen mal Hundert die Zugfestigkeit in N/mm² angeben. Als Stahl ist Stahlguss plastisch verformbar und schweißbar. Es werden riesige Teile, wie z.B. Dampfturbinen-Gehäuse mit 10m Länge hergestellt. Allerdings sind drei Dinge gegenüber dem Gusseisen sehr nachteilig: Die Gießtemperatur liegt mit ca. 1600°C viel höher als die 1200°C von Grauguss, die Schmelze ist zähflüssiger und die Schwindung, also die Schrumpfung beim Erstarren, ist doppelt so groß wie bei Grauguss. Der Hobbyschlosser hat mit Stahlguss nur dann zu tun, wenn er solche Teile reparieren, z.B. schweißen muss. Weder Stahl- noch Graugießen ist etwas für die Hobbywerkstatt!

Nun muss eine Eigenschaft des Stahls erwähnt werden, die ihn von fast allen anderen Metallen unterscheidet und ihm seine herausragenden Eigenschaften gibt: Das ist die *Wärmebehandlung*. Jetzt könnte man wirklich sehr viele Seiten schreiben, aber erstens gibt es dafür äußerst umfangreiche Literatur, z.B. [1] bis [3] und zweitens verstehen und kennen auch viele gestandene Ingenieure die Interna der Metallurgie nicht so richtig. Auch hier machen wir nur einen Streifzug, der für den Hobbyschlosser reichen sollte:

Ein Bauteil aus Stahl besteht zunächst aus dem sog. Gefüge, das Gefüge besteht aus Kristallen, genauer Kristallgittern, und die Kristalle aus Atomen. Das Kristallgitter bei Metallen kann drei Grundformen annehmen: Das kubisch-flächenzentrierte Gitter, das kubisch-raumzentrierte Gitter und das hexagonale Gitter:

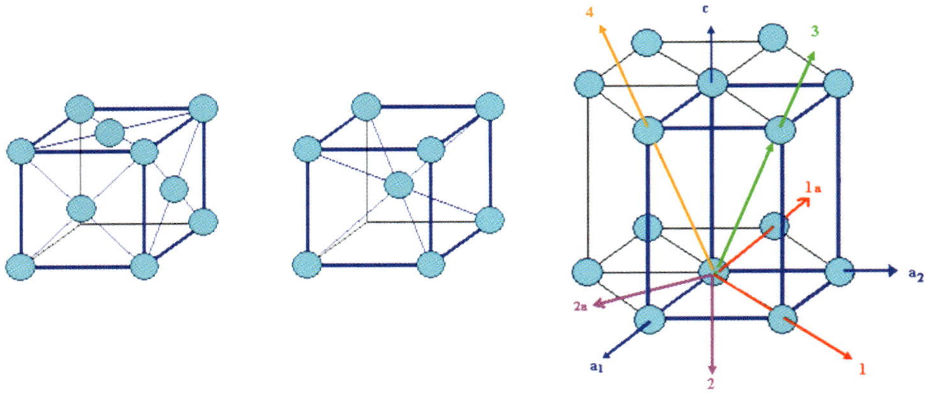

Bild 1.2-3: Das kubisch-flächenzentrierte Gitter, das kubisch-raumzentrierte Gitter und das hexagonale Gitter. Quelle: Universität Kiel [C-1].

Es gibt nun folgende Gefüge-Bestandteile bei Stahl und Gusseisen – und Sie werden gleich sehen, wozu Gitterstrukturen und Gefüge in der Schlosser-Praxis gut sind. Bleiben Sie also bitte am Ball, auch wenn die Materie etwas trocken ist:

Ferrit: Der Name kommt von der lateinischen Bezeichnung für Eisen: Ferrum. Dies ist ein sog. α-Eisen, das ein *kubisch-raumzentriertes Gitter* aufweist und sehr weich ist; ca. 60 HV (HV = Vickers-Härte). Außerdem ist es korrosionsanfällig.

Austenit: Benannt nach dem englischen Metallurgen Sir William Chandler Roberts-Austen, ist es ein sog. γ-Eisen, das ein *kubisch-flächenzentriertes Gitter* aufweist und weich, gut verformbar, hochwarmfest und unmagnetisch ist. Austenit ist der Hauptgefügeanteil der nichtrostenden Stähle und doppelt so zäh wie ferritische Stähle – daher sind nichtrostende Stähle auch so schwer bearbeitbar!

Zementit: Das ist sehr hartes Eisenkarbid Fe_3C (~800 HV). Es ist verschleißfest; dabei aber spröde und daher schlecht umformbar, also schmied- und biegbar. Bei langem Glühen zerfällt es wieder in Eisen und Kohlenstoff in Form von Graphit.

Der Name kommt von der alten Bezeichnung "cementierter Stahl", d.h. aufgekohlter Stahl.

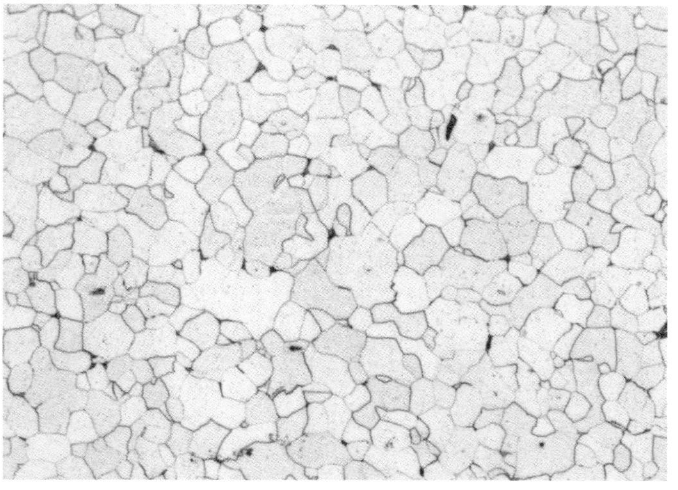

Bild 1.2-4: Ferritgefüge. Wikipedia [C-2].

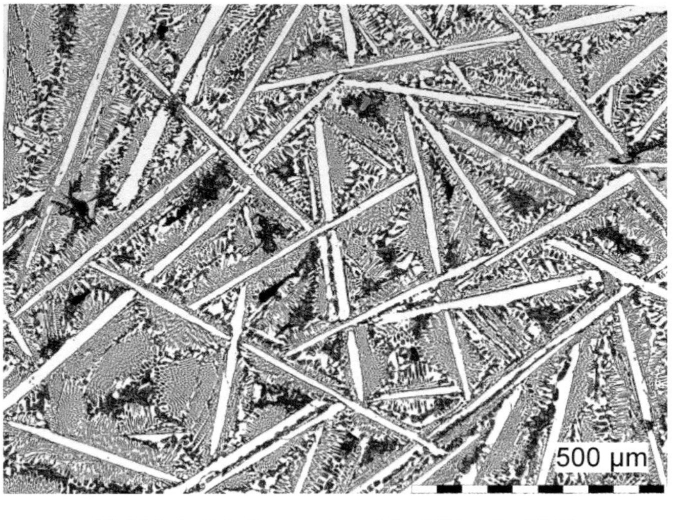

Bild 1.2-5: Primärzementitnadeln. Wikipedia [C-3].

Perlit: Das ist ein sog. Phasengemisch aus Ferrit und Zementit, das Lamellen ausbildet. Je nach Ätzung erscheint der Perlit im Mikroskop perlmuttartig, was ihm seinen Namen gab.

Ledeburit: Es besteht aus Perlit und Zementit. Es ist spröde und wurde von dem deutschen Metallurgen Karl Heinrich Adolf Ledebur entdeckt. Ledeburit ist das Eutektikum der Eisen-Kohlenstofflegierung, der Punkt C in Bild 1.2-9: Eutektikum: An diesem Punkt geht die Schmelze unmittelbar in den festen Zustand über, ohne dass sich eine fest-flüssige, sozusagen teigige Phase bildet.

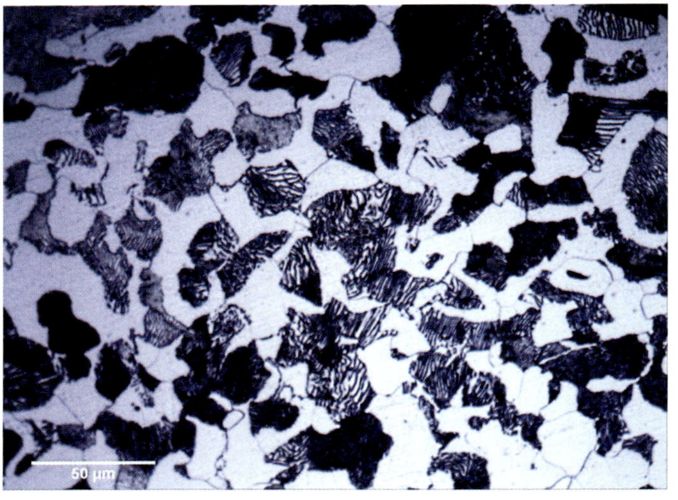

Bild 1.2-6: „Ferritisch-perlitisches-Gefüge eines unlegierten Stahls mit 0,45% Kohlenstoff (C45). Sichtbar sind Perlitkörner mit lamelarem und zum Teil feinstreifigem Perlit (dunkel) und Ferritkörner (hell).“ Wikipedia [C-4].

Martensit: Benannt nach dem deutsche Werkstoffforscher Adolf Martens, entsteht er, wenn Austenit genügend schnell abgekühlt wird. Das dem Austenit eigene kubisch-flächenzentrierte Kristallgitter klappt in ein kubisch-raumzentriertes Gitter um und es bilden sich mit Kohlenstoff übersättigte Ferrite; dabei entstehen starke Verzerrungen und Verspannungen im Gitteraufbau, die in einer sehr hohen Härte resultieren. Dies ist der Schlüssel zur Stahlhärtung! Die erzielbare Härte steigt mit zunehmendem Kohlenstoffgehalt des Stahls, allerdings nur etwa bis 0,6 % Kohlenstoff.

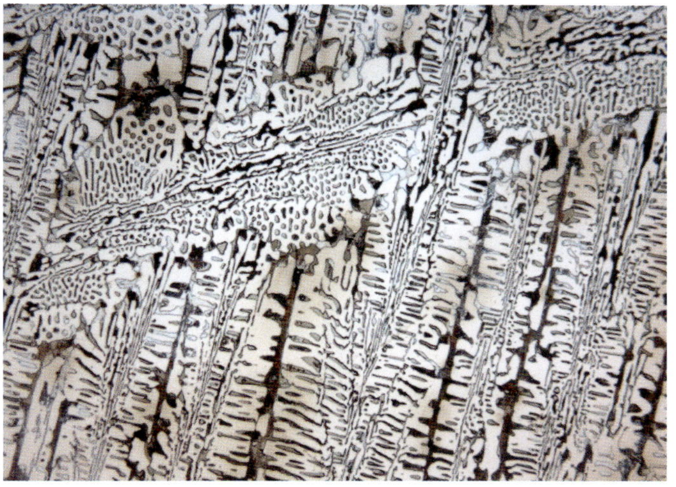

Bild 1.2-7: Ledeburit. Wikipedia [C-5].

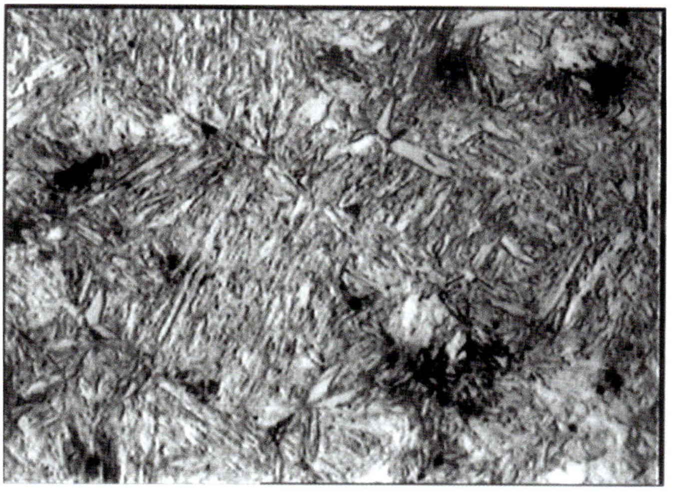

Bild 1.2-8: Martensit. „Stahl mit 0,35 % C, abgeschreckt von 870 °C". Wikipedia [C-6].

Nach diesen kleinen Vorarbeiten kommen wir zu einem ganz wichtigen Diagramm, das jeder Maschinenbau-Student zu Beginn des Studiums lernen muss. Dieses *Eisen-Kohlenstoff-Diagramm* wird in Studentenkreisen auch gerne „Narrenkappe" genannt; Bild 1.2-9 zeigt sofort, warum. Dieses Diagramm ist der Schlüssel zum Verständnis der Eisen-Kohlenstofflegierungen Stahl und Gusseisen. Man erkennt folgendes:

Kohlenstoffgehalt von 0 bis 0,8 %:

- bei Raumtemperatur ist das Gefüge *ferritisch-perlitisch*, also weich und verformbar.
- bei höheren Temperaturen wandelt sich das kubisch-raumzentriertes Gitter des Ferrits in das kubisch-flächenzentriertes Gitter des Austenits um.
- Diese *untereutektoiden* (Erklärung s.u.) Stähle werden als Baustähle, Stahlguss und Werkzeugstahl verwendet.

Kohlenstoffgehalt von genau 0,8 %:

- bei Raumtemperatur ist das Gefüge rein *perlitisch*,
- Bei genau 0,8 % Kohlenstoff erfolgt diese Umwandlung bei der tiefsten möglichen Temperatur von 721°C am Punkt S praktisch schlagartig ohne Zwischengefüge. Das Metall ist immer noch fest, weder teigig noch flüssig. Man nennt dieses Gefüge mit 0,8 % Kohlenstoff daher *eutektoid*. Das bedeutet einen Phasenübergang fest-fest im Gegensatz zum *eutektischen* Gefüge mit dem Phasenübergang fest-flüssig.
- Typische Verwendung: Werkzeugstahl.

Kohlenstoffgehalt von 0,8 bis 2,03 %:

- bei Raumtemperatur ist das Gefüge *perlitisch-zementitisch*, also relativ hart von Natur aus.
- Typische Verwendung dieser *übereutektoiden* Stähle: Werkzeugstahl.

Mit diesem Wissen bewaffnet, können wir uns nun die technisch äußerst wichtigen *Wärmebehandlungsverfahren für Stähle* betrachten – wobei es so ist, dass Sie die meisten dieser Verfahren zuhause eigentlich eher nicht durchführen können; vom Härten und Vergüten kleiner Teile einmal abgesehen. Die Wärmebehandlung von Stahl ist auch heute noch regelrechte Allchemie, und jedes Unternehmen, das einen erfahrenen Härtereimeister hat, kann sich glücklich schätzen. Obwohl es ganze Universitäts-Studiengänge zum Thema Werkstoffwissenschaften gibt, spielt die praktische Erfahrung eine ganz große Rolle. Ich war selbst eine Reihe von Jahren leitender Mitarbeiter eines führenden Maschinenbauunternehmens, das eine sehr leistungsfähige Härterei hat – bis hin zu Cyan-Salzbädern – und weiß, von was ich da spreche. Aber für die mechanische Bearbeitung oder das Schweißen von Stahl ist es sehr wichtig, den Wärmebehandlungszustand des Ausgangs- oder Reparaturmaterials zu kennen, um entsprechend reagieren zu können.

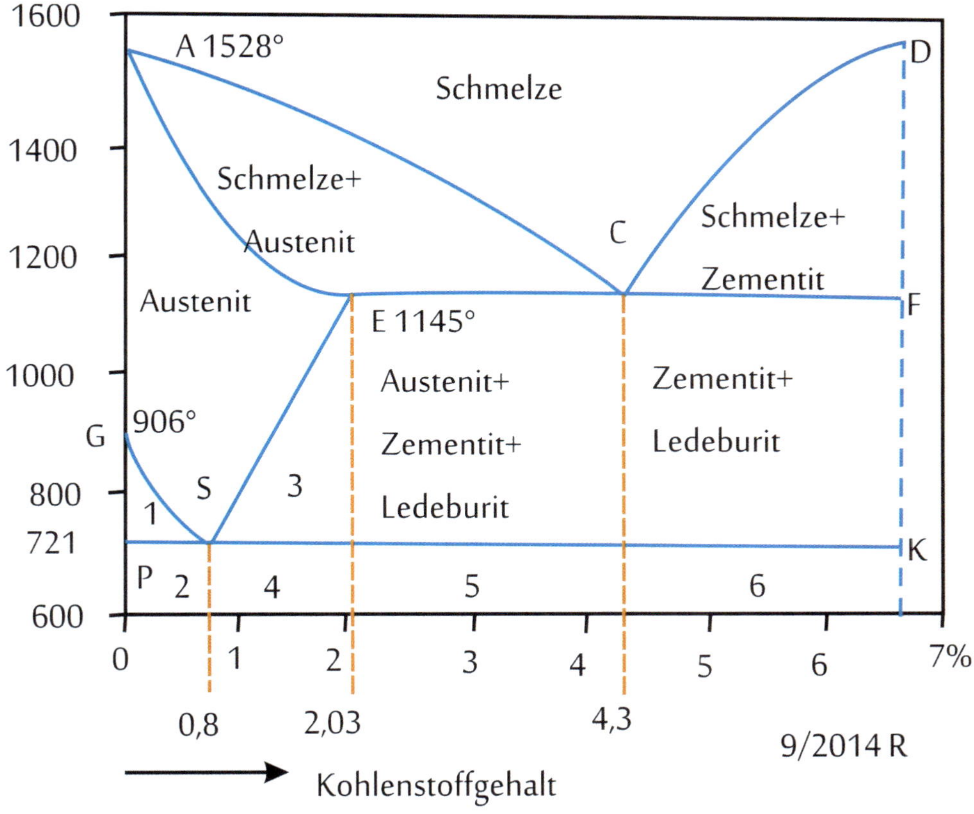

1 Austenit+Ferrit
2 Ferrit+Perlit
3 Austenit+Zementit
4 Perlit+Zementit
5 Perlit+Zementit+Ledeburit
6 Zementit+Ledeburit

Bild 1.2-9: Eisen-Kohlenstoff-Diagramm, vom Autor vereinfacht. Es zeigt, bei welchen Temperaturen und Kohlenstoffgehalten welche Gefüge vorliegen.

1.2.2.2 Das Härten

Dies ist ein Erwärmen mit anschließendem schnellem Abkühlen. Technisch geht das so: Der Stahl wird auf eine Temperatur gebracht, die etwa 40°C oberhalb der Linie G-S-K im Eisen-Kohlenstoff-Diagramm, Bild 1.2-9, liegt, denn es muss ja Austenit gebildet werden. Wobei dabei der Kohlenstoffgehalt mindestens 0,3 % betragen muss; ab 0,2 % Kohlenstoff beginnt aber bereits die Austenitbildung. Diese Umwandlung geht natürlich nicht schlagartig, vielmehr muss der Stahl eine gewisse Zeit, die sog. Haltezeit, auf dieser Temperatur gehalten werden; man rechnet ganz grob mit etwa einer Stunde pro 25 mm Wandstärke. Genaue Angaben zur Härtetemperatur und Haltezeit machen die Stahlhersteller. Sodann wird der Stahl sehr schnell abgekühlt, indem man ihn in kaltes Wasser taucht und dabei möglichst umrührt. Dabei erfolgt die Umwandlung des Austenits in den sehr harten Martensit. Noch schroffer wirkt Salzwasser, und bestimmte hochwertige Werkzeugstähle werden in speziellen Abschreck-Ölen abgeschreckt (sog. Ölhärter), bei manchen reicht es, sie in einem Pressluftstrahl abzukühlen (sog. Lufthärter). Hauptsache, es wird genügend Martensit gebildet. Das haben vermutlich intuitiv schon unsere Vorfahren in grauer Vorzeit gemacht, indem sie die glühenden Schwerter aus der Schmiedehitze in ein Wasserfass, vielleicht auch in Drachenblut getaucht haben. Wenn das damalige Schmiede-Schweißeisen durch das Glühen in Holzkohle genügend Kohlenstoff aufgenommen und sich Austenit gebildet hatte, wird das sogar funktioniert haben. Je nach Stahlsorte ist der Stahl nun so hart und spröde, dass er sehr leicht zerbricht - was man meist nicht haben will - stellen Sie sich ein Schwert vor, das beim ersten Schlag auf den Helm des Gegners in mehrere Stücke bricht. Übrigens hat ja auch schon der dunkle Herrscher Sauron im *Herr der Ringe* das Schwert Elendil's Narsil zerbrochen. Also müssen wir dem Stahl diese übermäßige Härte wieder nehmen, indem wir ihn anlassen, s.u.

Das Erwärmen zum Härten wird normalerweise in einem speziellen Härteofen gemacht; Sie könnten es mal alternativ mit einem kleinen Muffel- oder Emaillierofen probieren. Solche Öfen findet man gebraucht für wenig Geld im Internet. Aber gerade für den Hobby-Schlosser gibt es ein Verfahren, dass man zuhause mit der Flamme eines Schweißbrenners, u.U. auch mit einem Propangas-Brenner vornehmen kann, das sog. *Flammhärten*: Erwärmen des (kleinen) Bauteils per Acetylen-Sauerstoff-Flamme oder Propangas-Flamme, dann Abschrecken in Wasser und anschließendes Anlassen, s.u.

Dabei kann man sich anhand dieser Glühfarben einen Eindruck von der Temperatur des Werkstücks machen:

Tabelle 1.2-1: Glühfarben von Stahl

Braun		600°C
Dunkelrot		700°C
Kirschrot		800°C
Hellrot		900°C
Helles Gelbrot		1000°C
Gelb		1100°C
Hellgelb		1200°C

Damit kann man nur bei sehr kleinen und dünnen Teilen eine Durchhärtung wegen der fehlenden Haltezeit und ziemlich undefinierten Temperatur erreichen, aber man erzielt zumindest eine Oberflächenhärte von vielleicht 1 bis 1,5 mm Tiefe. Derart kann man Hand- und Drehmeißel und ähnliche Teile ganz gut zuhause härten.

1.2.2.3 Das Anlassen

Der gehärtete Stahl wird erneut erwärmt, und zwar auf Temperaturen spürbar *unter* der Linie P-S-K, denn es soll ja kein Austenit gebildet werden. Es wird eine gewisse Zeit die Anlasstemperatur gehalten, dann wird wieder – je nach Stahlsorte – in Wasser, Öl oder Luft abgeschreckt. Während des Anlassens wandern die überzähligen Kohlenstoffatome, die im verspannten Martensitgitter gefangen sind, auf Plätze, die geringere Gitterverspannungen aufweisen. Dadurch sinkt die Härte, aber besonders die Sprödigkeit. Ein Zahlenbeispiel, [3] entnommen: Ein Stahl C45 in verschiedenen Wärmebehandlungsstufen, dabei ist die *Zugfestigkeit* die Kraft pro mm^2 des Querschnitts, bei der der Stahlstab abreißt:

- Zugfestigkeit im normalisierten Zustand: 670 N/mm^2
- Zugfestigkeit, gehärtet: 1.782 N/mm^2
- Zugfestigkeit, gehärtet und auf 200°C angelassen: 1.684 N/mm^2
- Zugfestigkeit, gehärtet und auf 400°C angelassen: 1.246 N/mm^2
- Zugfestigkeit, gehärtet und auf 600°C angelassen: 748 N/mm^2

Im gleichen Maß, wie durch das Anlassen die Zugfestigkeit sinkt, steigt aber gleichzeitig die Zähigkeit. Man kann also mit dem Anlassen recht genau die gewünschten Festigkeits- und Zähigkeitswerte (Kennwerte dafür sind die sog. Brucheinschnürung und die sog. Kerbschlagarbeit, die Sie aber als Hobby-Schlosser nicht kennen müssen) einstellen.

Die Haltezeiten können zwischen einer und mehreren Stunden liegen. Hier ein paar Anhaltswerte [2]:

- Drehmeißel: bis 200°C
- Meißel, Messer, Äxte: bis 300°C
- Federn: bis 500°C

Wie kann man solche Anlasstemperaturen sinnvoll bestimmen und einhalten? In vielen Büchern wird empfohlen, z.B. einen Drehmeißel im Bereich der Schneide schön blank zu schleifen und dann mit der Flamme die Mitte des Meißels vorsichtig so zu erwärmen, dass die Wärme von der Mitte des Meißels zur Schneide hin fließt. Nun beobachtet man genau die Farbe, die sich an der Schneide einstellt. Ist die gewünschte Farbe, d.h. Anlassfarbe erreicht, sofort abschrecken. Das Spiel mit den Anlassfarben beherrschen altgediente Schlossermeister; Sie werden damit eher Schwierigkeiten haben. Aber Sie können es ja einmal probieren; wenn's nichts wird, hätte ich eine bessere Variante für Sie: Legen Sie das anzulassende Stahlteil für eine Stunde in den Backofen bei entsprechender Temperaturwahl, am besten, wenn Ihre Frau nicht zuhause ist. Das geht dann nur bis vielleicht 260°C, aber das reicht auch für den Hausgebrauch. Jedenfalls haben Sie so eine halbwegs definierte Temperatur und eine propere Haltezeit - aus technischer Sicht ist das okay.

Tabelle 1.2-2: Anlassfarben von Stahl

Weißgelb		200°C
Strohgelb		220°C
Gelbbraun		240°C
Rot		260°C
Violett		280°C
Kornblumenblau		300°C
Hellblau		320°C
Blaugrau		340°C

1.2.2.4 Das Vergüten

Das ist einfach Härten mit anschließendem Anlassen. Vergütungsstähle sind also Stähle, die mehr als 0,3 % Kohlenstoff haben, die gehärtet und dann durch Anlassen auf relativ hohe Festigkeitswerte bei gleichzeitig guter Zähigkeit eingestellt werden. Ein typischer Stahl dahingehend ist der C45, den man auch als Hobby-Schlosser relativ leicht beschaffen kann. Diesen Stahl nutzt man für Qualitäts-Bauteile wie Maschinenwellen und Zahnräder, aber keinesfalls für Gartenzäune und Hoftore.

1.2.2.5 Das Normalglühen

Normalglühen nennt man auch *Normalisieren,* und man bringt damit grobkörnige Gefüge, wie sie durch Umformvorgänge wie Schmieden, Biegen und Tiefziehen entstehen, wieder zu einem feinkörnigen Gefüge zurück. So werden bei der Autoherstellung Tiefziehbleche, die in mehreren Umformvorgängen, sog. *Schlägen*, zu Karosserieteilen verarbeitet werden, je nach Umformgrad zwischengeglüht, um wieder Verformungsreserven für den nächsten Schlag zu bilden. Das kann auch für Sie interessant sein, wenn Sie z.B. für die Restaurierung Ihres Oldtimers (kleine) Reparaturbleche durch Biegen, Sicken, Treiben usw. herstellen. Das Normalisieren spielt sich wie das Härten im Austenitbereich ab, also oberhalb der Linie G-S-K im Eisen-Kohlenstoffdiagramm, nur wird jetzt *langsam* abgekühlt. Dadurch wird der

Austenit wieder zu Ferrit und Perlit, aber nicht wie beim Härten zu Martensit, der sich ja durch das sehr schnelle Abkühlen bildet.

1.2.2.6 Das Spannungsarmglühen

Bestimmte Fertigungsverfahren wie Gießen, Schweißen, Härten, Umformen, aber auch mitunter spanende Verfahren wie Drehen und Fräsen bauen im Werkstück innere Belastungen, sog. *Eigenspannungen* auf. Diese Eigenspannungen führen zu Verzug und Rissen im Werkstück, aber auch u.U. zu einer Verminderung der Festigkeit. Durch Spannungsarmglühen bei 450°C bis 650°C, also deutlich unterhalb der Linie P-S-K, können diese Eigenspannungen weitgehend abgebaut werden. Anschließend wird möglichst langsam abgekühlt. Haltezeit und Temperatur hängen vom Werkstoff und der Gestalt des Bauteils ab, sodass hier keine direkten Empfehlungen gegeben werden können. Beim Spannungsarmglühen erfolgt *keine* Gefügeänderung.

Es gibt weitere Wärmebehandlungen des Stahls wie Rekristallisationsglühen, Diffusionsglühen, Grobkornglühen und Weichglühen, die aber nur für den industriellen Einsatz von Interesse sind.

1.2.3 Gusseisen

Mit Gusseisen sind – wie schon in der Übersicht zu diesem Kapitel – in erster Linie Grauguss, Sphäroguss und Temperguss gemeint, obwohl es noch weitere Gusseisen wie Hartguss, Vermicularguss, Sondergusseisen u.a. gibt. Bei den Gusseisen liegt der Kohlenstoffgehalt generell über 2 %, meist zwischen 2 bis 4 %. Das Grundgefüge besteht aus Ferrit und Perlit, aber der gegenüber dem Stahl höhere Kohlenstoffgehalt wird entweder als Graphit oder als Zementit in Form von Ledeburit ausgeschieden. Wie sich nun der Graphit ausscheidet, hängt von einer Reihe von Faktoren ab: Kohlenstoffgehalt, Siliziumgehalt, Wandstärke und Abkühlgeschwindigkeit. Am ehesten wird der Hobby-Schlosser mit *Grauguss*, d.h. Gusseisen mit Lamellengraphit zu tun haben.

1.2.3.1 Grauguss

Der Graphit erscheint hier in Form von Lamellen, die in ein ferritisch-perlitisches Grundgefüge eingebettet sind. Der Kohlenstoffgehalt liegt zwischen 3 und 3,8 %. Die Bruchfläche erscheint grau, daher kommt der Name. Übrigens kann Grauguss unter bestimmten Umständen auch vergütet und oberflächengehärtet werden.

Insgesamt ist er relativ spröde, und er kann nicht umgeformt, also geschmiedet oder gebogen werden. Fertig gegossene und grob überdrehte Grauguss-Stangen werden in verschiedenen Größen und Qualitäten angeboten, und der Hobby-Schlosser kann daraus z.B. Kolben für Pumpen oder Modell-Dampfmaschinen oder Lagerbuchsen und dergleichen drehen. Grauguss kann mit Tricks reparatur-geschweißt werden; das kann für den Hausgebrauch bei gerissenen Motorgehäusen interessant sein. Gusseisen selbst zu gießen scheidet für den Hausgebrauch aber vollkommen aus.

Da Graphit ein ausgezeichneter Festschmierstoff ist, eignet sich Grauguss ganz hervorragend für Zylinderkurbelgehäuse – landläufig Motorblöcke genannt – bei Otto- und Dieselmotoren, und immer noch dürften weltweit die meisten Motorblöcke von PKW- und LKW-Motoren aus Grauguss hergestellt sein. Ferner ist die Giessbarkeit sehr gut, was für die komplizierten Motorblöcke wichtig ist und außerdem wirkt Grauguss schwingungsdämpfend, was für die mechanische Geräuschentwicklung von Automotoren auch nicht zu verachten ist. Früher wurden auch Kolben und Zylinderköpfe für Verbrennungsmotoren aus diesem Material hergestellt, das aber für diese Bauteile inzwischen weitestgehend durch Aluminiumlegierungen ersetzt wurde: Das Gewicht von Alulegierungen ist viel geringer und die Wärmeleitfähigkeit viel höher als bei Grauguss, aber die Festigkeitswerte sind deutlich geringer. Daher kehrt man ganz aktuell bei Dieselmotoren mitunter wieder reumütig zum Gusseisen zurück, weil die Alulegierungen mit den wahnsinnigen Spitzendrücken moderner Dieselmotoren nicht mehr klar kommen. Wo wird Grauguss sonst noch im Alltag verwendet? Früher wurden ganze Balkone aus Graugusselementen zusammengebaut; das kann man bei alten Villen noch bewundern.

Bild 1.2-11: Balkon aus Grauguss: Herrenhaus Brunn [C-7].

Kanaldeckel, Ofenplatten, Pfannen und Bräter aus Gusseisen, Gehäuse von Elektromotoren - es gibt sehr viele Anwendungszwecke. Konstruktiv muss man beachten, dass die Zugfestigkeit meist recht gering, die Druckfestigkeit aber viermal so hoch wie die Zugfestigkeit ist.

Grauguss gibt es in verschiedenen Festigkeitsklassen:

Tabelle 1.2-3: Festigkeitsklassen von Grauguss

Name neu	Name alt	Zugfestigkeit
GJL-150	GG-15	150 N/mm^2
GJL-200	GG-20	200 N/mm^2
GJL-250	GG-25	250 N/mm^2
GJL-300	GG-30	300 N/mm^2
GJL-350	GG-35	350 N/mm^2

Gängig als Halbzeug scheint die Sorte GJL-250 zu sein. Lieferant z.B. [8].

1.2.3.2 Sphäroguss

Durch das Zulegieren von Magnesium und anderen Elementen bildet sich der Graphit in Form kleiner Kugeln aus, und nicht wie beim Grauguss in Form von Lamellen. Sphäroguss hat stahlähnliche Eigenschaften, er ist also zäh und wird daher gerne als Ersatz für Stahlguss genommen. Es werden Rohre und eine Reihe von Bauteilen für Autos daraus hergestellt, lt. [C-8] auch Castor-Behälter; die Amerikaner stellen die Kurbelwellen für ihre PKW gerne aus Sphäroguss her.

Sphäroguss gibt es in verschiedenen Festigkeitsklassen, und wie ersichtlich, kann die Zugfestigkeit weitaus höher als bei Grauguss sein:

Tabelle 1.2-4: Festigkeitsklassen von Sphäroguss

Name neu	Name alt	Zugfestigkeit
GJS-350	GGG-35	350 N/mm^2
GJS-400	GGG-40	400 N/mm^2
GJS-500	GGG-50	500 N/mm^2
GJS-600	GGG-60	300 N/mm^2
GJS-700	GGG-70	700 N/mm^2
GJS-800	GGG-80	800 N/mm^2
GJS-900	-	900 N/mm^2

Gängig als Halbzeug scheinen die Sorten GJS-400 und GJS-600 zu sein. Lieferant z.B. [8].

1.2.3.3 Temperguss

Dies ist ein Gusseisen, das zunächst keinen Graphit, sondern nur Zementit enthält. Durch eine nach dem Gießen sehr lange Glühbehandlung des Werkstücks zerfällt der Zementit in flockenförmigen Graphit, und dadurch wird das Material zäh. Man nimmt Temperguss gerne für dünnwandige und schwierig gießbare Bauteile, bei denen einerseits der Grauguss nicht genügend Festigkeit hat und andererseits Sphäro- und Stahlguss Probleme beim Gießen machen. Diesen Flockengraphit nennt man Temperkohle, und man unterscheidet in

- Weißen Temperguss: Das Glühen, also das Tempern, erfolgt in einer entkohlenden Atmosphäre. Damit nimmt der Kohlenstoffgehalt von innen nach außen ab. Er ist zäh und schweißbar. Verwendung: Fahrwerks- und Lenkungsteile, Motoren- und Getriebebauteile [C-9]. Die Werkstoffbezeichnung ist heute GJMW, früher GTW.
- Schwarzer Temperguss: Das Tempern erfolgt in neutraler Atmosphäre. Er hat eine höhere Festigkeit als weißer Temperguss. Typische Anwendung sind Fittings und Armaturen [C-10]. Die Werkstoffbezeichnung ist heute GJMB, früher GTS.

1.2.4 Aluminium

Aluminium ist das auf der Erde am meisten vorkommende Metall und es ist auch als Konstruktionswerkstoff äußerst beliebt. Es kommt in der Häufigkeit seiner Verwendung gleich nach dem Stahl. Aluminium wiegt etwa nur ein Drittel von Stahl, es lässt sich sehr gut spanend bearbeiten, sehr gut gießen, meistens auch gut schweißen und im Allgemeinen auch sehr gut umformen. Darüber hinaus hat es besonders gute Korrosions-Schutzeigenschaften: Es überzieht sich an der Luft sofort mit einer Oxidschicht, die bei Verletzung selbstheilend ist. Daher kann man Aluminium meistens ohne weitere Korrosionsschutzbehandlungen direkt im Freien verwenden. Aluminium ist daher auch für den Hobbyschlosser hochinteressant.

Reines Aluminium wird allerdings technisch so gut wie nie verwendet, weil es zu weich ist. Durch Legieren mit anderen Metallen oder chemischen Elementen kann man ihm die verschiedensten Eigenschaften antrainieren.

Tabelle 1.2-5: Aluminium-Knet- und Gusslegierungen

Typ	Name, chem.	W-Nr. [1)]	W-Nr. [2)]	Besonderheit
Knet-Legierung	AlMgSi0,5	AW 6060[4)]	3.3206	typ. Profilwerkstoff, gut schweißbar
Knet-Legierung	AlMg3	AW 5754[3)]	3.3535	typ. Blechwerkstoff, gut schweißbar
Knet-Legierung	AlMg4,5	AW 5083[3)]	3.3547	sehr gut schweißbar
Knet-Legierung	AlZnMgCu1,5	AW 7075[5)]	3.4365	hohe Festigkeit, schlecht schweißbar, sog. „Dural“: Luft- und Raumfahrt
Guss-Legierung	AlSi12(Fe)[6)]	AC 44300		*eutektische* Druckguss-Legierung
Guss-Legierung	AlSi10Mg(Fe)[6)]	AC 43400		Druckguss-Leg. für höchste Beanspruchung wie Zylinder-köpfe
Guss-Legierung	AlSi8Cu3[6)]	AC 46200		sehr gut gießbare Universal-legierung

[1)] Werkstoffnummer gemäß Europa-Norm Aluminium mit
W= wrougt alloy = Knet-Legierung, dann 4 Stellen
C= casting = Guss-Legierung, dann 5 Stellen

[2)] *Werkstoffnummer, ähnlich dem System, das wir bei Stahl gesehen haben*
1. = Stahl
2. = Schwermetalle außer Eisen
3. = Leichtmetalle wie Aluminium

[3)] *Aluminium-Legierungen der Gruppe 5xxx, deren Hauptlegierungselement Magnesium ist, sind naturhart, aber nicht aushärtbar. Sie werden für Gebäude, Brücken und Druckkessel verwendet und sind generell schweißbar: Schweißzusatz aus der gleichen Gruppe, also 5xxx, oder auch 4xxx.*

[4)] *Aluminium-Legierungen der Gruppe 6xxx, deren Hauptlegierungselemente Magnesium und Silizium sind, sind typisch für Strangpressprofile, also Rund-, Flach- und sonstige Profile wie Rohre. Sie können mit Schweißzusatz der Gruppen 5xxx und 4xxx verschweißt werden. Sie sind aushärtbar.*

[5)] *Aluminium-Legierungen der Gruppe 7xxx, deren Hauptlegierungselement Zink ist, werden in der Luft- und Raumfahrt wegen ihrer für Aluminium enorm hohen Festigkeit verwendet; sie sind aber nur schweißbar, wenn sie kein Kupfer enthalten. Sie sind aushärtbar.*

[6)] *Es fällt dabei auf, dass Aluminium-Gusslegierungen fast immer mit Silizium legiert sind. Darauf muss beim Schweißen geachtet werden, z.B. bei Reparaturmaßnahmen an Aluminium-Motorteilen.*

Aluminiumlegierungen, die geschmiedet, gewalzt oder stranggepresst werden können, nennt man Knet-Legierungen. Sie haben meist unter 5 % Legierungsanteile. Aluminiumlegierungen, die vergossen werden sollen, zum Beispiel zu Zylinderkurbel- Gehäusen, Zylinderköpfen und weiteren Automobilteilen, nennt man Guss-Legierungen. Sie können bis zu 15 Prozent Legierungsanteile haben. Ähnlich wie bei Stählen kann man Aluminiumlegierungen entweder nach ihren chemisch

1.3 Metallurgische Vorgänge beim Schweißen

Eine typische Schmelzschweißverbindung zeigt Bild 1.3-1. Der geschmolzene Schweißzusatzwerkstoff füllt die Schweißfuge aus und verbindet so die Fügepartner. Der extrem große und schnelle Wärmeeintrag durch das Schweißen und das anschließende rasante Abkühlen verändert das Werkstoffgefüge von Schweißnaht und Grundwerkstoff erheblich, obwohl oder gerade weil die Zeit der thermischen Beeinflussung äußerst kurz ist. Es bildet sich zwischen der Naht und dem Grundwerkstoff die sogenannte Wärmeeinflusszone (WEZ), die je nach Schweißmethode unterschiedlich breit ausfällt. Die Eigenschaften der WEZ sind eigentlich immer schlechter als die des Grundwerkstoffes – obwohl es durch neueste Entwicklungen der Schweißtechnik tatsächlich möglich ist, sogar eine regelrechte Vergütung der Schweißnaht samt WEZ zu erreichen.

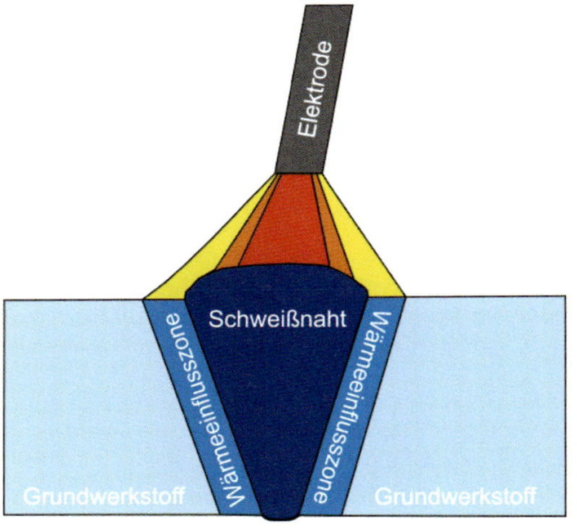

Bild 1.3-1: Wärmeeintrag beim Schweißen und daraus resultierende Wärmeeinflußzone.

Die WEZ ist für die Qualität der Schweißverbindung hinsichtlich Festigkeitsabfall, Verzug und Versprödung entscheidend. Die sich ergebenden Gefügeänderungen der Wärmeeinflusszone sind werkstoffspezifisch. Je nach Werkstoff, dessen Legierungselemente und Verunreinigungen bildet sich eine charakteristische WEZ. Durch die richtige Wahl der Schweißparameter (Vorschub, Anzahl der Schweißlagen, Nahtvorbereitung, Einstellwerte), Werkstückabmessungen, chemische Zusammensetzung des Grund- und des Zusatzwerkstoffes und Geometrie der Nahtform können das Gefüge und die Neigung zu Heißrissen positiv beeinflusst werden.

Besonders hohe Abkühlgeschwindigkeiten bei besonders dicken oder sehr dünnen Querschnitten sind für stark andere Werkstoffeigenschaften als der Grundwerkstoff verantwortlich. Es treten durch die Erwärmung Entfestigungen, Kornvergröberungen oder Ausscheidungen auf, durch das Abkühlen hingegen resultieren übersättigte Zustände und Eigenspannungen. Die Gefügeänderungen sind besonders bei Schmelzschweißverfahren mit niedriger Energiedichte der Wärmequelle zu beobachten. Plasma-, Laser- oder Elektronenverfahren erzeugen eine sehr schmale WEZ ohne großen Einfluss auf die mechanischen Eigenschaften.

Unabhängig vom Werkstoff entsteht in der WEZ durch die hohen Schweißtemperaturen ein Grobkorn mit größerer Härte und geringerer Zähigkeit

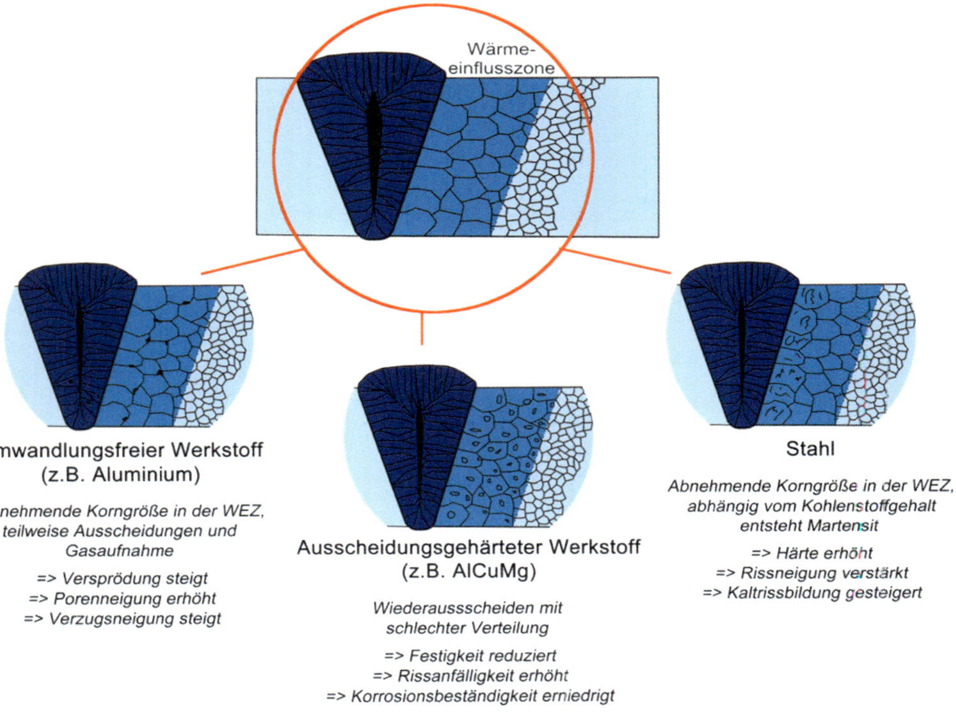

Bild 1.3-2: Ausbildung der Wärmeeinflusszone in Abhängigkeit vom Grundwerkstoff.

Stähle können durch die Bildung von Martensit aufhärten und verspröden. Zusätzlich treten Risse durch Eigenspannungen häufiger auf. Der Martenstitbildung kann durch wenig Kohlenstoffanteil im Eisen und möglichst geringe Anteile von Phospor, Schwefel und Stickstoff im Grundwerkstoff entgegengewirkt werden. Je besser ein Stahl härtbar ist, desto schlechter ist die Schweißeignung durch die Ausbildung des Martensitgefüges. Fachleute können bei Stahl anhand des Zeit-Temperatur-Umwandlungsdiagramms (ZTU-Diagramm), das zu erwartende Gefüge der WEZ und dessen Härte vorausbestimmen.

Als Praktiker kann man einen Stahl, der zur Aufhärtung neigt vorwärmen um den Effekt zu verringern. Vorwärmtemperaturen liegen nach [24] zwischen 150 °C bei dünnen und 450°C bei dicken Blechen. Der Ausbildung eines Grobkorns kann bei unlegierten und niedriglegierten Stählen durch die in Mehrlagentechnik entgegengewirkt werden. Bei mehrlagigen Schweißungen empfiehlt sich jedoch nicht nur zu Beginn, sondern auch zwischen den Lagen eine Vorwärmung.

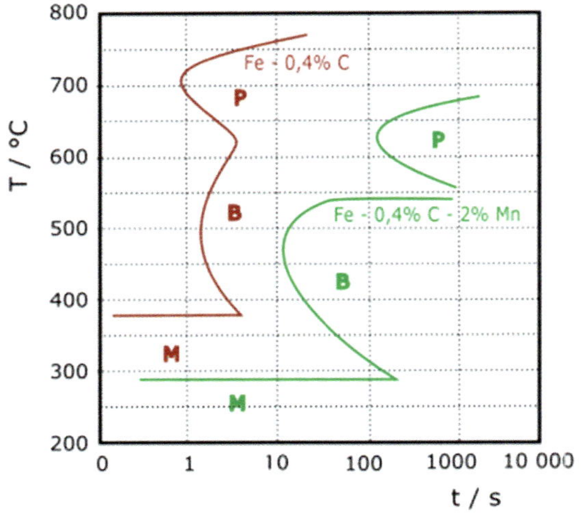

Bild 1.3-3: ZTU-Diagramm für zwei Stähle, ein Stahl mit 0,4 % Kohlenstoff (rote Linie) und ein Stahl mit 0,4 % Kohlenstoff und 2 % Mangan (grüne Linie). P = Perlit, B = Bainit und M = Martensit

1.4 Der Bezug von Metallen

In so manchen Büchern und Internet-Ratgebern empfiehlt man Ihnen, sich Abfallstücke auf dem *Schrottplatz* zu besorgen. Ein an und für sich wohlfeiler Rat, der aber mehrere Tücken hat: Es ist so, dass die kleinen Schrottplätze aus verschiedenen Gründen mehr oder weniger ausgestorben sind und heute nur noch große Recyclingbetriebe existieren. Dort werden ziemlich gefährliche Maschinen wie Shredder, Schrottpressen und Kräne mit Polypen, das sind diese mehrarmigen Greifer, betrieben und schon aus Gründen der heute allgegenwärtigen Haftung sieht man hier sehr ungern Nicht-Fachleute über den Platz kriechen. Ferner ist die Kommunikation mit den meist in jeder Beziehung sehr robusten Herren des Recyclinggewerbes nicht ganz einfach, wenn man nicht vom Fach ist. Was aber schwerer wiegt, ist dies: Nicht einmal Fachleute können einem Stück Stahl, Gusseisen oder Aluminium immer präzise ansehen, um welche Sorte und welchen Wärmebehandlungszustand es sich handelt. Zwar kann man ganz grob anhand des Gewichts, Aussehens und mithilfe eines Magneten eine erste Unterscheidung in Stahl (fast immer gut magnetisch), rostfreien Stahl (der ist fast immer unmagnetisch), Gusseisen (weniger magnetisch) und Aluminium (unmagnetisch) vornehmen, aber das war's dann auch. Gerade aber, wenn Sie in die fortgeschrittenen Fertigungsverfahren Schweißen, Drehen und Fräsen einsteigen wollen, sollten Sie das immer mit genau bekannten Materialsorten, die definierte Wärmebehandlungszustände aufweisen, tun. Sie können es natürlich auch mit irgendwelchen unbekannten Metallbrocken versuchen, aber dann brauchen Sie sich nicht zu wundern, wenn's dann nichts wird - gerade das Schweißen ist da äußerst empfindlich!

Ähnlich sieht es mit dem Rat aus, sich Abfallstücke aus einer *Schlosserei* zu besorgen. Auch hier hat ein Konzentrationsprozess stattgefunden, und kleine Schlossereien gibt es fast nur noch auf dem Land. Wenn diese Betriebe dann hauptsächlich Geländer, Zäune und Hoftore herstellen, dann wird meist der einfache S185, vormals St33, verarbeitet. Der ist zwar schweißgeeignet, aber hochwertige und genaue Bauteile kann man daraus nur schwer fertigen, weil dieser weiche Stahl beim Bearbeiten zum "Schmieren" neigt. Eventuell kann man hier Reststücke aus nichtrostendem Stahl bekommen. Aber hier soll gleich angemerkt werden, dass solche nichtrostenden Edelstähle meist gut per Elektrode, MIG oder WIG schweißbar, aber ziemlich schlecht spanend zu bearbeiten sind. Vorsicht ist bei Aluminiumabfällen geboten: Ohne genaue Kenntnis der Sorte kann es mit der Schweißbarkeit mitunter schlecht aussehen – genau nachfragen.

Dann gibt es *metallverarbeitende Betriebe*, z.B. Lohndrehereien. Hier können Sie durchaus hochwertige Reststücke bekommen – wenn ein solcher Betrieb in Ihrer Nähe ist und man mit den Leuten reden kann. Ein heißes Eisen sind die *Baumärkte*. Ohne verallgemeinern zu wollen: Selbst in besseren Baumärkten werden Stahl- und Aluprofile angeboten, die oft recht teuer sind, aber recht fragwürdige Werkstoffeigenschaften haben können. Praktisch nie wird die Sorte genau spezifiziert und man weiß nicht, was man bekommt und wie es dann mit der spanenden Bearbeitbarkeit und besonders der Schweißeignung aussieht.

Wenn Sie Glück haben, befindet sich in Ihrer Nähe ein Metall-, Eisen- oder Stahlhandel; oft sind das aber Großhandelsbetriebe, die dann metallverarbeitende Betriebe und Schlossereien beliefern. Ob man Ihnen da das Gewünschte in den kleinen Mengen zu brauchbaren Preisen verkaufen will, sollten Sie zumindest einmal testen. Wenn nicht, können Sie mit wirklich gutem Gewissen im Internet bestellen.

Wie ersichtlich, war es bis vor kurzem für den Heimanwender recht schwer, zu Halbzeugen aus hochwertigen Werkstoffen zu kommen. Halbzeuge sind Profilstäbe wie Rundstangen, Rechteck- und Rundrohre bis hin zu T-Trägern, aber auch

Bleche. Hier haben wir glücklicherweise heute einen mächtigen Verbündeten: Das *Internet*. Viele gängige Profile bekommen Sie ganz problemlos im Internet, und eine wirklich gute Quelle ist hier *ebay* [W-1]. Hier können Sie direkt bei verschiedenen Firmen das Gewünschte bestellen, und selbst Profile mit 1,5 m oder 2 m Länge werden ein, zwei Tage später per DHL, UPS oder Spedition vor Ihre Haustür geliefert. Einfacher geht es nicht und ich mache das eigentlich nur noch so! Natürlich sind die Preise dann viel höher als wenn man direkt im Stahlhandel 6 m Stangen kauft, aber man bekommt wenigstens, was man will und das schnell.

1.5 Mess- und Anreißmittel

Für die Metallbearbeitung braucht man eine kleine Auswahl an Mess- und Anreißmitteln, die sich doch spürbar von denen für die Holzbearbeitung unterscheiden.

Zunächst einmal die wichtigste Erkenntnis: Linien und Bohrungen werden auf Metall nicht mit einem Bleistift oder Filzstift angezeichnet, sondern sie werden *angerissen*. Dazu benutzt man eine sogenannte Reißnadel; diese kann aus gehärtetem Stahl sein oder – praktischer – ähnlich wie ein Kugelschreiber, jedoch mit einer Hartmetallspitze. Entsprechend werden Kreise mit einem Metall-Zirkel angerissen. Längen werden mit dem Stahllineal gemessen, Winkel mit einfachen oder auch genaueren Winkelmessern. Da man es sehr häufig mit rechten Winkeln zu tun hat, braucht man mindestens einen Schlosserwinkel. Dies sind keine Präzisionsinstrumente, aber für Schweißkonstruktionen und den Stahlbau tun sie's.

Das wichtigste Präzisions-Messmittel für den Metallbearbeiter ist die sogenannte Schieblehre, neudeutsch auch Messschieber genannt. Man kann damit Längen, Außendurchmesser, Innendurchmesser und Tiefen messen. Es gibt davon drei grundlegende Ausführungsform: Die klassische Schiebelehre mit dem so genannten Nonius, die am preiswertesten, aber deswegen nicht minder genau ist, als nächstes die sogenannte Uhren-Schieblehre, die einfach leichter abzulesen ist und als das Nonplusultra die digitale Schieblehre. Bei der kann man beim besten Willen keine Ablesefehler mehr machen. Schieblehren sind Präzisionsinstrumente, die auf ± 5/100 mm genau messen; daher sollte man unbedingt nur Qualitätsware kaufen.

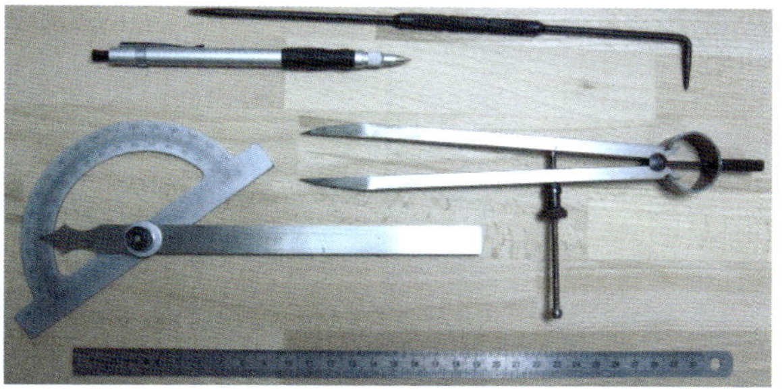

Bild 1.5-1: Die grundlegenden Mess- und Anreißmittel: Von oben: Stahl-Reißnadel, Hartmetall-Reißnadel, Zirkel, Winkelmesser, Stahllineal.

Bild 1.5-2: Unentbehrlich: Verschiedene Schlosserwinkel.

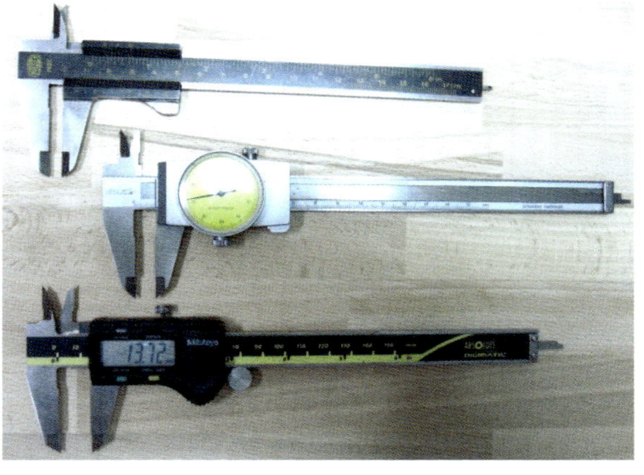

Bild 1.5-3: Das wichtigste Präzisions-Messmittel: Die Schieblehre, neudeutsch Messschieber. Von oben: Klassische Schieblehre mit Nonius, Uhren-Schieblehre, Digital-Schieblehre.

Sie müssen davon ausgehen, dass eine Uhren-Schieblehre rund einen Fünfziger und eine gute Digital-Schieblehre rund einen Hunderter kostet. Alles, was weniger kostet, taugt nichts! Leider bekommen Sie im Allgemeinen gute Schieblehren nicht unbedingt im Baumarkt, dann müssen Sie das Internet oder den Werkzeugfachhandel bemühen. Führende Firmen auf diesem Gebiet sind die deutsche Firma *Mahr* und die japanische Firma *Mitutoyo*. Der Werkzeuggroßhandel bietet mitunter Hausmarken an, zum Beispiel *Garant* und *Holex*; nach meinen Erfahrungen sind diese Marken sehr gut.

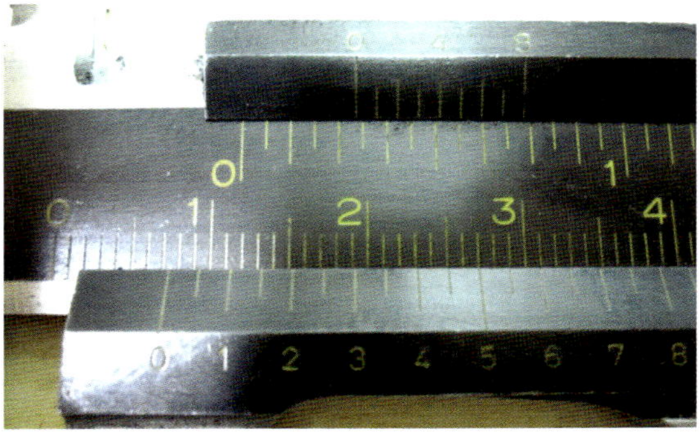

Bild 1.5-4: Das Ablesen einer Schieblehre mit Nonius: Hier 7,45. Die Null der unteren Skala zeigt die ganzen Millimeter auf der mittleren Skala (7), dann sucht man das Strichpaar auf mittlerer und unterer Skala, das genau übereinander passt, bei unterer Skala ablesen (45).

Dann wäre als nächstes die *Messuhr*, die auf 1/100 mm genau misst. Sie kommt nie allein, sondern sie wird in ein stabiles Messstativ gespannt. Mit ihr werden wir beim Drehen und Fräsen Rundläufe und Parallelitäten messen. Dazu kann auch der *Puppitast* dienen, mit dessen Tastspitze man auch in Bohrungen kommt. Auch hier sollten Sie nicht sparen: Bei *Mahr*, *Mitutoyo*, *Vogel* und *Käfer* werden Sie gut bedient werden.

Bild 1.5-5: Das zweitwichtigste Präzisions-Messmittel: Die Messuhr mit Messuhrständer.

Bild 1.5-6: Das drittwichtigste Präzisions-Messmittel: Der Puppitast, genau genommen ein Fühlhebelmessgerät.

Ein Präzisions-Messgerät wird eigentlich immer und überall empfohlen, das ich aber ganz selten verwende: Das *Mikrometer*, das nach Norm Messschraube heißt. Damit können Sie Außendurchmesser und Längen auf 1/100 mm genau messen; für Innendurchmesser gibt's dann entsprechende Innen-Mikrometer. Es gibt sie in Stufen, d.h. Messbereichen von 0 ~ 25 mm, 25 ~ 50 mm, 50 ~ 75 mm usw. Und warum braucht das ein Hobby-Schlosser eigentlich nie? Ganz einfach: Weil wir Zeit haben und die Teile einfach solange bearbeiten und einpassen, bis die gewünschte Passung stimmt.

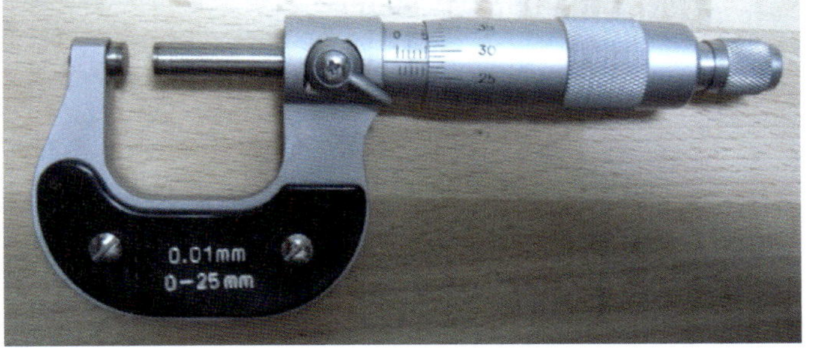

Bild 1.5-7: Braucht man an sich sehr selten: Das Mikrometer, neudeutsch Messschraube.

Das folgende Mess- bzw. Anreißmittel ist *nice to have*, aber nicht unbedingt nötig: Das ist der sog. *Höhenreißer*, der zum präzisen Anreißen dient. Man stellt die gewünschte Höhe des Risses ein, verschiebt ihn auf einer genau ebenen Anreißplatte und zieht dabei den Riss. Eine professionelle Anreißplatte aus hochwertigem Gusseisen oder Granit ist sehr teuer, aber für unsere Zwecke tut's sehr schön eine Fensterbank aus Granit – gibt es im Baumarkt.

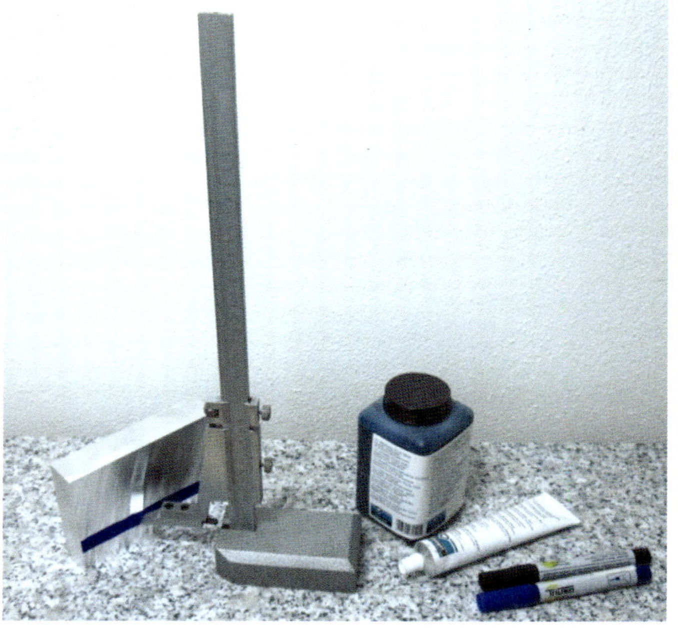

Bild 1.5-8: Ein Höhenreißer zusammen mit Anreißfarbe, Tuschierfarbe und edding-Stiften.

Ein paar Worte zur Technik des Anreißens: Normalerweise wird der Riss direkt auf dem Metall angebracht, aber auf Aluminium- oder Gussoberflächen sieht ihn manchmal kaum. Dann streicht man vorher die entsprechende Sektion mit spezieller Anreißfarbe ein; bei kleinen Zonen tut es auch sehr schön ein *edding*-Stift.

Man kann auch direkt am Stahllineal anreißen: Dann „stellt“ man an einer Kante das gewünschte Maß ein, und an der Endkante des Lineals wird die Reißnadel entlang geführt.

Wenn Sie Bohrungen markieren wollen, dann ziehen Sie zwei Risse über Kreuz. Wenn Sie dann mit einem Körner genau auf die Kreuzungsstelle einen Körnerpunkt setzen, hat der Spiralbohrer anschließend sofort eine präzise Führung und verläuft nicht. Wenn Sie es ganz fein machen wollen, dann körnen Sie erst mit einem Körner, der einen Spitzenwinkel von 60 ~ 90° hat, vor und schlagen dann anschließend mit dem regulären Körner, der wie die Spiralbohrer einen Spitzenwinkel von 120° hat, den endgültigen Körnerpunkt. Jeweils ein knackiger, bestimmter Schlag, nicht herumfummeln.

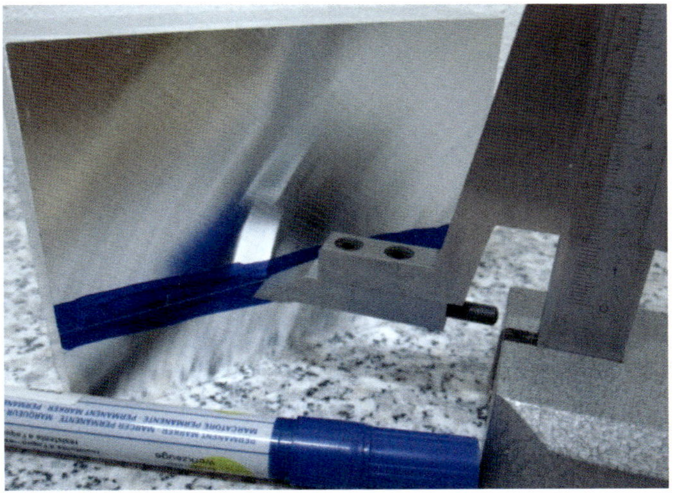

Bild 1.5-9: Der Höhenreißer zieht einen Riss in 30 mm Höhe auf einer Aluminiumplatte.

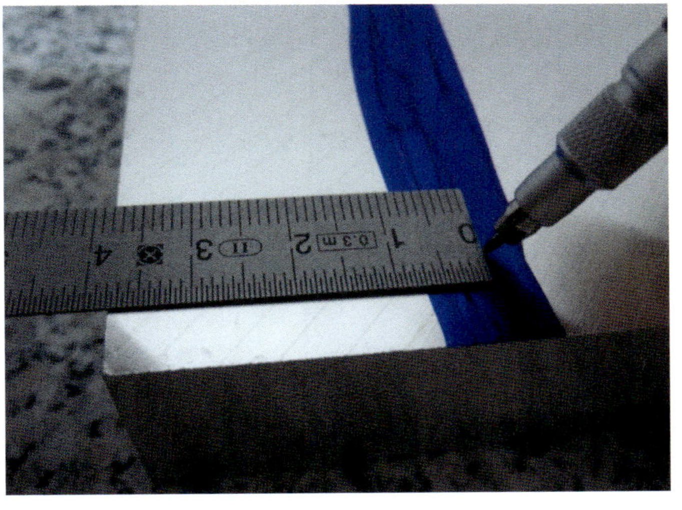

Bild 1.5-10: Sauberes Anreißen im Abstand von 38 mm zur Werkstückkante mit dem Stahllineal.

Bild 1.5-11: An den gekreuzten Rissen soll später gebohrt werden.

Bild 1.5-12: Die erste Bohrstelle ist gekörnt. Links ein Körner zum Vorkörnen mit Hartmetallspitze, der zweite Körner schlägt den endgültigen „Körner“.

Bild 1.5-13: Beim Anreißen eines Kreises schlägt man vorher einen „Körner“, damit die Zirkelspitze nicht verläuft.

1.6 Einige Sicherheitshinweise

Kennen Sie folgende Situation? Wenn Sie sich früher ein Auto oder ein Fernsehgerät gekauft haben, dann begann die die Bedienungsanleitung mit den Worten „Wir bedanken uns vielmals, dass Sie unser Modell *Wirbelwind* gewählt haben und wünschen Ihnen allseits gute Fahrt bzw. gute Sicht“. Heute beginnen sämtliche Bedienungsanleitungen erst einmal mit mehreren Seiten mit sogenannten Sicherheitshinweisen, der Gestalt „.. dass Autofahren gefährlich ist“, „.. dass übermäßiges Fernsehen Ihrer Gesundheit schaden könnte“ und dergleichen mehr. Diese rechtlichen Hinweise mögen aus juristischer Sicht sehr wichtig sein, besonders im Rahmen der Produkthaftung, aber mich nerven sie immer mehr! Leider greift diese Unsitte auch immer mehr in der Literatur um sich; in vielen Büchern über Auto- oder Motorradreparaturen findet man auf fast jeder zweiten

Seite den Hinweis, dass man Bremsflüssigkeiten fachgerecht entsorgen müsse und ähnliche Belehrungen und Banalitäten.

Ich will daher Ihnen nur ganz kurz ein paar wesentliche Sicherheitshinweise geben und ansonsten verlasse ich mich auf Ihren gesunden Menschenverstand.

Die am meisten gefährdeten Stellen Ihres Körpers sind Ihre Augen! Tragen Sie daher immer – und zwar ohne Ausnahme – eine die Augen vollkommen umschließenden Schutzbrille aus Kunststoff, wenn Sie mit Maschinen arbeiten. Das betrifft insbesondere Drehmaschinen, Fräsmaschinen, Schleifmaschinen, Bohrmaschinen und auf jeden Fall auch handgeführte Maschinen wie zum Beispiel Winkelschleifer. Bei normalen handgeführten Maschinen wie Bohrmaschinen oder Blechknapper ist es zumindest kein Fehler, eine Schutzbrille zu tragen, wenn auch nicht unbedingt immer erforderlich.

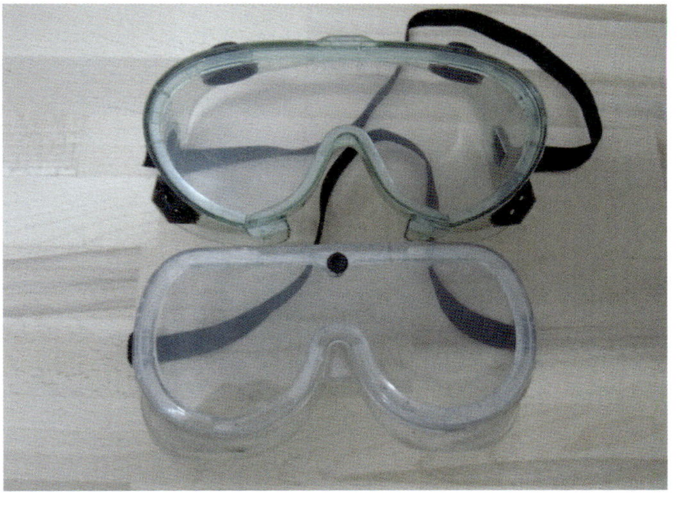

Bild 1.6-1: Schutzbrillen aus Kunststoff, unentbehrlich für Maschinenarbeiten.

Wenn Sie heute eine neue Stand-Bohrmaschine, Fräsmaschine oder Drehmaschine kaufen, sind diese Maschinen sehr häufig mit integrierten Kunststoffschutzschirmen versehen. Diese Schutzschirme haben meines Erachtens eine reine Alibifunktion, sie mögen gesetzlich vorgeschrieben sein, aber sie sind derartig unvollkommen, dass sich immer ein Span finden wird, der den Weg an diesen Schutzen vorbeifindet und todsicher in Ihrem Auge landet. Setzen Sie daher ganz konsequent auch an diesen Maschinen eine Schutzbrille auf; ob wie ich derartige von den Firmen angebrachte Schutzschirme abbauen, weil sie im allgemeinen mehr hindern als Vorteile bringen, sei Ihnen überlassen. Nebenbei: Es gibt ohnehin nur ein wirklich wirksamen Schutz an Werkzeugmaschinen, und das machen die Profimaschinen vor: Hier wird das Werkstück in einer vollkommen geschlossenen Kabine, die mit massivem Stahlblech und sehr dicken Plexiglasscheiben umgeben ist, vollkommen abgeschirmt, und der Bediener hat nicht die geringste Chance, während des Bearbeitungsvorgangs seine Finger in den Arbeitsbereich zu bringen, und die Späne bleiben hundertprozentig in der Maschine und können sie auf gar keinen Fall verlassen. Aber solche Schutzeinrichtungen sind sehr teuer und bleiben dem Profibereich vorbehalten. Die einzigen Schutzvorrichtungen, die Sie unbedingt an der Maschine belassen sollten, sind die Schutzvorrichtung an Winkelschleifern und Doppelschleifern. Diese Schutze verhindern zwar auch nicht zuverlässig, dass Späne Ihre Augen treffen, deswegen ist hier auch in jedem Fall eine Schutzbrille vonnöten, aber sie sind dazu da, Sie vor den Bruchstücken zu bewahren, die mit explosionsartiger Geschwindigkeit davonfliegen, falls die Scheibe einmal platzen sollte – ich habe das zwar noch nie erlebt, weder bei Doppelschleifern noch bei Winkelschleifern, aber man weiß ja nie.

Bild 1.6-2: Diese Schutzvorrichtungen bleiben auf jeden Fall montiert: Scheibenabdeckung, Auflage und Augenschutz.

Eine etwas kontroverse Angelegenheit sind Handschuhe. Besonders, wenn Sie mit Blechen arbeiten, können Sie sich an den zum Teil messerscharfen Blechkanten ganz üble und tiefe Schnittverletzungen zufügen. Daher sollten Sie gerade bei

Blecharbeiten immer Handschuhe tragen. Mit Handschuhen meine ich nicht diese groben Billigheimer, wie sie auf dem Bau verwendet werden, sondern ich verwende sehr gern die sogenannten Mechatroniker-Handschuhe. Auch wenn Sie längere Zeit feilen oder mit der Bügelsäge arbeiten, sind Handschuhe nicht verkehrt, denn da wir keine Berufshandwerker sind, holen wir uns bei derartigen Tätigkeiten sehr schnell Blasen. Nebenbei haben Handschuhe den Charme, dass die Hände halbwegs sauber bleiben. Gerade beim Schlossern mit Metallen, an Autos und Motorrädern bekommt man zum Teil sehr übel dreckige Pfoten, die man mit speziellen Handwaschpasten waschen kann, aber normale Flüssigseife oder Geschirrspülmittel tut es in Wahrheit ganz genauso. Wo Sie Handschuhe aber auf gar keinen Fall benutzen dürfen, ist, wenn Sie an stationären Maschinen arbeiten. Sie glauben nicht, wie schnell sich Handschuhe in Bohr- und Drehfuttern verfangen. Daher herrscht ab jetzt an allen stationären Bohrmaschinen, Drehmaschinen und Fräsmaschinen absolutes Handschuhverbot!

Bild 1.6-3: Mechatroniker-Handschuhe.

Was tragen Sie ansonsten für Arbeitskleider? Gehen wir von oben nach unten: Ich für meinen Teil arbeite eigentlich immer sowohl im Sommer als auch im Winter mit kurzen Ärmeln – es sei denn beim MIG/MAG-Schweißen. Dies hat sogar sicherheitstechnisch einen gewaltigen Vorteil: Es ist eigentlich unvorstellbar, aber es hat schon unglaublich viele Unfälle der Gestalt gegeben, dass Jacken- oder Pulloverärmel selbst von *glatten* Wellen in Drehmaschinen gefangen wurden. Was dann mit Ihnen passiert, können Sie sich wohl ausmalen. Sie haben sehr viel Glück, wenn der Arm nur gebrochen ist. Das bedeutet auch sofort, dass Krawatten, lange Haare, Zottelbärte und Künstlerschals nichts in der Nähe von drehenden Maschinen verloren haben. Auch hier hat es schon jede Menge ganz übler Unfälle gegeben! Falls es in Ihrer Hobbywerkstatt so kalt ist, dass Sie einen Schal brauchen, dann sollten Sie eher mal über einen gescheiten Heizlüfter nachdenken. Ferner sind Sie bestimmt nicht ein derartiger Snob, dass Sie bei der Maschinenarbeit auch noch eine Krawatte tragen – gegeben hat es das alles schon! Lange Haare verfrachten Sie unter eine Baseball-Mütze. Bei Zottelbärten kann ich Ihnen keinen Rat geben; Schnurrbärte sind dahingehend unkritisch. Übrigens haben auch lange massive Ketten um den Hals und Ringe an den Fingern bei Maschinenarbeit ebenfalls Auftrittsverbot. Als Hose können Sie eine spezielle Arbeitshose nehmen, aber ich arbeite gerne mit den ausgemusterten nato-oliven Bundeswehrhosen, die sehr stabil und trotzdem bequem sind. Wenn Sie professionelle Berufskleidung nutzen wollen, dann sollten Sie auf reine Baumwolle achten; Mischgewebe, die hohe Kunstfaseranteile haben, können beim Schweißen wegen der Brandgefahr gefährlich sein. Hausschlappen oder Sandalen haben in einer Metallwerkstatt nichts verloren. Ich arbeite an Auto und meinen Motorrädern gerne mit ausrangierten Turnschuhen, aber in der Werkstatt: Wenn Sie's ganz ordentlich machen wollen, dann kaufen Sie sich ein paar sogenannte Sicherheitsschuhe, die bekommt man in jedem Baumarkt. Die Besonderheit dabei ist, dass sie im Zehenbereich eine Stahlkappe haben. Und stellen Sie sich einmal vor, Ihnen fällt ein Schlosserhammer, oder schlimmer, eine Bohrmaschine oder ein Drehfutter von der Werkbank direkt auf Ihre Füße. Das wird zwar keine lebensgefährliche Verletzung geben, aber derartige getroffene Fußnägel tun höllisch weh – und das über Tage! Genau vor solchen Schäden bewahren Sie die Sicherheitsschuhe. Obendrein haben sie ein recht massives Leder, sind relativ dicht und von daher auch zum Schweißen sehr zu empfehlen.

Speziell zum Schweißen erfolgen weitere Sicherheitsratschläge in den entsprechenden Kapiteln; hier braucht man nicht nur einen sehr speziellen Augenschutz, sondern auch weitere persönliche Schutzkleidung und über den Umgang mit den Druckgasflaschen sollte man auch ein wenig Ahnung haben.

Vielleicht noch einige Hinweise zum Thema Feuergefahr: Ich habe mir angewöhnt, in meiner Werkstatt keine brennbaren Flüssigkeiten wie zum Beispiel Nitroverdünnung, Benzin oder Bremsenreiniger aufzubewahren. Dieses ganze Zeug steht in einem Nachbarraum. Gerade wenn in einer Werkstatt geschweißt wird, sind derartige Substanzen immer ein potentieller Brandherd. Fast genauso gefährlich sind aber öl- und benzingetränkte Lappen, und was die wenigsten wissen, leere Kartons. Gestapelte leere Kartons, die in einer Raumecke liegen, sind ein Brandherd *par excellence*. Entfernen Sie leere Kartons und Pappkisten auf jeden Fall aus dem Werkstattbereich. Außerdem sollten Sie eine Art Fluchtweg haben, d.h. falls es wirklich brennt, dass Sie sehr schnell die Werkstatt verlassen können. Dafür sollte in unmittelbarer Nähe ein funktionierender Feuerlöscher stehen, am besten ein ABC-Pulverlöscher. 6 kg sollten genügen.

Dass man elektrische Geräte nicht in Betrieb nimmt, wenn die Netzleitungen beschädigt sind und das blanke Kupfer bereits herausschaut, dürfte sich inzwischen auch zu den allerdümmsten Zeitgenossen herumgesprochen haben. Gerade in einer Hobbywerkstatt oder Garage, die sehr häufig mit Betonfußboden oder Fliesenboden ausgestattet ist, können Stromschläge, die im Wohnbereich vielleicht auf einem Teppichboden stehend noch glimpflich abgehen können, fatale Folgen haben. Seien Sie hier absolut konsequent – reparieren Sie solche schadhaften Leitungen umgehend oder lassen Sie sie von einer Fachkraft wieder in Stand setzen.

Und speziell fürs Schweißen sollten Sie beachten, dass eine vernünftige Lüftung Ihrer Werkstatt und eventuell sogar ein Atemschutz sehr wichtig ist, und zwar speziell beim MIG/MAG-Schweißen und E-Handschweißen, da diese beiden Verfahren sehr viel Rauche und Stäube emittieren. Keine besonderen Schutzmaßnahmen brauchen Sie beim WIG-Schweißen und beim altbewährten Autogenschweißen.

Beachten Sie dahingehend die Tabelle 1.5-1, ein Auszug aus der BGR 500 – die ist zwar für Sie als Privatmann nicht bindend, aber manchmal lohnt es sich nachzuschauen, wie das im professionellen Bereich geregelt ist. Sie erkennen, dass WIG mit Abstand das „sauberste“ Verfahren ist, das am wenigsten gesundheitsbelastend ist; dann folgt gleich das Autogenverfahren.

Kritisch in jeder Beziehung ist nichtrostender Edelstahl wegen des Nickelgehalts. Ich habe mir angewöhnt, Edelstahl mit Atemmaske unter dem Schweißhelm zu schweißen; auch beim Schleifen ist das nicht schlecht. Es gibt Masken, die recht problemlos unter einen modernen Schweißhelm passen. In Industrie und Handwerk werden professionelle Schweißrauch-Absauganlagen verwendet; leider haben diese recht voluminösen Anlagen auch professionelle Preise. Daher schlage ich Ihnen in

Kapitel 6.8 den Bau einer recht wirkungsvollen und trotzdem spottbilligen Absauganlage vor.

Tabelle 1.5-1: Lüftung in Räumen bei Schweißverfahren (Auszug aus der BGR 500 [C-20]). Bei WIG gilt der Eintrag für thoriumfreie Elektroden. Alle Einträge gelten für kurzzeitiges Schweißen.

Verfahren	Unlegierter u. niedrigleg. Stahl, Aluminiumleg.	Hochleg. Stahl, Nichteisen-metalle (außer Aluminum)
Autogen, ortgebunden	Freie (natürliche) Lüftung	Maschinelle Lüftung
Autogen, nicht ortgeb.	Freie (natürliche) Lüftung	Freie (natürliche) Lüftung
E-Hand, ortsgebunden	Maschinelle Lüftung	Absaugung an Schweißstelle
E-Hand, nicht ortsgeb.	Freie (natürliche) Lüftung	Maschinelle Lüftung
MIG/MAG, ortsgebunden	Maschinelle Lüftung	Absaugung an Schweißstelle
MIG/MAG, nicht ortsgeb.	Freie (natürliche) Lüftung	Maschinelle Lüftung
WIG, ortsgebunden	Freie (natürliche) Lüftung	Freie (natürliche) Lüftung
WIG, nicht ortsgeb.	Freie (natürliche) Lüftung	Freie (natürliche) Lüftung

Bild 1.6-4: Diese Atemmaske 7500 von 3M mit Filtern 2138 passt problemlos unter einen Schweißhelm. Beachten Sie, wie die ursprünglich weißen Filter nach ca. einer Stunde MAG-Schweißen aussehen!

KAPITEL 2 Vorbereitung zum Schweißen

2.1 Profile trennen

Typische Stahlprofile werden üblicherweise im Stahl-Großhandel in 6 m langen Stangen gehandelt. Zwar können Sie sich heute per Internetbestellung sehr einfach Ihre Wunschlänge kommen lassen, aber Sie werden nicht umhinkommen, solche Profile immer wieder selbst zu kürzen. Dafür gibt es verschiedene Möglichkeiten, aber das Gescheiteste ist, Sie kaufen sich eine kleine Bandsäge – diese in Bild 2.1-1 gezeigte Maschine ist bei mir ständig im Einsatz, und sie ist eine der wirklich unentbehrlichen Maschinen.

Bild 2.1-1: Eine kleine Bandsäge. Sägt Rundmaterial bis 90 mm. Alle gängigen Materialien wie Baustahl, Inox und Aluminium funktionieren. Eine für den Hobbyschweißer unentbehrliche Maschine – und nicht teuer.

Dann gibt es die etwas brutaleren Methoden: Metall-Kaltkreissägen und sog. Dry-Cutter. Mir sind diese Geräte irgendwie nicht geheuer. Allerdings sind diese Dry-Cutter faszinierende Maschinen, die im Handumdrehen auch 10 mm dicke Stahlplatten sägen.

Ferner gibt es die gute alte Flex; die Firma *Flex* hat diese politisch korrekt als Winkelschleifer bezeichneten Maschinen erfunden. Zum Ablängen gibt man sog. Trennscheiben in den Winkelschleifer, aber für wirklich dicke Profile ist das als handgeführte Maschine nichts Genaues, allerdings gibt es auch stationäre Trennschleifer. Dünne Profile können Sie auch schön mit der guten alten Bügelsäge von Hand sägen. Für Abbrucharbeiten gibt es die sog. Recipro- oder Säbelsägen; dafür muss man gut gefrühstückt haben.

Bild 2.1-2: Ein Dry-Cutter mit zugehörigem Sägeblatt. Sägt im Handumdrehen Stahlplatten von 10 mm Dicke.

2.2 Bleche schneiden

Bleche schneiden – damit meine ich hier Tafeln bis vielleicht 2 ~ 3 mm Dicke – kann man entweder von Hand per Blechschere (das wird meistens Murks) oder Hebelschere (das geht schon besser) oder maschinell schneiden. Maschinell kommt es darauf an, wie präzise Sie arbeiten wollen, ob Sie nur gerade Schnitte oder auch Kreisschnitte machen wollen.

Wenn Sie Baustahl- oder Inoxbleche mehr oder weniger gerade trennen wollen, können Sie einen Winkelschleifer mit Trennscheibe nehmen; für Inox gibt es spezielle Scheiben. Es gibt diese Winkelschleifer für Scheiben mit 115 mm, 125 mm, 175 und 200 mm Durchmesser – ich finde 125 mm für nicht zu grobe Arbeiten und 175 fürs Grobe gerade richtig. Vor vielen Jahren habe ich mal einen 200er Winkelschleifer gekillt, dem hat's die Wicklung durchgehauen, wie er mal richtig arbeiten musste. Mir ist zwar in Jahrzehnten noch nicht einmal eine Trennscheibe explodiert, aber irgendwie hat man damit immer ein ungutes Gefühl.

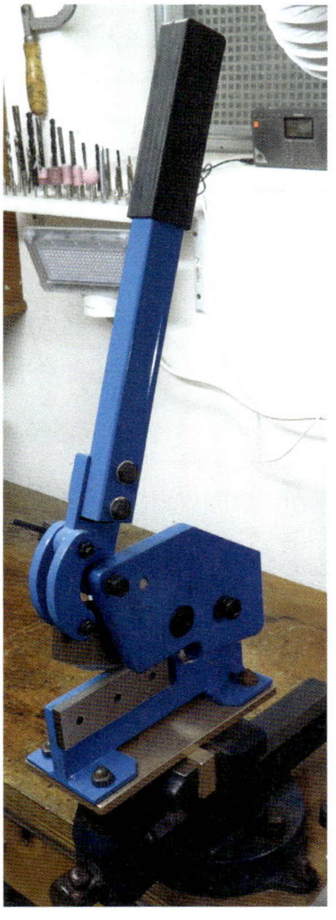

Bild 2.2-1: Eine Hebelschere. Mit einem kleinen, selbstgeschweißten Adapter kann man sie schön temporär in den Schraubstock spannen.

Wenn's Ihnen mit einer Flex zu mulmig wird, dann nehmen Sie eine Stichsäge mit Metallblättern. Das geht zwar langsam, aber recht sicher und stressfrei – bei Stahl und Inox Schmieren nicht vergessen. Wussten Sie eigentlich, dass ein perfektes Schmiermittel für Metallarbeiten wie Sägen, Bohren, Drehen und Fräsen das altbewährte Waffenöl *Ballistol* ist, mit dem schon unsere Vorfahren in der Kaiserlichen Armee ihre 98er Karabiner, ihre Knobelbecher, das Zaumzeug ihrer Pferde – und ihre Meldehunde gegen Flöhe – erfolgreich behandelt haben? Man konnte es übrigens jahrzehntelang gegen Magenverstimmung trinken, bis die EU-Bürokratie dahinter gekommen ist – gefiel ihr irgendwie nicht.

Bild 2.2-2: Ein Winkelschleifer für 125er Scheiben.

Bild 2.2-3: Links: Trennscheibe für Inox, Mitte: Polierfächerscheibe, Rechts: Trennscheibe für Baustahl. Alle 125 mm Durchmesser.

Wenn Ihnen das zu lahm ist und die Bleche nicht zu dick werden, dann wäre ein *Knabber* – auch *Nibbler* genannt – vielleicht das Richtige für Sie. Damit kann man auch sehr schön Kurvenschnitte machen. Der Knabber beißt mit jedem Hub ein kleines Stückchen Metall aus Ihrer Blechtafel, so ähnlich wie Konfetti. Dooferweise landen diese Schnipsel überall in Ihrer Werkstatt, aber sie sind wenigstens nicht gesundheitsgefährdend wie Schleifstaub. Knabber werden Sie in keinem Baumarkt finden, das sind Profitools. Namhafte Hersteller wie *Fein* oder *Makita* haben solche Geräte auch für Stahlblech bis über 3 mm Dicke im Programm, aber die sind dann nicht ganz wohlfeil.

Bild 2.2-4: Eine Stichsäge mit Metallsägeblatt.

Bild 2.2-5: Ein Knabber oder Nibbler für Stahlblech bis 1,6 mm.

Wenn Sie einmal ganz feine Schnitte machen wollen, fast so präzise wie Laubsägearbeiten in Holz, dann wäre eine sog. Dekupiersäge das Richtige: Bild 2.2-6 zeigt, was gemeint ist. Wenn Sie wirklich eine gescheite Dekupiersäge kaufen wollen, dann wenden Sie sich an die Firma *Hegner*. Die liefert Ihnen auch Sägeblätter, die eine vielfache Standzeit gegenüber Baumarktware haben.

Bild 2.2-6: Rentier mit Nikolaus aus Alublech AlMg3, 3 mm dick, mit einer Hegner-Dekupiersäge ausgesägt.

Bild 2.2-7: Eine Dekupiersäge, mit der man gescheit arbeiten kann.

2.3 Bleche und Profile bohren

Eine Bohrmaschine hat jeder – aber haben Sie auch die richtige? Zunächst wäre zu unterscheiden in handgeführte und stationäre Maschinen, wobei für mich – wie sich gleich zeigen wird – das in Wirklichkeit kein Unterschied ist. Wahrscheinlich gibt es keinen deutschen Haushalt, in dem sich nicht die typische 2-Gang-Schlagbohrmaschine findet. Zum gelegentlichen Bohren in Wände, Metall und vor allem Holz ganz schön, aber ein Profitool ist das nicht! Ich habe da eine aufgrund leidvoller Erfahrung ziemlich kontroverse Meinung: Für das Bohren in Stahl brauchen Sie eigentlich *zwei* Bohrmaschinen, eine kleine, die aber sehr schnell dreht – so bis 4000 ~ 5000 U/min – für kleinere Bohrer so bis 5 ~ 6 mm Durchmesser und eine große Maschine richtig mit Power, die dann mit mindestens 700 Watt auch 13 mm Bohrer stemmt. Und wenn Sie mal wirklich in Beton wollen: Vergessen Sie solche Spielzeuge wie Schlagbohrmaschinen und legen Sie sich einen gescheiten *Bohrhammer* zu: Ich habe gleich zwei: Einen *Metabo* für die kleinere Löcher bis vielleicht 12 mm und dann kommt für den großen Hunger der jahrzehntealte, aber unzerstörbare *Duss* dran; der donnert dann auch 20 oder 30 mm dicke HM-Bohrer in Stahlbeton. Wollen Sie sparen oder ordentlich arbeiten?

Bild 2.3-1: Zwei Handbohrmaschinen: Die obere hat Power und stemmt problemlos 13 mm Bohrer in Stahl; die untere ist eine wundervolle Maschine für kleine Bohrungen so bis 5 ~ 6mm, weil sie sehr schnell dreht und sehr leicht ist.

Und was machen wir in Sachen stationäre Bohrmaschine? Es gibt hier sog. Tischbohrmaschinen und Säulenbohrmaschinen; die Fabriken haben darüber hinaus noch sog. Radialbohrmaschinen. Für den Hobbyschlosser kommt aus Platzgründen wohl am ehesten eine Tischbohrmaschine in Frage; leider gibt es da unendlich viel Schrott, und die wirklich guten Maschinen sind halt sehr teuer.

Bild 2.3-2: Eine vernünftige Tischbohrmaschine in meiner Behörde.

Eine kleine Anekdote soll die ganze triste Situation umreißen: Ich habe mir einmal aus dem Baumarkt eine Tischbohrmaschine für doch schon 85 € zu Studienzwecken – wohl wissend, dass das Murks ist – gekauft; beim Zusammenbauen stellte ich fest, dass der Schutzleiter nicht angeklemmt war, aber dafür eines der stromführenden Kabel innen an der Metallmasse scheuerte. Naja, was will man hier kleinlich eingedenk dieses Spottpreises sein. Aber der echte Pferdefuß kam zum Vorschein, als ich mit diesem Fernost-Gerät mal einen 10 mm Bohrer in Baustahl treiben wollte – der Antriebsmotor blieb einfach stehen! Mehr wie 8 mm in Stahl packte die Maschine nicht – und das ist typisch für die meisten Billigmaschinen bis hin zu Dreh- und Fräsmaschinen: Die verbauten Motoren sind einfach viel zu schwach! Noch dazu haben diese Billigmaschinen für den Drehzahlwechsel einen Riemen, den man dann auf andere Scheiben umlegen muss – dass macht ein normaler Mensch vielleicht einmal, und dann lässt er eine mittlere Geschwindigkeit eingestellt, weil es so fummelig ist. Okay, irgendwo muss der geringe Preis ja herkommen.

Bild 2.3-3: Eine Makita-Bohrmaschine (1-Gang!) in einem Wabeco-Bohrständer – eine glückliche Kombination! Und nebenbei sparen Sie auch noch Geld, weil Sie die Bohrmaschine nur einmal kaufen müssen.

Wie retten wir die Situation? Sehr einfach: Wir nehmen eine *Hand-Bohrmaschine*, die fast immer viel mehr Power als die stationären Maschinen haben. Wie das? Das kann Ihnen jeder Elektrotechniker erzählen: Die Hand-Bohrmaschinen haben Universalmotoren (das sind in Wahrheit Gleichstrommotoren!), während stationäre Billigmaschinen kastrierte Drehstrommotoren mit Phasenschiebern (Kondensatoren) haben, die naturgemäß sehr schwachbrüstig sind. Nun spannen Sie Ihre normale Hand-Bohrmaschine in einen *Bohrständer* und ab geht die Post! Aber kaufen Sie einen wirklich guten Bohrständer, z.B. von *Wabeco*, nicht diesen Baumarkt-Billigschrott. Sie werden mit einem solchen Gespann weitaus mehr Spaß an der Arbeit haben als mit irgendeiner mittelprächtigen Tischbohrmaschine – und darum geht's doch im Hobby! Dass man Werkstücke ab vielleicht 8 mm Bohrerdurchmesser besser in einem Maschinenschraubstock festspannt und den dann bei noch größeren Bohrern auf dem eigentlichen Maschinentisch festschraubt, sollte klar sein, siehe Bilder 2.3-2 und 2.3-3.

Sie sehen auf den vorherigen Bildern eigentlich nur *Makita*-Maschinen. Wenn Sie ins Profisegment gehen wollen, und das möchte ich Ihnen empfehlen, dann sind Sie bei handgeführten Maschinen einfach mit Marken wie *DeWalt, Duss, Fein, Flex, Hilti, Makita* und *Milwaukee* gut bedient. Ich habe darüber hinaus gute Erfahrungen mit *Metabo* gemacht.

Dann brauchen Sie ordentliche Bohrer für Stahl: Strenggenommen braucht man für Baustahl, Inox und Aluminium jeweils unterschiedliche Bohrer (die sich dann im Drall, den Spitzen- und Freiwinkeln unterscheiden), aber für den Hobbyschlosser tun es die ganz normalen Bohrer für Baustahl – natürlich hat man dann gerade bei Inox nicht gerade das Optimum an Leistung und Standzeit. Eine sehr gute Bezugsquelle für viele Werkzeuge ist die *Hoffmann Group* [C-36].

Wenn Bohrer stumpf sind, kann man sie wegwerfen (machen Sie das ruhig) oder aber nachschleifen, aber das müssen Sie sich von einem Fachmann abschauen – das kann man nicht verbal beschreiben. Man braucht dazu auch etwas theoretisches Wissen über die verschiedenen Winkel an der Schneide. Ich habe dieses freihändige Bohrerschleifen einmal gelernt, aber habe mir eine kleine Vorrichtung an den Schleifbock selbst gebaut; damit geht das sehr schön.

Bild 2.3-4: Bohrersätze für Baustahl; die unteren sind titanbeschichtet – empfehlenswert.

Bild 2.3-5: Eine kleine Bohrer-Schleifvorrichtung.

2.4 Anfasen zum Schweißen und Verputzen

Je nach Schweißnaht müssen Fasen an den Blechen bzw. Profilen angebracht werden, vgl. Kapitel 3.1.2. Das kann von Hand per Feilen erfolgen oder maschinell per Flex, Schleifbock oder Geradschleifer.

Feilen braucht man als Hobbyschlosser immer; achten Sie auf ausgezeichnete Qualität, z.B. von *Dick* oder *Pferd*. Feilen unterscheidet man nach der Länge, dem Hieb und dem Querschnitt. Ich verwende eigentlich immer wieder nur drei Querschnittsformen: flach, rund und halbrund. Quadratisch und dreieckig ist *nice-to-have*, aber ich brauche sie selten. Bei den Längen sind gut und bewährt: 300 mm, 200 mm und 150 mm, davon braucht man jeweils eine kleine Auswahl.

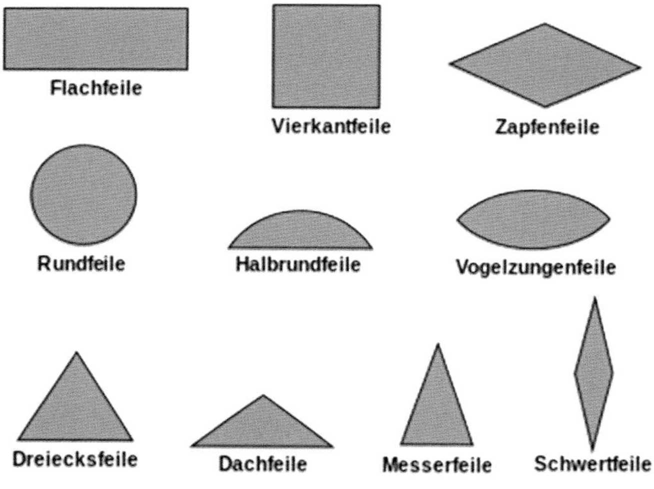

Bild 2.4-1: Verschiedene Querschnittsformen bei Feilen.Wikipedia [C-37].

Die Zähne der Feilen werden gehauen oder gefräst. Die Hiebzahl gibt an, wieviel Zähnchen pro Zentimeter in Längsrichtung vorhanden sind. Sie brauchen für grobe Arbeiten *Schruppfeilen*, für feinere Arbeiten *Halbschlichtfeilen* und für feine Arbeiten *Schlichtfeilen*. Sie erkennen, dass Sie für eine halbwegs universelle Feilenausstattung auf eine durchaus stattliche Anzahl kommen: Angenommen, Sie beschränken sich auf Schrupp- und Schlichtfeilen und die Längen 300 mm und 150 mm sowie auf Flachfeilen, Rundfeilen und Halbrundfeilen = 12 Feilen. Das ergänzen Sie noch durch einen Satz *Schlüsselfeilen*.

Wie arbeiten wir mit der Feile, vgl. [17]? Allgemein gilt die Regel:

- Weicher Werkstoff – grober Hieb
- Harter Werkstoff – feiner Hieb

Es fängt eigentlich schon mit der korrekten Schraubstockhöhe an: Wenn Sie neben dem Schraubstock stehen, dann muss Ihr Ellenbogengelenk etwa auf Höhe der Schraubstockbacken liegen. Stellen Sie den linken Fuß ca. 30°, den rechten Fuß ca. 75° zur Schraubstockachse, dann haben Sie den richtigen Stand, denn beim Feilen oder auch Sägen mit der Bügelsäge schwingt der ganze Körper mit, nicht nur die Arme! Eine große 300 mm lange Feile packen Sie mit der rechten Hand am Griff, und die linke Hand legen Sie derart auf das Feilenende, dass der Handballen oben liegt. Während des Vorwärtsschwungs üben Sie leichten Druck aus, den Sie beim Rückwärtsschwingen wieder wegnehmen, denn die Feile beißt nur auf Schub – Sägen geht genauso. Während der Schubbewegung versetzen Sie während des ganzen Hubs die Feile zur Seite um etwa halbe Feilenbreite. Diese Feilbewegung und das Schwingen mit dem ganzen Körper – das ist das ganze Geheimnis. Schlüsselfeilen nehmen Sie zwischen Daumen und Zeigefinger der rechten Hand, mit der linken Hand führen Sie durch Auflegen von Zeige- und Mittelfinger. Nun noch zwei Tricks: Ein unentbehrliches Hilfsmittel ist die *Feilenbürste*, denn besonders Aluminium setzt den Hieb sehr schnell zu. Wenn Sie eine ganz feine Oberfläche haben wollen, dann nehmen Sie die Feile zwischen beide Hände, als wollten Sie einen Stock umfassen und bewegen die Feile *quer* zu ihrer Längsachse – das wird wie poliert.

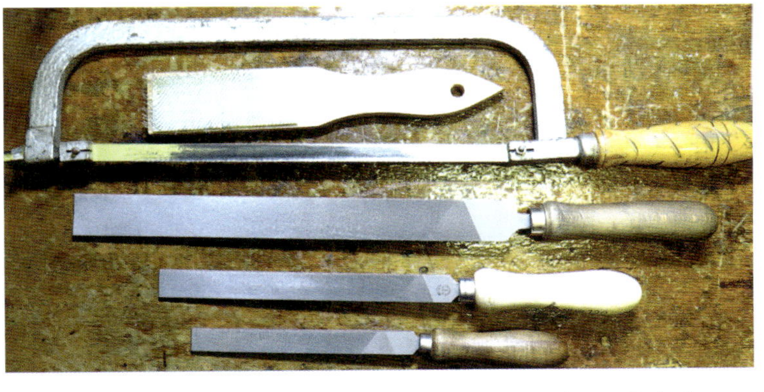

Bild 2.4-2: Unentbehrliche Werkzeuge des Hobbyschlossers: Bügelsäge, Feilenbürste, 300 mm Flachfeile, 200 mm Flachfeile, 150 mm Flachfeile.

Ob Ihre Feilen Holz- oder Kunststoffhefte haben, ist an sich egal – Kunststoffhefte lassen sich leichter montieren, denn bei Feilen wird normalerweise nur das Blatt geliefert, um die Griffe müssen Sie sich selbst kümmern. Ich finde Holzhefte angenehmer, aber da müssen Sie, weil die Feilenangel konisch ist, mit mehreren Bohrern eine Art Stufenbohrung machen. Dann nimmt man das Blatt in die eine Hand und klopft den vorgebohrten Holzgriff mit einem Holzhammer auf. Früher hat man einfach die Feilenangel glühend gemacht und hat das Heft aufgebrannt – naja.

Natürlich kann man Fasen zum Schweißen auch per **Schleifen** anbringen: Entweder per Doppelschleifer – achten Sie auf Qualitätsscheiben, z.B. von *Tyrolit* – oder per Winkelschleifer. Bei Doppelschleifern ist es so, das alles unter 175 mm Scheibendurchmesser Spielzeug ist. Das werden Sie merken, wenn Sie mit einem Baumarktteil mit 150er Scheiben mal richtig schleifen wollen – ich habe es probiert: Mumpitz! Schrauben Sie gerade kernigere Doppelschleifer gut fest und lassen Sie jede neue Scheibe mindestens 5 Minuten unbelastet zur Probe laufen. Prüfen Sie vorher mit einem leichten Hammer, wie die Scheibe klingt, wenn man sie leicht anschlägt: Melodischer Klang = gut, dumpfer Ton = schlecht – die Scheibe ist irgendwo gerissen! Die Scheiben werden übrigens zwischen Papier- oder Papplagen links und rechts gespannt, nicht direkt aufs Eisen. Montieren Sie auf den Winkelschleifer wirklich eine Schleifscheibe, keine Trennscheibe! Die Trennscheiben sind nicht für seitliche Belastung vorgesehen, wie sie beim Schleifen auftritt – Gefahr!

Bild 2.4-3: Ein ordentlicher Doppelschleifer bzw. Schleifbock. 200 mm Scheiben, 600 W, Drehstrom.

Mitunter will man hinterher Schweißnähte verputzen, damit es z.B. für Möbel schicker ausschaut. Da ist wieder ein Winkelschleifer, aber diesmal mit Polier-Fächerscheibe sehr geeignet; für kleine, feine Schweißnähte nimmt man einen Geradschleifer, ein ganz feines Werkzeug – das müssen Sie einfach haben!

Bild 2.4-4: Ein Geradschleifer zum Verputzen von feinen Schweißnähten.

KAPITEL 3 Schweißen

3.1 Schweißverfahren für Hobbyschlosser

3.1.1 Allgemeines

Schweißen hat etwas Archaisches und fast Mystisches an sich: Das älteste bekannte Schweißverfahren, das Feuerschweißen, wanden die Elben im *Herrn der Ringe* beim vom dunklen Herrscher zerbrochenen Schwert *Narsil* an, indem sie die Bruckstücke in glühendem, teigigen Zustand mit Hammerschlägen zum wieder geschmiedeten Schwert *Andúril* verschweißten – womit sich dann der Krieg in Mittelerde zum Guten wendete. Wenn das nicht ein ganz besonderes Verfahren der Metallbearbeitung ist! Dieses Feuerschweißen beherrscht jeder gelernte Schmied noch heute, und lange Zeit kannte man nur dieses Verfahren. Selbst im umfassenden *Lueger: Lexikon der gesamten Technik* von 1894 wird lediglich dieses uralte Schweißverfahren erwähnt.

Schweißen ist eines der wichtigsten Metallbearbeitungs-Verfahren, und unsere ganze technische Kultur baut auf das Schweißen auf: Moderne Autos, Getreidesilos, Milch- und Biertanks, Geländer, Zäune, Brücken, Stahlbauten und Schiffe sind ohne die verschiedenen Schweißverfahren völlig undenkbar. Während noch die Profile des Eiffelturms und die Schiffsbaubleche der Titanic mit warm geschlagenen Nieten – die im glühenden Zustand in die Bohrlöcher eingebracht und per Vorschlag- oder Presslufthammer geformt wurden – verbunden wurden, würden heute solche Monumente der Technik definitiv geschweißt werden. Und warum? Weil Schweißen gegenüber dem Nieten und Schrauben mehrere Vorteile aufweist: Es geht viel schneller und ist damit wesentlich billiger, gleichzeitig ist aber die Festigkeit höher, und gerade im Falle von Schiffen und Behältern: Schweißnähte sind dicht. Gleichzeitig können verschiedene Schweißverfahren sehr leicht automatisiert werden, denken wir nur an die Schweißroboter, welche die Karosserien moderner Autos zusammenbauen.

Unter Schweißen versteht man die unlösbare Verbindung von Bauteilen, ggf. mit oder ohne Zusatzwerkstoff, unter Nutzung von Wärme und/oder Druck. Die Besonderheit ist die, dass die zu verbindenden Bauteile *und* der Zusatzwerkstoff aus den gleichen oder doch sehr ähnlichen Materialien bestehen - im Gegensatz zum Löten, bei dem immer verschiedene Werkstoffe zusammenkommen. Es gibt sehr viele Schweißverfahren, und es kommen fast im Jahresabstand neue dazu, weil die Industrie – allen voran die Autoindustrie – nach immer effizienteren Verfahren verlangt. So werden seit einiger Zeit Autobleche hergestellt, die in verschiedenen Zonen unterschiedliche Dicken aufweisen, um dann nach dem Pressen optimale Dicken und Eigenschaften haben, und diese sog. *Tailored Blanks* werden lasergeschweißt. Moderne verzinkte Autobleche, die dem Salzfraß viel besser als normale Stahlbleche widerstehen, werden schweiß-gelötet - was eigentlich gar kein Schweißen mehr ist. Große Behälter werden automatisch Unterpulver-geschweißt – es gibt heute für fast jede Spezialanwendung auch ein genau passendes Schweißverfahren. Diese Spezialverfahren sind meist technisch sehr aufwendig und verlangen große Investitionen und Spezialwissen.

Aber genau das wollen wir hier nicht: Hier sollen einige wenige Schweißverfahren präsentiert werden, die erstens für den Hobbymechaniker finanziell erschwinglich sind und die mit etwas Übung auch problemlos in der Hobbywerkstatt beherrschbar sind. Wir wollen uns dabei auf die Metalle *Baustahl, nichtrostender Edelstahl* und *Aluminium* beschränken, weil sie erstens am meisten verwendet werden – auch in der Industrie – und weil sie auch für den Hobbybereich leicht zu beschaffen sind. Die gleich aufgeführten Verfahren werden dann jeweils in eigenen Kapiteln genau besprochen; hier soll zunächst ein Überblick gegeben werden, damit Sie gleich zu dem Sie am meisten interessierenden Kapitel springen können. Das Kapitel 3.2 "E-Handschweißen" sollten Sie aber in jedem Fall durcharbeiten, weil hier sehr viele Tipps gegeben werden, die auch für die anderen drei Verfahren gelten. Im Einzelnen sind dies:

1. Das **E-Handschweißen** arbeitet mit einem elektrischen Lichtbogen und einer abschmelzenden Elektrode, die aus metallurgischen Gründen mit gewissen Zusatzstoffen umhüllt ist. Die gleichzeitig abschmelzende Umhüllung schirmt das Schmelzbad vom zerstörerischen Luftsauerstoff ab. Die durch die Umhüllung gebildete Schlacke auf der Schweißnaht ist zwar im ersten Moment lästig, ist aber metallurgisch sehr wertvoll. Dieses Verfahren sollte jeder Hobbyanwender als Pflichtprogramm betrachten, denn es ist relativ leicht zu lernen und garantiert aber gleichzeitig höchste Festigkeit. Außerdem ist das Equipment mit Abstand das günstigste; preiswerte Schweißtransformatoren bekommt man im Baumarkt schon für 50 Euro! Es ist das typische Schweißverfahren, was man so im Fernsehen sieht.

Bild 3.1-1: E-Handschweißen [C-15].

Damit schweißt z.B. die Polizei die Kanaldeckel zu, wenn der amerikanische Präsident mal wieder Deutschland besucht. Es ist ein sehr altes, aber universelles und gutes Verfahren. An und für sich ist es für sehr viele Metalle geeignet, aber sein Hauptanwendungsgebiet ist Baustahl ab 3 mm Dicke. Mit Übung gehen auch 2 mm. Nach oben gibt es keine Grenzen, und falls Sie einen Trailer für Ihr Boot schweißen oder eine Eisenbahnbrücke (dann wird eben mehrlagig geschweißt) bauen wollen, dann liegen Sie mit diesem Verfahren richtig. Pipelines werden sehr häufig mit Elektroden geschweißt, und das E-Handverfahren ist für manche tragende Teile behördlich vorgeschrieben. Dieses Verfahren funktioniert sogar unter Wasser und ohne E-Handschweißen wären keine Bohrplattformen und ähnliches möglich. Nichtrostender Stahl kann mit entsprechenden Elektroden recht gut geschweißt werden. Für dünne Bleche, also Karosseriebleche, ist es ungeeignet.

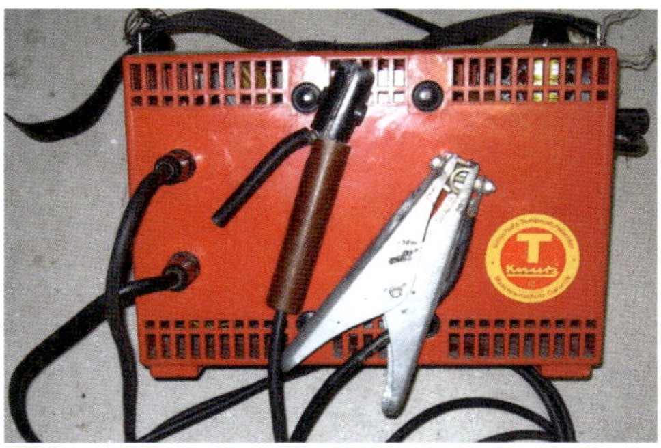

Bild 3.1-2: Ein altes „transportables" Transformator-Schweißgerät für das E-Handschweißen.

2. Das **MIG/MAG-Verfahren**, volkstümlich Schutzgasschweißen genannt (was nicht korrekt ist, weil das unter 4. erwähnte WIG-Verfahren ebenfalls mit Schutzgas arbeitet), ist das in Handwerk und Industrie meistverbreitete Verfahren: Es hat eine enorm hohe Ausbringung, d.h. man kann in kürzester Zeit jede Menge Schweißnähte produzieren und es lässt sich sehr gut automatisieren. Aber auch Privatanwender nutzen zunehmend dieses Verfahren, und entsprechende MIG/MAG-Schweißgeräte werden in den Baumärkten angeboten. Auch hier brennt wie beim E-Handschweißen ein elektrischer Lichtbogen als Wärmequelle, aber die abschmelzende Elektrode wird kontinuierlich als ein dünner Draht nachgeführt. Da dieser Draht keine Umhüllung hat, wird der abschmelzende Draht von einem Schutzgas umspült, das den Luftsauerstoff abhält. Wenn dieses Schutzgas metallurgisch aktiv ist, spricht man vom MAG-Verfahren (Metall-Aktiv-Gas); das nutzt man für normalen Bau- oder Karosseriestahl. Ist das Schutzgas chemisch völlig neutral, also *inert*, dann nennt man das Ganze MIG-Verfahren (Metall-Inert-Gas); dies kann z.B. für Aluminium genutzt werden. Ansonsten sind die Schweißgeräte völlig gleich. Dieses Verfahren ist gerade bei Hobby-Anwendern sehr beliebt, weil es von allen Schweißverfahren am leichtesten zu lernen ist. Aber es hat seine Tücken, auf die wir noch eingehen werden.

Bild 3.1-3: Der Verfasser beim MIG/MAG-Schweißen.

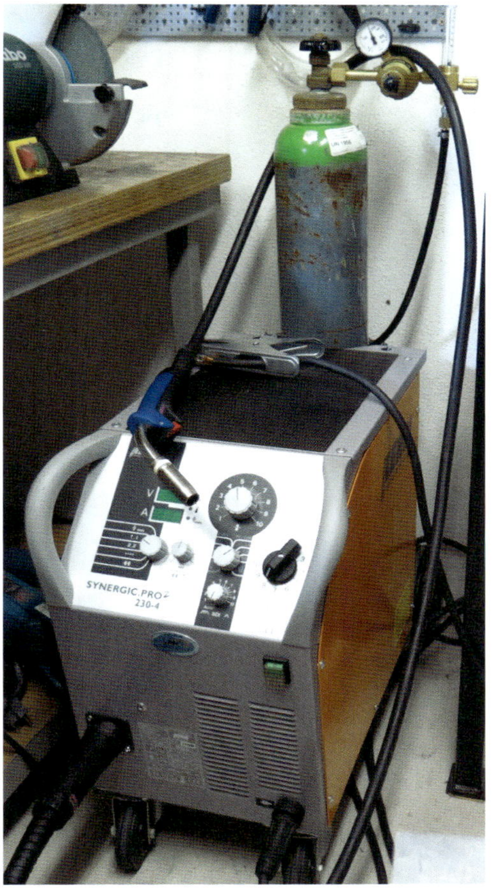

Bild 3.1-4: MIG/MAG-Schweißgerät von Rehm Schweißtechnik.

3. Das **WIG-Verfahren** (Wolfram-Inert-Gas) arbeitet ebenfalls mit einem Lichtbogen, der hier aber im Unterschied zu E-Hand und MIG/MAG zwischen Werkstück und einer nicht abschmelzenden Wolfram-Elektrode brennt. Es wird mit oder ohne Zusatzwerkstoff gearbeitet. Das WIG-Verfahren ist das sauberste und „eleganteste“ Verfahren; es kommt von der Handhabung dem Autogenverfahren am nächsten – es braucht also etwas Übung. Dafür liefert es blitzsaubere Nähte höchster Festigkeit; es kommt eigentlich aus der Luft- und Raumfahrtindustrie, aber heute gibt es sehr erschwingliche Geräte für den Hobbybereich. Es können praktisch alle Metalle geschweißt werden: Baustahl, nichtrostender Stahl, hochlegierter Stahl, und ganz besonders Aluminium und Titan. Wer also in der Hauptsache Aluminium und/oder rostfreien Stahl schweißen will, der kommt um

das WIG-Verfahren nicht herum. Es wird für Bleche bis 4 ~ 5 mm genutzt oder für die Wurzellagen dicker Bleche. Dünne Bleche gehen völlig problemlos; im Karosseriebereich wird es aber selten genutzt, weil es im Gegensatz zu den anderen drei bisher genannten Verfahren absolut saubere Metalloberflächen erwartet, was bei gammeligen und rostigen Autos eher weniger der Fall ist.

Bild 3.1-5: Der Verfasser beim WIG-Schweißen.

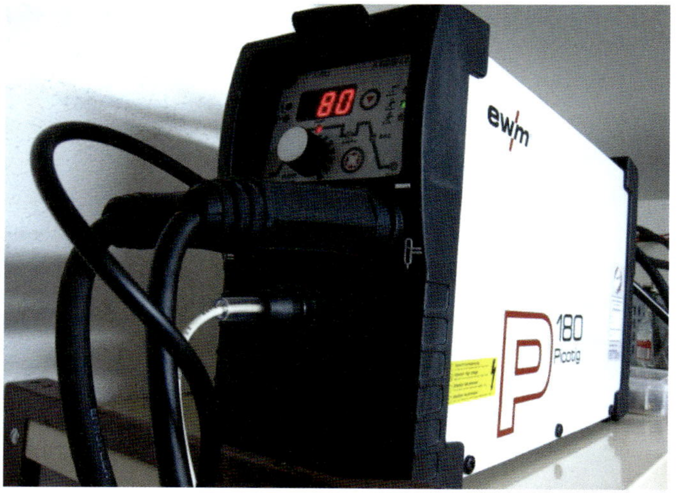

Bild 3.1-6: Transportables WIG-Schweißgerät von EWM.

4. Das **Autogen-Verfahren** als das älteste und klassischste Schmelzschweiß-Verfahren. Hier wird mit der Flamme, die mit Acetylen und *Sauerstoff* gespeist wird, gearbeitet. Meist wird Zusatzwerkstoff separat zugegeben. Das Verfahren ist das universellste aller Schweißverfahren, und mit der Autogenausrüstung kann nicht nur geschweißt, sondern auch hartgelötet und kleinere Teile gehärtet werden. Ferner kann man mit dem Equipment auch Stahlprofile glühend machen, um sie z.B. zu biegen. Und man kann damit brennschneiden - und zwar problemlos bis 300 mm (!) dicke Stahlbleche – also das, was die Geldschrankknacker in den alten Filmen so gerne machen. Es können an und für sich alle Metalle verschweißt werden, wenngleich das Autogenverfahren typischerweise für Baustahl, seltener auch für Aluminium, genutzt wird. Es ist besonders für dünne Bleche geeignet und eigentlich *das* Verfahren für Karosseriearbeiten. Es ist nur sehr langsam und braucht viel Übung; daher ist sein Anteil sehr stark zurückgegangen. Das Equipment ist nicht billig, weil es ein professionelles Verfahren ist und hier keine Billiganbieter existieren; jedenfalls bis jetzt.

Bild 3.1-7: Autogenschweißen [C-16].

Aber es lohnt sich, sich damit zu befassen; es ist eine feine Sache auch für den Hobbyanwender. Es ist entgegen vieler Meinungen in der Literatur und in Internetforen nicht gefährlicher als die anderen Schweißverfahren – sachgemäße Anwendung vorausgesetzt. Sie können es übrigens auch ohne weiteres in Ihrer Kellerwerkstatt nutzen – fragen Sie im Zweifelsfall bei Ihren zuständigen Versicherungsagenten nach.

Bild 3.1-8: Eine kleine, aber hochwertige Autogenschweiß-Ausrüstung mit 10 l - Flaschen, sehr geeignet für die Hobby-Werkstatt.

Zum Abschluss dieser Übersicht sollen die wichtigsten Merkmale der vier hier vorgestellten Verfahren zusammengefasst werden, ferner eine Preisübersicht:

Tabelle 3.1-1: Übersicht der gängigen Schweißverfahren für Hobbyschlosser.

Verfahren	Lern- und Übungs-aufwand	Gerätekosten Preiswert-Ausrüstung	Gerätekosten Spitzen-Ausrüstung	Material	typisches Material	Geht im Freien
E-Hand	niedrig bis mittel	ab 50 €	ca. 600 €	Stahl, Inox	Baustahl	ja
MIG/ MAG	niedrig	ab 500 €	ca. 1500 €	Stahl, Alu, Inox	Baustahl	nein [2)]
WIG	höher	ab 200/500 € [1)]	ca. 1500/3000 € [1)]	alle	Alu,Inox, hochleg. Stähle, Titan	nein [2)]
Autogen	hoch	ca. 1000 € [3)]	ca. 1000 € [3)]	alle	Baustahl	ja

[1)] erster Wert für reine Gleichstromgeräte DC (Stahl), zweiter Wert für kombinierte Gleichstrom/ Wechselstromgeräte AC/DC (alle Materialien, besonders auch Aluminium)

[2)] Wind und Zugluft blasen das Schutzgas weg, ggf. mit Zelt o.a. abschirmen

[3)] Autogen-Schweißgeräte sind immer Profigeräte, so etwas gibt's nicht im Baumarkt und beim Lebensmittel-Discounter. Preise komplett mit 10 l Kaufflaschen Sauerstoff und Acetylen, Druckminderern, Sicherheitsvorlagen, Schläuchen, Griffstück und Brennergarnitur – sozusagen ready-to-go.

Was wären typische Geräte und Anwendungen für Sie? Natürlich geht fast alles mit fast jedem Gerät, aber damit Sie einmal eine allererste Orientierung haben:

- Wenn Sie Stahlprofile und Stahlbleche ab 3 mm Wandstärke bis hin zu schweren Stahlkonstruktionen schweißen wollen: E-Hand oder MAG.
- Wenn Sie Reparaturschweißungen an Autos machen wollen: MAG oder Autogen. Wenn Sie sehr saubere Bleche haben, geht auch WIG.
- Wenn Sie Aluminium, nichtrostenden Edelstahl, hochlegierte Stähle und Titan schweißen wollen: WIG – und meiner Meinung nach nichts anderes.
- Wenn Sie dünne Bleche schweißen wollen, hartlöten, richten, härten und brennschneiden wollen: Autogen.

- Wenn Sie ein recht universelles Gerät für Stahl und – mit Einschränkungen – für Aluminium suchen: MIG/MAG.
- Wenn Sie ein richtig feines, umweltfreundliches Gerät für richtig schicke Nähte haben wollen: WIG.

Daraus können Sie schließen, dass, wenn Sie einigermaßen universell zum Thema Schweißen aufgestellt sein wollen, Sie nicht mit einem Gerät allein auskommen können. Schweißgeräte kann man nie genug haben! Beachten Sie dabei, dass eigentlich alle modernen WIG-Schweißmaschinen auch den Bereich E-Hand abdecken, sodass diese Maschinen sozusagen zwei Geräte in einem sind, und es gibt Kombi-Geräte, die MIG/MAG, E-Hand und WIG (oft aber nur mit Lift-Off-Zündung, nicht mit HF-Zündung!) beherrschen. Schauen Sie sich das Ganze jetzt genau mit allen Vor- und Nachteilen in den folgenden Kapiteln an.

3.1.2 Schweißpositionen, Nahtformen, Schweißstöße und Schweißbarkeit

Nun noch zuvor einige Definitionen:

Die **Schweißpositionen** sind mit standardisierten Bezeichnungen versehen, vgl. Bild 3.1-9. Der Hobbyschlosser sollte, wenn immer es möglich ist, in dem Positionen PA, PB und PC arbeiten; PD und PE sind schon deutlich schwieriger. Steignähte PF gehen mit MIG/MAG, WIG und Autogen recht gut, mit E-Hand braucht es etwas Übung. Am schwierigsten sind Fallnähte PG – lassen Sie das besser. Die Positionen PE, PF und PG sind ein Job für die Berufsschweißer, finde ich – wenn Sie's trotzdem hinkriegen: Gratulation! In den meisten Fällen könne Sie die Werkstücke so positionieren und hindrehen, dass PA und PB möglich sind.

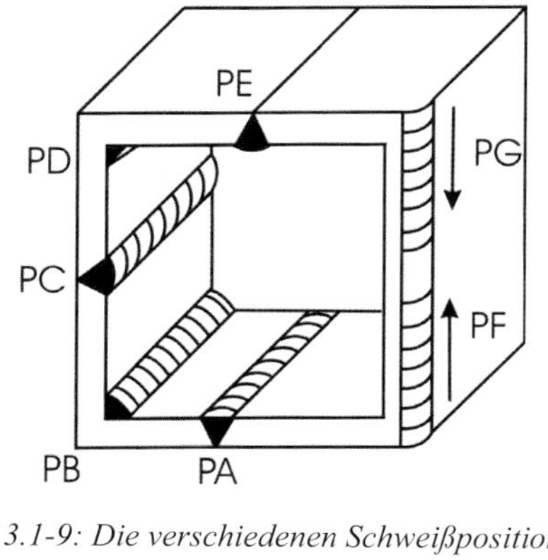

Bild 3.1-9: Die verschiedenen Schweißpositionen.

Es gibt ziemlich viele **Nahtformen**, aber Bild 3.1-10 zeigt die für Sie wichtigsten. Die I-Naht passt nur für recht dünne Bleche, darüber geht man auf V-Nähte, und wenn das Blech noch dicker wird, auf Y- und X-Nähte. Interessant ist, dass ab gewissen Blechdicken mehrlagig gearbeitet wird, beachten Sie dahingehend die Tabellen 3.3-8 und 3.3-9; sie enthalten WPS *Welding Procedure Specifications* des Herstellers (in diesem Falle *Rehm Schweißtechnik*) gemäß der DIN EN ISO 15612:2004-10. Das braucht Sie als Privatmann nicht zu interessieren, aber bei den Profis nachschauen schadet nie.

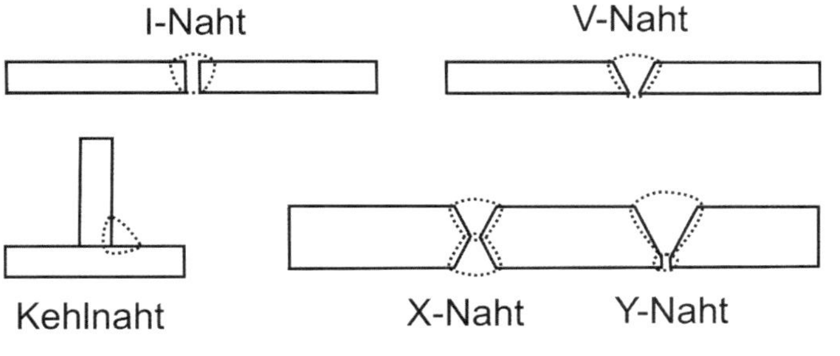

Bild 3.1-10: Die für den Hobbyschlosser wichtigsten Nahtformen

Dann kommt es noch darauf an, wie Sie die Bauteile zueinander positionieren; dahingehend unterscheidet man verschiedene sog. **Stoßarten**, vgl. Bild 3.1-11:

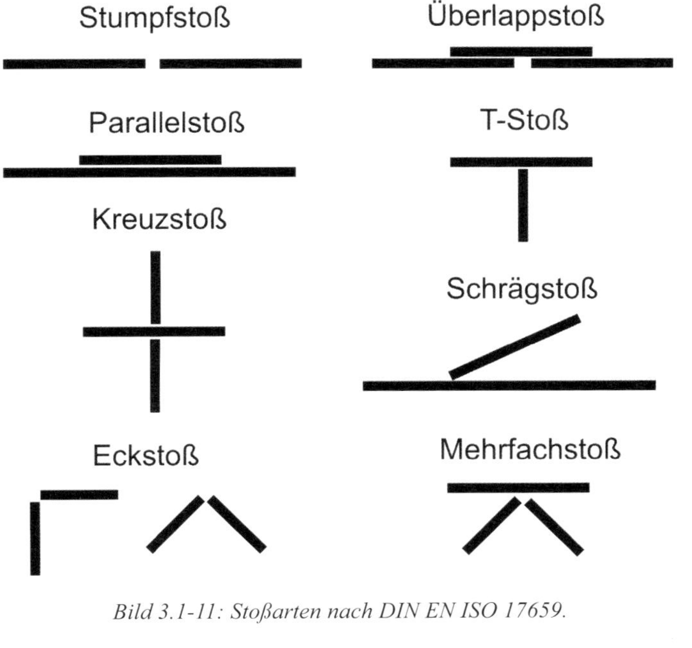

Bild 3.1-11: Stoßarten nach DIN EN ISO 17659.

Zur **Schweißbarkeit**: Bei reinem Kohlenstoffstahl ist eine problemlose Schweißbarkeit unter 0,22 % C-Gehalt gegeben; ist der Stahl legiert, kann man als Äquivalent den sog. K-Wert bestimmen:

$$K = C\,\% + \frac{Mn\,\%}{6} + \frac{Cr\,\%}{5} + \frac{Mo\,\%}{4} + \frac{Ni\,\%}{15}$$

Wenn dieser K-Wert unter 0,4 liegt, passt alles für 3,25 mm und 4 mm Stabelektroden und Blechdicken bis 25 mm. Ab 0,45 und größeren Blechdicken muss dann ggf. vorgewärmt werden, vgl. [4].

3.1.3 Schweißnahtdicke

Zur **Schweißnahtdicke**: Die Dicke der Schweißnaht bestimmt direkt die Festigkeit einer Schweißnaht und damit des Bauteils, und der Konstrukteur gibt diese Dicke nach z.T. sehr umfangreichen und komplizierten Berechnungen der Fertigung vor. Im Stahlbau, Kranbau und Druckbehälterbau gibt es behördlich vorgeschriebene Rechenverfahren, im Maschinen- und Anlagenbau sowie in der Luft- und Raumfahrttechnik sowie im Fahrzeugbau wird nach dem letzten Stand der Technik vorgegangen, und das ist die sog. *FKM-Richtlinie 183* (*FKM = Forschungskuratorium Maschinenbau*). Die Anwendung der FKM 183 läuft auf die Nutzung der sog. *Finite Elemente Analyse FEA* hinaus – das ist simpel gesprochen, ein aufwendiges Computer-Rechenverfahren für statische und dynamische Beanspruchungen, vgl. [1, 18].

Wie sich in Kapitel 5.2 zeigen wird, dürfen Sie ohne weiteres selbst einen Motorradrahmen oder ein Autofahrgestell entwerfen und auch bauen, nur kann (und wird) der TÜV verlangen, dass Sie einen einwandfreien rechnerischen Festigkeitsnachweis vorlegen, und das wird dann ziemlich schwierig, wenn Sie nicht gerade Diplom-Ingenieur sind. Aber in solchen Fällen können Sie sich an eine Fachhochschule oder entsprechende Universitäts-Institute wenden, dort kann man Ihnen meistens weiterhelfen – das kann aber je nach Aufwand durchaus Geld kosten, denn Fachhochschulen und Universitäten dürfen als stattliche Behörden aus EU-Wettbewerbsgründen nicht billiger als Firmen und Ingenieurbüros anbieten oder gar kostenlos arbeiten!

Die Dicke von I-Nähten etc. ist leicht zu messen; bei Kehlnähten bedient man sich einer sog. Schweißnahtlehre, mit der man die Dicke der Kehlnaht, das sog. a-Maß leicht messen kann, vgl. Bild 3.1-12.

Bild 3.1-12: Messen des a-Maßes bei einer Kehlnaht mit einer Schweißnahtlehre.

3.1.4 DIN EN 1090

Dieses Kapitel führt in aller Kürze in das Thema „*Anforderungen für das Herstellen bzw. Inverkehrbringen von tragenden Stahl- und Aluminiumkonstruktionen im bauaufsichtlichen Bereich*“ ein. Sie als Privatmann betrifft das (momentan) noch absolut nicht, aber stellen Sie sich einmal vor, dass Sie vielleicht irgendwann neben Ihrem normalen Beruf sozusagen im Nebenerwerb eine 1-Mann-Schlosserei betreiben wollen, in der Sie Geländer, Carports, Balkone etc. herstellen wollen – ich kenne solche Leute. Und schon fallen Sie unter die DIN EN 1090, die seit dem 1. Juli 2014 verbindlich gilt. Für Insider: Diese EU-Norm löst die bisherige deutsche Stahlbau-Norm DIN 18800 ab.

Was besagt diese neue Norm? Vereinfacht gesprochen, müssen Sie als gewerblicher Betrieb auf Ihrem gefertigten Geländer ein CE-Zeichen anbringen, damit der Kunde auch Vertrauen in Ihre Arbeit haben kann – vorher hat er ca. 500 Jahre (so lange gibt es die Handwerkszünfte) kein Vertrauen in Ihre Arbeit haben können, gut, dass das nun endlich behördlich geregelt ist. Wie auch immer: Um das CE-Zeichen auf Ihren Arbeiten anbringen zu dürfen, muss die „werkseigene Produktionskontrolle des Herstellers auf Basis einer Erstinspektion von einer unabhängigen

Überwachungs- und Zertifizierungsstelle („Notified Body“) zertifiziert werden“ (TÜV Süd).

Was bedeutet das? Ich stelle das schwierige Thema einmal an einem simplen Beispiel dar: Wenn Sie beispielsweise eine Kehlnaht mit einem a-Maß von 4 mm an Ihrem Geländer schweißen wollen, dann muss Ihre Vorgehen, wie Sie eine 4er-Kehlnaht schweißen, zertifiziert sein. Sie lassen sich dazu eine entsprechend zugelassene Zertifizierungsagentur ins Haus kommen und schweißen Probestücke mit 4er-Kehlnähten. Diese Probestücke werden metallurgisch untersucht, Bruchproben unterzogen usw. Wenn das alles zur Zufriedenheit verlaufen ist, bekommen Sie ein Zertifikat, dass Ihr Betrieb 4er-Kehlnähte an festgelegten Stahl- und/oder Aluminiumsorten schweißen darf. Was machen Sie, wenn Sie nun 8er-Kehlnähte schweißen wollen? Ganz einfach – eine weitere Zertifizierung beantragen, die nun für 8er-Kehlnähte gilt. Jede Nahtart mit jeder Dicke bzw. a-Maß für jedes Material muss gesondert zertifiziert werden, denn man kann nicht voraussetzen, dass, wenn Sie das Schweißen von 4er-Kehlnähten an S235 beherrschen, Sie auch 8er-Kehlnähte an S355 fehlerfrei schweißen können. Jede einzelne Zertifizierung kostet zwischen 1.000 und 3.000€ - ein nicht unerheblicher Kostenblock, wenn man von durchschnittlich sieben WPQR-Zertifikaten im Unternehmen ausgeht!

Nun kann man dieser Problematik zumindest in Teilbereichen dadurch entkommen, genauer: solange man sich im Geltungsbereich der EXC 1 bzw. EXC 2 bewegt, indem man ein sog. WPQR-Paket *Welding Procedure Quality Report* für die DIN EN 1090 von einem Schweißmaschinen-Hersteller erwirbt. Das muss man sich folgendermaßen vorstellen: Der Schweißmaschinen-Hersteller hat das, was Sie eigentlich machen sollen, vorweg genommen, indem er verschiedene Nahtarten bei verschiedenen Dicken bzw. a-Maßen mit definiertem Lagenaufbau, definiertem Material, definierten Spannungen und Strömen bei definiertem Schutzgas und allen sonstigen Parametern, die für das Gelingen einer Schweißnaht wichtig sind, unter Aufsicht einer zugelassenen Zertifizierungsstelle geschweißt hat; diese Arbeitsproben sind dann entsprechend untersucht und auf Festigkeit geprüft worden. Dies alles ist in relativ dicken Büchern (500 Seiten und mehr) zusammen getragen worden, die Sie erwerben können – oder beim Kauf einer neuen Schweißmaschine mitbekommen. Die folgende Seite zeigt eine WPS [14] der Fa. Rehm für Kehlnähte 9~12 mm bei S355.

Handwerkskammer zu Leipzig

REHM Welding Technology

WPS R-50876-02-REHM 2013 160

Welding Procedure Specification (WPS)
Schweißanweisung des Herstellers
gemäß DIN EN ISO 15612:2004-10

Schweißprozess:	135 MAG- Schweißen	**Schweißnahtvorbereitung:**	Brenn- o. Plasmaschneiden, Schleifen Bürsten
WPS- Nr.:	REHM 2013 160	**Grundwerkstoff:**	S355J2+N (1.0577)
Nahtart:	FW Kehlnaht	**Werkstückdicke t (mm):**	9 mm (9 - 12 mm)
WPQR-Nr.:	R-50876-02	**Durchmesser (mm):**	/
Prüfstelle:	HWK zu Leipzig	**Schweißposition:**	PB
	Zentrallabor GmbH Leipzig	**Fugenvorbereitung (Zeichnung) *:**	DIN EN ISO 9692-1, Bild 3.1.1

Gestaltung der Verbindung

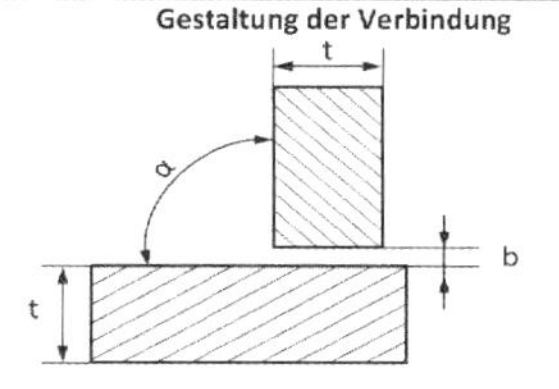

α = 90° b = 0 mm

Schweißfolge

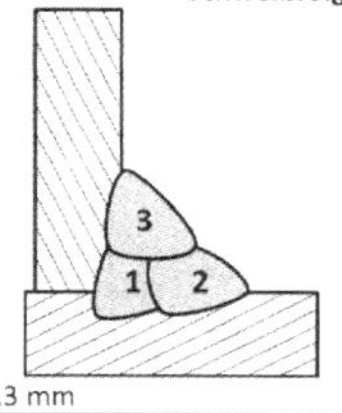

a-Maß= 3 - 6,3 mm

Einzelheiten für das Schweißen

Schweiß-raupe	Prozess	Ø Zusatz-werkstoff	Stromstärke [A]	Spannung [V]	Stromart / Polung	Drahtvorschub [m/min]	Vorschubge-schwindigkeit *) [cm/min.]	Wärmeein-bringung *) [kJ/cm]
1	135	1,0	223 - 233	28,3 - 28,7	= +	11,4 - 11,8	43 - 47	7,7 - [illegible],7
2	135	1,0	223 - 233	28,3 - 28,7	= +	11,4 - 11,8	39 - 43	8,5 - 10,5
3	135	1,0	223 - 233	28,3 - 28,7	= +	11,4 - 11,8	45 - 49	7,3 - [illegible],3

Zusatzwerkstoff:	DIN EN ISO 14341-A-G3Si1	**Weitere Informationen *):**	
Sondervorschriften für Trocknung:	keine	**z.B.: Pendeln (max. Raupenbreite):**	Strichraupen
Schutzgas/Schweißpulver:	/	**- Verweilzeit:**	/
Schutzgas:	ISO 14175-M21-ArCO2 18	**- Amplitude, Frequenz:**	/
Wurzelschutz:	ohne	**Einzelheiten für das Pulsschweißen:**	/
Schutzgasmenge:	12 - 15 l/min	**Kontaktdüsenabstand:**	15 - 20 mm
Wurzelschutzgasmenge:	/	**Einzelheiten für Plasmaschweißen:**	/
Wolframelektrodenart/Durchmesser:	/	**Brenneranstellwinkel:**	80° Schleppend
Ausfugen/Badsicherung:	/	**Schweißgerät:**	REHM MEGA.ARC² REHM MEGA.PULS Focus
Vorwärmtemperatur:	ca. 150 °C		
Zwischenlagentemperatur:	150 - 220°C	**Schweißverfahren:**	POWER.ARC / Standard
Wärmebehandlung / Aushärten:	/	**Bemerkungen:**	keine
Verfahren:	/		
Temperatur / Zeit:	/		
Erwärmungs- und Abkühlungsrate *):	/		

Hersteller
REHM GmbH u. Co. KG Schweißtechnik

Rolf Stumpp, 31.7.2013
Name, Datum und Unterschrift

Prüfer und Prüfstelle
Handwerkskammer zu Leipzig mit Zentrallabor GmbH Leipzig

Handwerkskammer zu Leipzig – Anerkannte Prüfstelle SAC 13 – Schweißtechnische Lehranstalt

André Tepper, 31.7.2013
Name, Datum und Unterschrift

Nun müssen Sie nur noch selbst nach dieser jeweiligen WPS *Welding Procedure Specification* schweißen, und damit sind Sie CE-konform – wenn Sie auch noch die folgenden Schritte realisiert haben:

- Qualifizierung der Mitarbeiter
- Einführung einer werkseigenen Produktionskontrolle WPK
- Erstellung der Schweißanweisungen auf Grundlage der WPQR-Zertifikate
- Auditierung
- Zertifizierung

Alle namhaften Schweißmaschinen-Hersteller haben solche WPS erarbeitet, und sie sind natürlich an bestimmte Schweißmaschinen und Schweißprozesse gebunden. Gerüchteweise war zu erfahren, dass ein bekannter europäischer Maschinenhersteller herstellerübergreifende WPSs veröffentlichen wollte, aber daraus ist bis jetzt nichts geworden.

Was bedeutet das für den Schweißbetrieb, der solche hersteller-spezifischen WPS nutzen will?

- Er wird die *Schweißmaschinen des Herstellers* nutzen müssen, die in den WPS spezifiziert sind. Das sind immer moderne Synergie- bzw. volldigitale Maschinen, bei denen Spannung und Strom ablesbar sind, denn wie sollen sonst die beiden wichtigsten Maschinen-Parameter geprüft bzw. eingestellt werden? Bei Nutzung der in den WPS spezifizierten Maschinen können Baustähle bei Materialdicken bis 25 mm und einer Streckgrenze bis zu 355 N/mm^2, z.B. ein S355, DIN-EN 1090-konform geschweißt werden.
- Werden *Maschinen von Fremdherstellern* genutzt oder Maschinen des Herstellers, der die WPS ausgegeben hat, die aber dort nicht erfasst sind, können eigene WPS erstellt werden, die sich an die Hersteller-WPS anlehnen, und es muss der in den WPQR-Zertifikaten geprüften Schweiß-Zusatzwerkstoff verwendet werden. Dann können Baustähle bei Materialdicken bis 25 mm und einer Streckgrenze bis zu 275 N/mm^2, z.B. ein S275, DIN-EN 1090-konform geschweißt werden.

Dies gilt für die Ausführungsklassen EXC 1 und EXC 2. Die Ausführungsklassen EXC 3 und EXC 4 müssen in jedem Fall individuell zertifiziert werden. Dies sind die vier Ausführungsklassen für Stahl:

EXC 1: Ganz grob betrachtet, handelt es sich dabei um vorwiegend ruhend beanspruchte Bauteile oder Tragwerke aus Baustahl mit einer Streckgrenze bis zu 275 N/mm². Beispiele: Treppen und Geländer in Wohngebäuden, landwirtschaftliche Gebäude ohne regelmäßigen Personenverkehr (z.B. Scheunen, Gewächshäuser), Wintergärten an Wohngebäuden usw., vgl. [C-41].

EXC 2: „In diese Ausführungsklasse fallen vorwiegend ruhend und nicht vorwiegend ruhend beanspruchte Bauteile oder Tragwerke aus Stahl bis zur Festigkeitsklasse S700, die nicht den Ausführungsklassen EXC 1, EXC 3 und EXC 4 zuzuordnen sind.“ [C-41]

EXC 3: „In diese Ausführungsklasse fallen vorwiegend ruhend und nicht vorwiegend ruhend beanspruchte Bauteile oder Tragwerke aus Stahl bis zur Festigkeitsklasse S700, für die mindestens einer der folgenden Punkte zutrifft: Großflächige Dachkonstruktionen von Versammlungsstätten/Stadien, Gebäude mit mehr als 15 Geschossen, folgende nicht vorwiegend ruhend beanspruchte Tragwerke oder deren Bauteile:

- Geh- und Radwegbrücken
- Straßenbrücken
- Eisenbahnbrücken
- fliegende Bauten
- Türme und Maste wie z.B. Antennentragwerke
- Kranbahnen
- zylindrische Türme wie z.B. Stahlschornsteine“ [C-41]

EXC 4: „In diese Ausführungsklasse fallen alle Bauteile oder Tragwerke der Ausführungsklasse EXC 3 mit extremen Versagensfolgen für Menschen und Umwelt, wie z.B.:

- Straßenbrücken und Eisenbahnbrücken über dicht besiedeltem Gebiet oder über Industrieanlagen mit hohem Gefährdungspotential
- Sicherheitsbehälter in Kernkraftwerken“ [C-41]

Für Aluminium-Tragwerke gibt es entsprechende Ausführungsklassen. Damit dürfte klar geworden sein, dass Ihre Schweißmaschine in der Lage sein muss, Spannung und Strom im Schweißbetrieb anzuzeigen, damit reproduzierbare Einstellungen möglich sind. Damit scheiden alle alten Schätzchen, Baumarkt-

Geräte und Fernost-Billigheimer aus – zumindest, was den sog. geregelten Bereich der DIN EN 1090 betrifft.

Interessanterweise gibt es für den Maschinen- und Anlagenbau, den Kraftfahrzeugbau, die Luft- und Raumfahrtechnik bislang keine derartigen Vorschriften, es sei denn, dass übergeordnete Normen und Regelwerke wie beispielsweise die FKM-Richtlinie 183, die Kranbau-Norm DIN 15018 (die gerade zurückgezogen und durch die neue CEN/TC 147 ersetzt wird), die AD-Merkblätter und die verschiedenen Merkblätter des DVS betroffen sind.

3.2 E-Handschweißen

Dieses Kapitel enthält viel Wissenswertes auch für die anderen drei Schweißverfahren, daher sollten Sie es nicht überspringen.

Welches Schweißgerät kaufen? Das hängt wie immer sehr stark davon ab, was Sie machen wollen. Machen wir zunächst einige grundlegende Betrachtungen:

Die Stromstärke berechnet man nach folgender, sehr bewährten Faustformel:

Elektroden-Durchmesser x 40 A + 10 A

Wenn Sie ausschließlich Profile und Rohre aus Baustahl mit Wandstärken von 2 ~ 4 mm schweißen wollen, genügen Elektroden mit 2 mm Durchmesser. Also muss das Gerät ca. 80 ~ 90 A liefern können. Für Arbeiten rund um Haus und Garten reichen 2,5er Elektroden, macht ca. 100 ~ 110 A. Mit 3,2er Elektroden können Sie, wenn es sein muss, Baggerschaufeln oder Stahlbaukonstruktionen, wie sie in der Landwirtschaft vorkommen, ganz problemlos schweißen – macht 130 ~ 140 A. Und das ist eigentlich aus meiner Erfahrung die Obergrenze, die für den Hobbybereich mehr als ausreichend ist. Wenn Sie bei jeder Geräteklasse noch 20 A als Sicherheit 'draufrechnen, wären Sie mit einem Schweißgerät, das 160A liefern kann, sehr gut bedient. Elektroden mit Durchmesser 4 mm und mehr sind etwas für den Stahlbau – das werden Sie nur sehr selten im Hobbybereich brauchen.

Sie sollten noch folgendes wissen, und das gilt für alle Schweißstromquellen, egal ob für E-Hand, MIG/MAG oder WIG: Für alle Geräte wird für verschiedene Stromstärken die sog. Einschaltdauer, kurz ED, die immer auf 10 Minuten bezogen ist, angeben: Eine ED von 40% bei z.B. 200 A besagt, dass Sie bei 200 A 4 Minuten am Stück schweißen können, und dann muss das Gerät 6 Minuten abkühlen. Aber das kann man locker angehen: Nur in Fabriken wird den ganzen Tag ohne Unterbrechung geschweißt, bei Ihnen als Privatanwender ist das Szenario doch eher so, dass Sie eine Naht schweißen, dann müssen Ihr Teil wenden, um an die nächste Naht zu kommen, und dazwischen kann die Maschine quasi zwangsläufig wieder abkühlen. Eigentlich alle Maschinen haben eine automatische Sicherheitsabschaltung, die dann die Maschine stillsetzt, wenn sie zu heiß geworden ist. Das ist mir in vielen Jahren auch bei größeren Schweißarbeiten, bei der die Maschine ständig am Limit lief, ganz selten passiert. Lassen Sie sich da also nicht von Verkäufern irremachen. Natürlich haben die Profi-Maschinen fast immer höhere Einschaltdauern als die Preiswert-Geräte. Auch das macht den Preisunterschied aus.

Es gibt Schweißstromquellen für das E-Handschweißen, die entweder Wechselstrom oder Gleichstrom liefern. Für Baustähle, die in sog. Wannenlage PA verschweißt werden, können Sie Wechsel- oder Gleichstrom nehmen. Gleichstrom ist nur wirklich erforderlich bei speziellen Elektroden, z.B. zellulose-umhüllte Elektroden für Fallnähte PG nach Bild 3.1-9 oder Elektroden für Aluminium-Gussreparaturen. Das bedeutet: Die Auswahl der Stromart ist für Sie bedeutungslos: Sie können ein Gleich- oder ein Wechselstromgerät nehmen.

Wechselstromquellen sind am kostengünstigsten: Das Schweißgerät besteht aus einem einfachen Transformator mit wegen der kernigen Stromstärken sehr dicken Kupfer-Wicklungen auf Eisenblechen. Das ist also alles Schwermetall, was Sie beim Transport merken werden. Die Stromstärke wird entweder über verschiedene Anzapfungen mit einem Stufenschalter oder kontinuierlich über einen sog. Streukern eingestellt. Selbst ein Schweißtrafo, der 130 A liefert, wiegt schon locker 30 kg - das ist zum Herumtragen nicht so ganz das Wahre. Einen Trafo mit 130 A kann man noch gerade so ans 230 V-Lichtnetz anschließen, wenn mehr gefragt ist, braucht man einen 400 V-Drehstromanschluß. Wenn Sie ein Eigenheim haben, können Sie sich leicht vom Elektriker eine Drehstrom-Steckdose legen lassen, die Sie mit jeweils 16 A, besser 32 A absichern lassen. Achten Sie darauf, dass es träge Sicherungen der Klasse D sind, nicht die üblichen B-Automaten. Aber wie Sie gleich sehen werden, brauchen Sie das nicht wirklich.

Bild 3.2-1: Stufenlose Verstellung der Stromstärke.

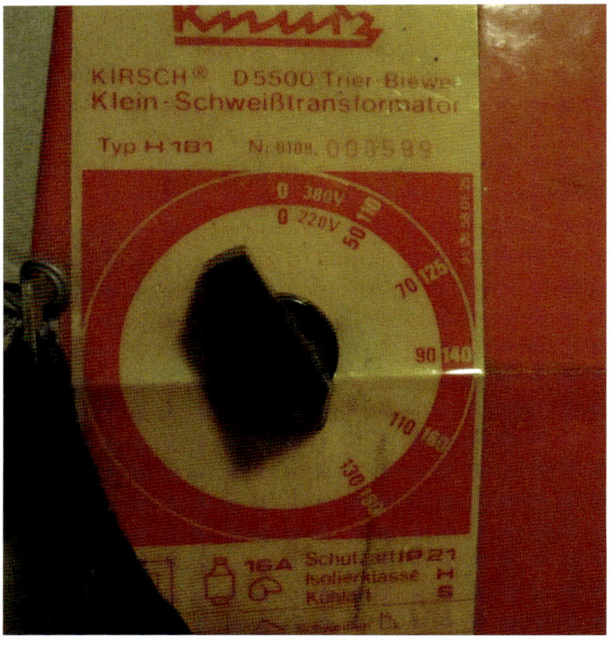

Bild 3.2-2: Verstellung der Stromstärke in Stufen.

Schweiß-Transformatoren kann man neu im Internet oder Baumarkt schon ab 50 € kaufen. Diese Preiswert-Geräte haben häufig billigere Aluminiumwicklungen anstelle der teuren Kupferwicklungen, und mir ist vor vielen Jahren mal so ein Billigteil nach 10 Minuten Schweißen mit durchgebrannten Wicklungen abgeraucht. Das soll kein Veto gegen solche Preiswert-Maschinen sein - die können durchaus für den Hobbybereich anstandslos funktionieren - aber es ist im Leben nichts umsonst, und Profi-Geräte kosten nicht ohne Grund mal eben das Zehnfache! Gebraucht werden bei *ebay* jede Menge Schweißtrafos angeboten, und da können Sie durchaus an gute, alte Markengeräte kommen; ich habe vor einiger Zeit einen alten - damals professionellen - Schweißtrafo 130 A/180 A bei 230 V/400 V von Kirsch für einen Fünfziger im Internet versteigert. Größere Schweißtrafos, die 250 oder 300 A liefern, bekommen Sie fast geschenkt - allerdings wiegen solche Maschinen dann 200~300 kg und brauchen unbedingt Drehstromanschluss. Das hat also nur Sinn, wenn Sie ebenerdig genug Platz (Garage oder Scheune) und Drehstromanschluss haben. Also irgendwie ist das doch Technik von gestern. Wenn Sie mir folgen: Ich würde heute generell keinen Schweißtrafo mehr kaufen, egal ob neu oder gebraucht. Wenn Sie eine gute alte Maschine geschenkt bekommen - okay.

Bild 3.2-3: Preiswerte Schweiß-Trafos im Baumarkt (links), ein alter, aber immer noch voll funktionsfähiger Schweiß-Transformator der Fa. Dalex (rechts).

Bei den Gleichstromquellen gibt es drei Varianten:

Die älteste sind die sog. **Schweiß-Umformer**; sie stammen aus der Zeit, als es noch keine erschwinglichen Hochleistungs-Gleichrichter gab. Diese Maschinen funktionieren wie folgt: Ein Drehstrom-Motor, der am Stromnetz hängt, treibt einen Gleichstrom-Generator an, der den Schweißstrom liefert. Solche archaischen

Maschinen, die wie eine liegende Mülltonne auf Rädern aussehen, liefern locker 300 ~ 600 A, wiegen dabei bis zu einer halben Tonne und machen, weil der Motor-Generator-Satz mit 3.000 U/min läuft, ein Getöse wie ein Düsenjäger. Ich habe während meines Praktikums für das Maschinenbaustudium zwei Wochen lang mit einem solchen Umformer Aluminium-Reparaturschweißungen an Gussstücken machen müssen. Man kann sogar noch neue Umformer kaufen, die wohl für irgendwelche Spezialzwecke ihre Bedeutung haben mögen. Das ist an und für sich nichts für den Hobbyanwender, es sei denn, Sie hätten den Platz und den Drehstromanschluß, denn allerdings sollen diese Umformer nach Killing [12] gegenüber Schweißgleichrichtern und besonders Transformatoren überragende Zünd- und Schweißeigenschaften haben. Wird der Schweißstrom-Generator von einem Benzin- oder Dieselmotor angetrieben, so nennt man das **Schweiß-Aggregat**.

Die zweite Variante sind die sog. **Schweiß-Gleichrichter**. Sie bestehen, vereinfacht gesagt, aus einem Transformator mit anschließenden Gleichrichtern. Sie werden für Spezial-Elektroden verwendet. Solche Geräte kann man immer noch neu kaufen; für den Hobbyanwender ist das nicht das Richtige. Allerdings enthalten die klassisch aufgebauten MIG/MAG-Maschinen immer einen Schweiß-Gleichrichter, der aber andere Kennlinien hat, die weniger für das E-Handschweißen geeignet sind. Näheres dazu im Kap. 3.3.

Die dritte Gleichstrom-Gerätegattung ist allerdings hochinteressant, und zwar für Profis als auch für Hobbyanwender: Das sind die sog. **Schweiß-Inverter**. Das sind überdimensionale Schaltnetzteile: Der Wechselstrom aus dem Licht- oder Drehstromnetz wird zunächst gleichgerichtet und dann über Hochleistungs-Halbleiter zerhackt. Damit entsteht ein gepulster Gleichstrom, der jetzt, weil er gemäß dem Faraday'schen Induktionsgesetz eine magnetische Flussänderung bewirken kann, auf den Schweißstrom mit einem Transformator umgespannt wird und anschließend wieder gleichgerichtet wird. Der Gag dabei ist, dass die Trafogröße direkt von der Frequenz abhängt. "Ein zur Übertragung von 4.000 Watt geeigneter Transformator wiegt beispielsweise bei 50 Hz etwa 25 kg, bei 125 kHz dagegen nur 0,47 kg." (Wikipedia).

Es können also durch die hohe Frequenz viel kleinere und leichtere Transformatoren eingebaut werden, und ein Schweiß-Inverter für z.B. 130 A wiegt nunmehr knapp 3 kg (Angabe der Fa. GYS) gegenüber dem o.g. Kirsch-Trafo mit 30 kg!

Obendrein haben diese Inverter weitere Vorteile gegenüber den Transformatoren: Da die besseren Geräte richtige kleine Computer integriert haben, können folgende Eigenschaften realisiert werden: Durch *Arc Force* ist die Lichtbogenstabilität besser, durch *Hot Start* wird ein erhöhter Zündstrom geliefert und durch *Anti Stick* wird ein Festkleben der Elektroden verhindert. Diese gerade angeführten englischen Begriffe sind zwar meines Wissens nicht genormt, werden aber in dieser Form sinngemäß von fast allen Herstellern genutzt. Und diese Werbesprüche stimmen tatsächlich, wie ich aus eigener Erfahrung bestätigen kann. Gerade ein Schweiß-Anfänger tut sich mit einem modernen Inverter viel leichter als mit Trafos, Umformern oder Gleichrichtern. Unbedingt zu empfehlen!

Welchen Inverter kaufen? Einfachere Inverter gibt es im Baumarkt - ich habe vor Jahren ein NoName-Gerät mit 80 A einfach mal zum Probieren für 100 € gekauft, und mit diesem Gerät habe ich Untergestelle für Dreh- und Fräsmaschine aus Vierkantrohr 40x40x3 mm mit 2er Elektroden bestens verschweißen können. Schöne und preiswerte Maschinen liefert die französische Firma *GYS*. Ein Marken-Inverter mit 160 A, mit dem Sie eigentlich für alle Lebenslagen gerüstet sind, liegt bei 250 € und wiegt ca. 4 kg, und wenn Sie ein absolutes Profi-Gerät wollen, z.B. von den deutschen Topherstellern *Rehm, Merkle, Lorch, Jäckle, ESS, EWM* o.a., dann sind Sie ab ca. 600 € dabei. Ebenfalls in dieser Preiskategorie liegen Spitzengeräte aus dem Ausland, wie *Fronius* (Österreich), *Migatronic* (Dänemark), *ESAB* (Schweden) oder *Miller* (USA). Diese Profi-Maschinen sind gegenüber der Preiswert-Konkurrenz weitaus robuster, funktionieren auch mit 200 m langen Verlängerungskabeln, sind generator-tauglich, haben höhere Einschaltdauern und bieten natürlich prompten Ersatzteil-Service. Inzwischen gibt es sogar Inverter mit Akku-Packs, z.B. von *Lorch*, sodass Sie auch direkt im Urwald ohne Stromaggregat arbeiten können. Ob Sie diese ganzen Features der Tophersteller brauchen, müssen Sie beurteilen. Meines Erachtens können Sie Inverter für E-Handschweißen problemlos neu im Internet kaufen; wenn mal etwas kaputt ist, kann man sie wegen ihres geringen Gewichts leicht zur Reparatur einschicken. Aber gerade bei den Topmarken sollten Sie unbedingt bei Ihrem lokalen Schweißfachhändler vorbeischauen: Sehr oft bekommen Sie vor Ort im Fachhandel eine solche Maschine weitaus günstiger als im Internet, wie ich aus eigener Erfahrung weiß! Und der Service ist vor Ort, was bei schwereren WIG- und MIG/MAG-Maschinen, die gerne 20~70 kg wiegen, ein nicht zu unterschätzender Vorteil ist.

Gebrauchtkauf lohnt sich bei elektrischen Schweißgeräten nur bei genauem Hinsehen. Nicht selten gehen im Internet bei *ebay* oder auch den Gebrauchtmaschinen-Händlern die guten und gefragten Geräte zu 70~80% des Neupreises weg; man hat aber keine oder nur unzureichende Garantie. Bei alten und unverwüstlichen Trafos, die man nachgeworfen bekommt, mag das keine Rolle spielen, aber bei Invertern, die mit Leistungselektronik vollgepackt sind, kann eine ordentliche Garantie sehr wichtig sein.

Bild 3.2-4: Kompakter Inverter von GYS mit 160 A, Gewicht unter 5 kg, der neben E-Handschweißen auch einfaches WIG-Schweißen mit LiftOff-Zündung beherrscht.

Jetzt, nachdem wir das passende Schweißgerät haben, können wir an die Praxis gehen: Sie verbinden das Massekabel mit Ihrem Werkstück und geben eine Schweiß-Elektrode in den Elektrodenhalter des anderen Kabels.

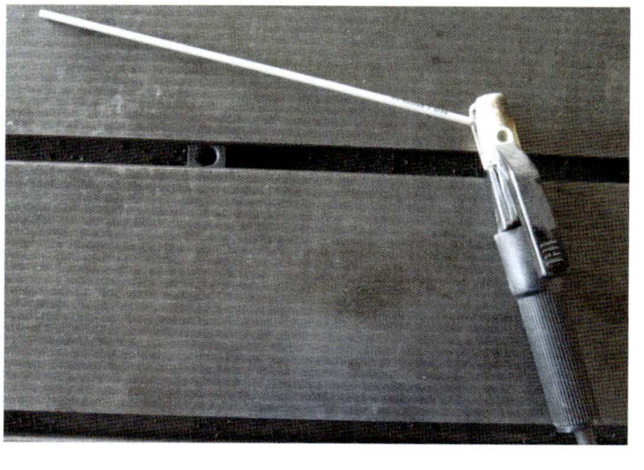

Bild 3.2-5: Elektrode im Elektrodenhalter.

Tja, und welche Elektroden? Beginnen wir unsere Übungen einmal mit 2 mm Elektroden für normalen Baustahl. Es gibt natürlich eine Reihe von Herstellern, aber ich habe über Jahrzehnte immer mit *Oerlikon Fincord* - Elektroden gearbeitet und kann sie empfehlen – was nicht heißt, dass Konkurrenzprodukte schlechter sind. Sie bekommen sie im Fachhandel oder problemlos im Internet.

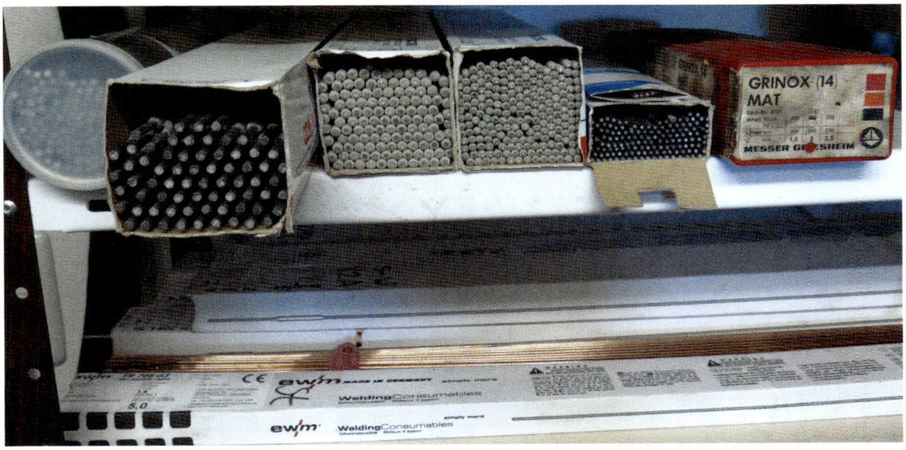

Bild 3.2-6: Verschiedene Elektroden (oben, von links: Alu-Elektroden, dann Fincords für 4, 3,2, 2,5 und 2 mm, Elektroden für rostfreien Edelstahl) und WIG-Stäbe (unten).

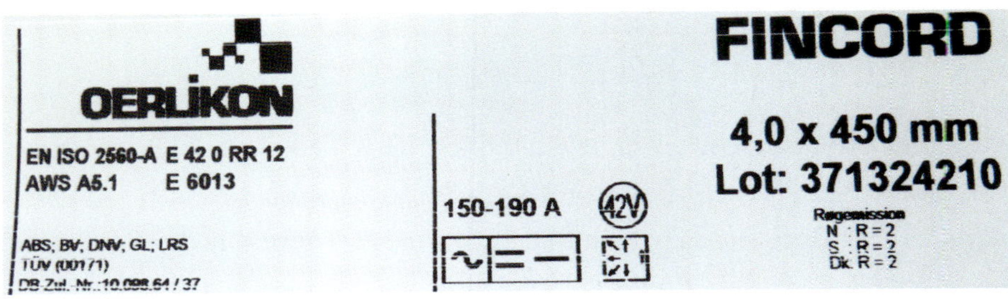

Bild 3.2-7: Aufdruck einer Packung E-Hand-Elektroden.

Wenn wir uns eine solche Elektrodenpackung einmal näher anschauen, dann stehen da eine Reihe von interessanten Informationen: Der Typ, Elektroden-Durchmesser und -länge (weniger wichtig), die Stromstärke und die Stromart und Polung. So können die *Fincord*-Elektroden 4 mm mit 150~190A verschweißt werden, das passt genau zu unserer Faustformel (die liefert 170 A), es kann mit Wechselstrom (das ~ Zeichen) geschweißt werden oder mit Gleichstrom (das = Zeichen), wobei die Elektrode an Minus (das – Zeichen) kommt. Die „Kiste“ daneben mit den Pfeilen zeigt die möglichen Nahtpositionen, vgl. auch Bild 3.1-9, damit ist die *Fincord* für alle Lagen außer Fallnähten geeignet.

Und außer Konkurrenz: Zum Vergleich betrachten wir das Typenschild von Oerlikon ALCORD 5Si, das ist eine Elektrode für Aluminiumguss-Schweißungen (machen Sie das nicht, machen Sie Aluguss-Schweißungen mit WIG, wie später beschrieben wird). Hier können wir entnehmen, dass die Elektrode mit 80~110A verschweißt wird, und zwar ausschließlich mit Gleichstrom mit der Elektrode am Pluspol der Stromquelle. Es ist der Legierungstyp angegeben (AlSi5) und dass die Elektroden ggf. vor dem Einsatz zu trocknen sind.

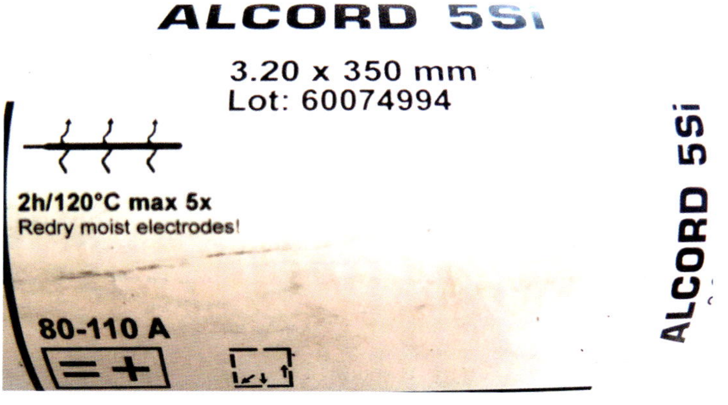

Bild 3.2-8: Daten einer Packung Aluminium-Elektroden.

Wichtig ist, wenn Sie schweißen lernen wollen, dass Sie mit genau definierten und guten Materialien arbeiten. Besorgen Sie sich also eine frische Packung *Fincord* - Elektroden und sägen Sie sich eine Reihe von Baustahl-Probestücken vielleicht der Länge 120 mm und der Breite 40 mm von einer Stange Flachstahl ab. Dafür nehmen Sie am besten eine schicke kleine elektrische Bandsäge, wie in Kapitel 2.1 beschrieben. **Und jetzt kommt das Wichtigste: Die Stahlsorte!** Bitte merken Sie sich ganz generell, dass zu verschweißende Stähle, egal mit welchem Verfahren, tunlichst unter 0,22 % Kohlenstoff-Gehalt haben sollen. Ist nämlich der C-Gehalt merklich über 0,2 %, härtet die Schweißnaht unkontrolliert auf und wird spröde und rissig. Zum Üben wäre der Stahl S235JR genau richtig. S235JR ist die neue DIN-EN-Bezeichnung; früher hieß dieser Stahl St37-2. Dankbar ist auch der höherfeste S275JR, der frühere St44-2. Zur Not geht auch der primitive S185, vormals St33 – aber etwas Gescheites ist das nicht; dieser Stahl ist nur für untergeordnete Zwecke gedacht und hat mitunter merklich mehr C-Gehalt als 0,2 %; die chemischen Werte sind nicht näher spezifiziert. Wenn Sie hier Näheres wissen wollen, wäre vielleicht das Buch *Decker: Maschinenelemente* das Richtige für Sie.

Sie besorgen sich also Flachstahl-Stangen aus S235JR, Breite 30, 40 oder 50 mm, Dicke vielleicht 5 mm (oder auch etwas dünner oder dicker, was gerade gut beschaffbar ist) und sägen die in handliche Stücke der Länge 100, 120 oder 150 mm ab. Wenn Sie vor Ort keinen Stahlhandel haben oder Sie dort stundenlang warten müssen, weil solche Kleinverbraucher wie Sie da gar nicht gerne gesehen werden, dann werden Sie heute glücklicherweise sehr schnell im Internet fündig. Geben Sie in *Google* oder *ebay* oder *Amazon* einfach ein: „Flachstahl 40 mm". Damit Sie mal eine ganz grobe Idee bekommen: Eine Stange Flachstahl S235JR, Länge 1500 mm, 50x5 mm fand ich bei *Amazon* für 5 €. Es geht gar nicht darum, ob das nun teuer oder günstig ist – Hauptsache, Sie bekommen das, was Sie brauchen, schnell und problemlos. Wenn Sie die Chance haben, direkt von einem Stahlhändler kaufen zu können, dann wird's bei den dort üblichen 6 m Stangen natürlich viel billiger – wobei dann wieder vermutlich ein Transportproblem für Sie auftritt.

Nehmen Sie, gerade wenn Sie Schweißen lernen wollen, auf gar keinen Fall irgendwelche Abfallstücke aus der Schrotttonne oder von Ihrem autorisierten Schrottplatz und auch bloß nicht aus dem Baumarkt. Was in den Baumärkten teilweise an Stahlprofilen vom Material her angeboten wird spottet jeder Beschreibung! Die mögen für alles Mögliche brauchbar sein; mit der Schweißeignung ist es oft schlecht bestellt. Bedenken Sie bitte, dass Schweißen ein hochkomplexer metallurgischer Prozess ist, bei dem man saubere Ausgangsmaterialien braucht. Sparen Sie hier nicht am falschen Platz. Entfernen Sie vor dem Schweißen auch vom Lieferanten aufgebrachte Korrosionsschutzfette und Rost. Später, wenn Sie schon ein wenig schweißen können, dürfen Sie Fett und Rost ruhig 'drauflassen - gerade dem E-Handverfahren macht so etwas gar nichts aus. Aber für MIG/MAG und ganz besonders WIG ist Sauberkeit sehr wichtig.

Ehe wir nun sofort zu schweißen beginnen, noch ein paar Worte über Ihre persönliche Schutzausrüstung: Am wichtigsten ist ein Schweißschild, das für das Elektroschweißen vorgesehen ist. Die dunklen Schutzbrillen, wie man sie beim

Autogenschweißen trägt, reichen auf gar keinen Fall – und schon gar keine Sonnenbrillen oder ähnliches Zeug. Beim Autogenschweißen entsteht nur Wärme und eine recht helle Flamme, aber keine elektromagnetische Strahlung. Bei allen Elektroschweißverfahren, egal ob E-Hand, MIG/MAG oder WIG entsteht harte ultraviolette Strahlung. Ein paar Sekunden mit ungeschütztem Auge in den Lichtbogen geblickt, und die Hornhaut kann schwer geschädigt werden! Man nennt das "Verblitzen" oder medizinisch genauer "Schweißblende". Nehmen Sie das sehr ernst. Eine Unsitte ist es, für Heftpunkte oder sehr kurze Nähte einfach die Augen zuzukneifen oder den Kopf etwas zur Seite zu drehen: Die Strahlen durchdringen locker die Augenlider. Es gibt verschiedene Schutzstufen: Autogen-Schweißbrillen haben die Schutzstufe DIN 5; für das E-Handschweißen braucht es aber mindestens die DIN 9 bei 70 A und geht bei 600 A Schweißstrom auf DIN 14. Die Schutzstufe hängt also von der Höhe des Schweißstroms ab: Je höher der Schweißstrom, desto höher die Schutzstufe.

<table>
<tr><th colspan="43">Stromstärke in Ampere</th></tr>
<tr><th>Verfahren</th><th colspan="2">1,5</th><th colspan="2">6</th><th colspan="2">10</th><th colspan="2">15</th><th colspan="2">30</th><th colspan="2">40</th><th colspan="2">60</th><th colspan="2">70</th><th colspan="2">100</th><th colspan="2">125</th><th colspan="2">150</th><th colspan="2">175</th><th colspan="2">200</th><th colspan="2">225</th><th colspan="2">250</th><th colspan="2">300</th><th colspan="2">350</th><th colspan="2">400</th><th colspan="2">450</th><th colspan="2">500</th><th colspan="2">600</th></tr>
<tr><td>Umhüllte Elektroden</td><td colspan="13">8</td><td colspan="4">9</td><td colspan="4">10</td><td colspan="4">11</td><td colspan="6">12</td><td colspan="6">13</td><td colspan="5">14</td></tr>
<tr><td>MAG</td><td colspan="15">8</td><td colspan="2">9</td><td colspan="4">10</td><td colspan="6">11</td><td colspan="8">12</td><td colspan="6">13</td><td colspan="1">14</td></tr>
<tr><td>WIG</td><td colspan="5"></td><td colspan="4">8</td><td colspan="6">9</td><td colspan="4">10</td><td colspan="6">11</td><td colspan="6">12</td><td colspan="2">13</td><td colspan="9"></td></tr>
<tr><td>MIG bei Schwermetallen</td><td colspan="15"></td><td colspan="4">9</td><td colspan="4">10</td><td colspan="6">11</td><td colspan="4">12</td><td colspan="4">13</td><td colspan="2">14</td><td colspan="3"></td></tr>
<tr><td>MIG bei Leichtmetallen</td><td colspan="19"></td><td colspan="4">10</td><td colspan="4">11</td><td colspan="4">12</td><td colspan="4">13</td><td colspan="4">14</td><td colspan="3"></td></tr>
<tr><td>Lichtbogen-Fugenhobel</td><td colspan="23">10</td><td colspan="2">11</td><td colspan="4">12</td><td colspan="4">13</td><td colspan="4">14</td><td colspan="5">15</td></tr>
<tr><td>Plasmaschmelz-schneiden</td><td colspan="17"></td><td colspan="2">9</td><td colspan="2">10</td><td colspan="2">11</td><td colspan="6">12</td><td colspan="6">13</td><td colspan="7"></td></tr>
<tr><td>Mikroplasma-schweißen</td><td colspan="1"></td><td colspan="2">4</td><td colspan="4">5</td><td colspan="4">6</td><td colspan="2">7</td><td colspan="4">8</td><td colspan="2">9</td><td colspan="4">10</td><td colspan="4">11</td><td colspan="5">12</td><td colspan="10"></td></tr>
<tr><td></td><td colspan="2">1,5</td><td colspan="2">6</td><td colspan="2">10</td><td colspan="2">15</td><td colspan="2">30</td><td colspan="2">40</td><td colspan="2">60</td><td colspan="2">70</td><td colspan="2">100</td><td colspan="2">125</td><td colspan="2">150</td><td colspan="2">175</td><td colspan="2">200</td><td colspan="2">225</td><td colspan="2">250</td><td colspan="2">300</td><td colspan="2">350</td><td colspan="2">400</td><td colspan="2">450</td><td colspan="2">500</td><td colspan="2">600</td></tr>
<tr><td colspan="43">**Anmerkung:** Die Bezeichnung „Schwermetalle" bezieht sich auf Stähle, legierte Stähle, Kupfer und seine Legierungen usw.</td></tr>
</table>

Bild 3.2-9: DIN-Schutzstufen für das elektrische Schweißen [C-12].

Die traditionellen Schweißschilde bekommt man für ein paar Euro, wenn sie nicht gleich beim Schweißgerät mit dabei sind. Von der Schutzwirkung sind diese klassischen Schilde voll okay, sie haben aber den Nachteil, dass man zunächst die Elektrode ganz in die Nähe des Nahtbeginns bringen muss, während das Schild zur

Seite gehalten wird – sonst sieht man ja nichts; die Dinger sind bei Tageslicht praktisch undurchsichtig. Nun muss man den Schild vor die Augen halten und sozusagen blind zu schweißen beginnen. Sobald der Lichtbogen brennt, sieht man recht gut. Vorher aber nicht. Für geübte Schweißer ist das alles kein Problem, aber Anfänger haben damit ihre liebe Not. Aber da gibt es heute eine Klasse-Erfindung: Die automatischen Schweißhelme. Durch sie kann man, solange nicht dieser ultrahelle Lichtbogen brennt, ganz gut sehen und man kann sehenden Auges die Elektrode zünden. Nun schaltet der Automatikhelm innerhalb von wenigen tausendstel Sekunden auf dunkel, und die Augen sind geschützt. Eine Top-Sache, so was müssen Sie haben!

Bild 3.2-10: Ein traditionelles Schweißschild (links), ein automatisch verdunkelnderSchweißhelm (rechts).

Schweißhelme guter Qualität starten so um 80 €, Profihelme liegen bei 300 €; es gibt sogar automatische Schweißhelme, die ein Luftfiltersystem integriert haben, um vor den Schweißrauchen, die nicht wirklich gesund sind, zu schützen. Bekannte Marken sind *Optrel, 3M Speedglas, Kimberly-Clark Jackson.* Auch die einschlägigen Schweißgeräte-Hersteller, z.B. *EWM,* haben so etwas im Lieferprogramm. Sparen Sie hier nicht – Ihre Augen sollten es Ihnen wert sein! Die Schutzstufe können Sie bei diesen Helmen von Hand einstellen. Als weiteren Vorteil haben diese Helme, dass die linke Hand frei bleibt, Sie müssen ja kein Schild mehr halten. Mit der nun freien Hand wird man beim WIG-Schweißen den Zusatzwerkstoff zuführen; beim E-Handschweißen können Sie die Hand in die Tasche stecken oder frei nach Janosch nach Ihrem guten Frühstück mit Wurst langen. Im Internet gibt es unter [C-13] ein sehr umfassendes Angebot rund um dieses Thema "Schweißer-Schutzausrüstung".

Dann wäre eine Schweißschürze aus Chromleder nicht schlecht: Da Sie, wenn immer es geht, im Sitzen schweißen sollten, weil man so einfach die Elektrode oder den Brenner ruhiger führen kann, lauern Schweißperlen, Funken und Metallspritzer nur darauf, auf Ihrem Schoß, Ihren Beinen und auf Ihren Füßen zu landen. Von daher verbieten sich auch kurze Hosen und Sandalen oder Schlappen. Über Handschuhe kann man sich streiten: Es gibt spezielle Schweißer-Handschuhe aus Chromleder; die sind aber sehr dick und man hat wenig Gefühl damit. Ich nehme solche Schweißer-Handschuhe eigentlich nur zum Autogenschweißen oder bei 4 mm Elektroden, weil sie schön die Hitze abhalten; beim E-Hand- oder WIG-Schweißen arbeite ich gerne mit dünnen Mechatroniker-Handschuhen. Eigentlich soll man wegen der UV-Strahlung auch mit langen Ärmeln arbeiten – kann sonst einen regelrechten Sonnenbrand geben; ich mache das recht selten, weil ich kurze Ärmel beim Schlossern einfach angenehmer finde, aber ich bin ja auch kein Berufsschweißer, der dieser Strahlung den ganzen Tag ausgesetzt ist.

Jetzt legen wir eines dieser erwähnten Baustahl-Probestücke auf unseren Schweißtisch, der komplett aus Stahl gefertigt ist. Den haben Sie nicht? Kein Problem: Für kleinere Arbeiten reicht es, wenn Sie wie ich eine Aluminiumplatte aus AlMg3 der Stärke 3 oder 4 mm auf Ihre normale Werkbank legen. Schließen Sie die Masseklemme ans Werkstück oder wie ich an die Aluplatte an. Und nun bringen Sie die Elektrode in die Nähe des Schweißnahtbeginns. Das wäre bei unserem Probestück in der Mitte links, denn E-Handschweißen tut man als Rechtshänder von links nach rechts und neigt dabei die Elektrode um 60~45° gegenüber der Horizontalen, vgl. Bild 3.1-1. Nun Schweißschild vor die Augen. Tupfen Sie die Elektrode leicht gegen das Werkstück, und zwar mit Gefühl, so als wollten Sie vielleicht ein weichgekochtes Ei aufspießen. Nichts mit Gewalt machen – Gefühl ist das A und O beim Schweißen. Nun wird bei einem ordentlichen Inverter die Elektrode zünden, und Sie können losschweißen. Bei einem Transformator lohnt es sich, die Elektrode entweder direkt auf dem Werkstück wie ein Streichholz anzureißen oder, weil dieser Vorgang das Werkstück unter Umständen etwas beschädigt, auf einem Abfallstück, das in der Nähe des Werkstücks liegt. Wenn nämlich die Elektrode noch etwas glüht, weil sie unmittelbar vorher gezündet hat, zündet sie dann auf dem eigentlichen Werkstück viel leichter!

Bild 3.2-11: Das Probestück ist zum Schweißen vorbereitet.

Jetzt schweißen wir, indem wir einfach eine Naht auf dieses Werkstück legen, ohne dass die Naht wie sonst üblich, zwei oder mehr Bauteile verbinden soll. Technisch gesehen machen Sie nun eine *Auftragsschweißung*. Jetzt kommt das, was Sie immer wieder üben müssen: Ziehen Sie die Elektrode mit leichter Hand - fast, als würden Sie mit einem Filzschreiber oder einem Füllfederhalter einen Strich langsam aufs Papier ziehen – also nicht mit dem Druck eines Kugelschreiber- oder Bleistiftsstrichs – nach rechts und schieben Sie gleichzeitig die abbrennende Elektrode mit ganz leichtem Druck gegen die Schweißnaht - so, dass die Elektrodenspitze gerade so das Werkstück berührt. Nicht mit Kraft! Diese kombinierte Bewegung, also das Ziehen nach rechts und das Nachführen der Elektrode gegen das Schmelzbad mit leichter Hand - das ist das ganze Geheimnis. Am Anfang werden Sie verzweifeln, weil Sie den Vorgang entweder zu langsam oder zu schnell oder mit zuviel Kraft machen oder weil die Elektrode – gerade bei Trafos – festklebt. Sie sollten doch einen Inverter nehmen! Hier ist es wie beim Reiten: Wenn man herunterfällt, sofort wieder aufsteigen. Immer wieder üben. Wenn Sie dann etwas geübt sind, wird Ihre Schweißnaht von einer schön gleichmäßigen

Schlackenschicht bedeckt sein, und wenn Sie's richtig gemacht und die passende Elektrode genommen haben, wird sich die Schlacke fast von selbst ablösen.

Bild 3.2-12: Unsere fertige Schweißnaht. Die Elektrode ist für diese ca. 60 mm fast aufgebraucht.

Helfen Sie mit ein paar leichten seitlichen Hammerschlägen nach; dafür gibt es spezielle Schweißhämmer, deren Finne gegenüber dem normalen Schlosserhammer um 90° gedreht ist. Aber ein normaler leichter Hammer tut's auch. Derart üben Sie solange, bis Sie auf Anhieb eine gleichmäßige Naht hinbekommen. Ein Fachmann hört bereits während des Schweißens, ob die Naht etwas wird. Wenn sie gut wird, wird das Schweißen von einem ganz typischen, gleichmäßigen sonoren Brutzeln begleitet. Wenn der Ton irgendwie hohl klingt, ist der Lichtbogenabstand zu groß, wenn eine Art gequetscht klingendes Blubbern zu hören ist, schieben Sie die Elektrode zu fest ins Schweißbad. Das hören Sie irgendwann auch heraus. Experimentieren Sie bei gleicher Elektrode mit verschiedenen Stromstärken; wir hatten hier mit 80 A gearbeitet, während der Hersteller 50~70 A empfiehlt. Die Ampereangaben oder –anzeigen der verschiedenen Schweißgeräte sind durchaus unterschiedlich: Bei dem einen Gerät kommen Sie vielleicht mit 60 A aus, während Sie bei einem anderen fast 90 A einstellen müssen. Daher probiert man gerade bei neuen oder unbekannten Schweißgeräten die passende Einstellung immer vorher an einem Probestück aus, ehe man produktiv arbeitet.

Wie Sie sehen, ist unsere Elektrode nach dieser etwa 60 mm langen Schweißnaht fast verbraucht. Will man nun eine längere Naht schweißen, dann gibt man eine neue Elektrode in den Halter, klopft die Schlacke ab und beginnt wieder etwa 5~10 mm *vor Ende* der bisherigen Naht. Dazu muss die Schlacke wirklich restlos zumindest in diesem Bereich entfernt werden. Das machen Sie solange, bis Ihre Schweißnaht auf voller Länge fertig ist. Aus dieser Schilderung des Ablaufs erkennen Sie, dass dieses Verfahren relativ langsam und kaum automatisierbar ist. Aber das spielt für den Hobby-Anwender nun wirklich keine Rolle.

Bild 3.2-13: Die Schlacke geht fast von selbst ab.

Was hat es mit dieser Umhüllung der Elektrode auf sich, die durch ihr Abschmelzen die Schlacke bildet? Sie erfüllt mehrere Aufgaben: Sie schirmt durch Gasbildung das Schmelzbad vor dem schädlichen Luftsauerstoff ab, was bei allen Schmelzschweißverfahren das A und O ist, sonst verbrennt der Stahl und die Schweißnaht wird minderwertig. Bei Wechselstrom sorgt sie durch Ionisierung der Strecke Elektrode-Schmelzbad überhaupt für ein kontinuierliches Brennen des Lichtbogens, denn Wechselstrom ändert ja ständig seine Polarität von Plus nach Minus und umgekehrt – und dazwischen ist die Spannung Null! Die Umhüllung enthält außerdem Legierungselemente, die das Schmelzbad metallurgisch verbessern. Die Schlackebildung ist sehr wertvoll, weil sie die Schweißnaht länger warm hält und langsam abkühlen lässt; dadurch härtet die Schweißnaht nicht auf und bleibt sehr gut bearbeitbar – ganz im Gegensatz zum MIG/MAG-Schweißen, bei dem meist durch das relativ schnelle Abkühlen eine harte Schweißnaht entsteht. Punkt für das E-Handschweißen.

Bild 3.2-14: Die Schlacke wurde mit ganz leichten seitlichen Hammerschlägen entfernt.

Nun ist das Schweißen dadurch definiert, dass Bauteile gleichen oder doch sehr ähnlichen Materials durch Zugabe von Zusatzwerkstoff auch wieder gleichen Materials miteinander verschmolzen werden. Also muss der eigentliche Grundwerkstoff der Elektrode in etwa dem Material der zu verschweißenden Bauteile entsprechen. Aber mit der Umhüllung kommt eine weitere Variation ins Spiel: So können Elektroden für das Schweißen unlegierter Stähle - landläufig Baustähle genannt - folgende Umhüllungen aufweisen, dabei ist *Rutil* das Mineral Titanoxid:

- rutil-umhüllt, Kennung R.
- basisch-umhüllt, Kennung B.
- cellulose-umhüllt, Kennung C.
- rutil-cellulose-umhüllt, Kennung RC.
- rutil-basisch-umhüllt, Kennung RB.
- dick-rutil-umhüllt, Kennung RR.
- …und weitere Variationen

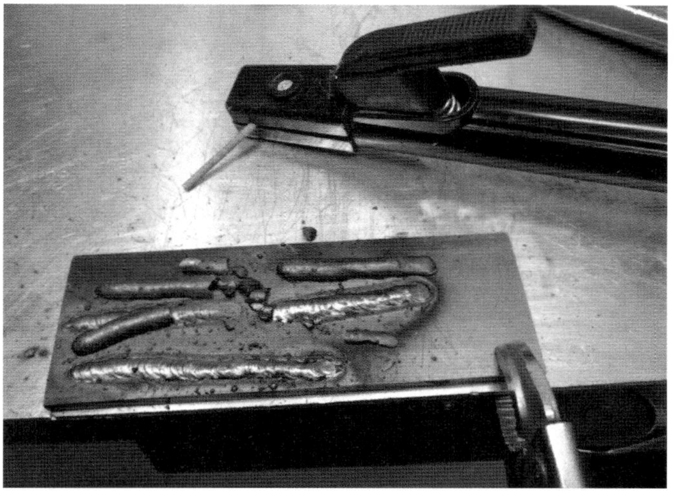

Bild 3.2-15: Mehrere Schweißnähte zur Übung.

Aber das ist ganz einfach: Für das Verschweißen von Baustählen in horizontaler Lage nimmt man dick umhüllte Rutil-Elektroden. Die von mir empfohlene *Oerlikon Fincord* ist eine dick umhüllte Rutil-Elektrode. Sie ist für alle Lagen geeignet, nur nicht für Fallnähte. Für Fallnähte müssen rutil-cellulose-umhüllte Elektroden, z.B. die *Oerlikon Overcord*, oder eine rein cellulose-umhüllte Elektrode, z.B. die *Oerlikon Flexal* ran. Wenn röntgensicheres Schweißen im Rohrleitungs-, Kessel- und Behälterbau gefragt ist, böte sich die rutil-basisch-umhüllte *Oerlikon Citorex* an. Eine basisch-umhüllte Elektrode ist die *Oerlikon Spezial* für den Stahlbau. Die basisch-umhüllte *Oerlikon Tenacito R* ist für kaltzähe Nähte bis -60°C und schweißkritische Stähle wie C45 und C60 vorgesehen. Die basisch-umhüllte *Oerlikon Verticord 80* wird für Fallnähte im Pipelinebau verwendet.

Und nun noch ein paar Exoten: Für warmfesten Stahlguss im Dampfturbinenbau bis 600°C gibt es die basisch-umhüllte *Oerlikon Chromocord N125* und für hochfeste Stähle die *Oerlikon Tenax 140* mit einer Streckgrenze der Schweißnaht von > 960 N/mm^2. Hätten Sie gedacht, dass es so unterschiedliche Elektroden gibt? Und das war nur eine Mikroauswahl. Wenn Sie das näher interessiert: [C-14]. Natürlich bieten auch andere Elektrodenhersteller derart unterschiedliche Elektroden an; es wurden hier lediglich am Beispiel der Fa. *AirLiquide Oerlikon* einige Fälle betrachtet, damit man auch einmal zu konkreten Aussagen kommt.

Bild 3.2-16: Ausschnitt der Daten auf einer Packung Elektroden Oerlikon Fincord. Finden Sie das „RR"?

Es wurde gesagt, dass Schmelzschweißen das Verschmelzen von Bauteilen gleichen oder doch sehr ähnlichen Materials durch Zugabe von Zusatzwerkstoff auch wieder gleichen Materials ist. Wie weit geht die Verwandtschaft? Ohne Frage können Sie bedenkenlos S235JR und S275JR (vormals St37-2 und St44-2) miteinander verschweißen, aber prinzipiell geht Stahl mit Stahl, z.B. auch Stahlguss mit Walzstahl, wenn man die richtigen Elektroden nimmt. Ein recht exotischer Fall sind sog. *Schwarz-Weiß-Verbindungen*, bei denen normaler Kohlenstoffstahl (*schwarzer Stahl*) mit nichtrostendem Edelstahl (*weißer Stahl*) verschweißt wird. So etwas braucht man mitunter, und mit der passenden Elektrode ist das kein Problem.

Nachdem Sie nun Übung mit einfachen Auftragsnähten haben, können wir eine Stufe komplizierter werden: Mit einer sog. Kehlnaht. Hier werden zwei Bauteile im rechten Winkel oder auch anderen Winkeln verschweißt. Der Vorteil für Ungeübte ist, dass man hier die Elektrode wie in einer Rinne führen kann. Nehmen Sie also zwei Ihrer Flachstahl-Abschnitte und stellen Sie sie im rechten Winkel zueinander, indem Sie den einen Abschnitt hinlegen und den anderen aufstellen. Dann bringen Sie an beiden Enden zwei ganz kurze Schweißnähte an; das nennt man *Heften.* Diese Heftpunkte müssen nicht schön sein, sie müssen nur die Teile halbwegs zusammenhalten. Nun sind beide Teile bereits verbunden, und Sie können diese Konstruktion z.B. wie im Bild zwischen die geöffneten Schraubstockbacken legen. Jetzt schweißen Sie von links nach rechts; ggf. müssen Sie ein oder zwei weitere Elektroden verwenden. Der Vorteil ist, dass bei dieser Position die Elektrode seitlich nicht ausweichen kann und Sie sich damit für den Anfang leichttun.

Bild 3.2-17: Zwei Flachstähle sind im rechten Winkel geheftet (links) und die fertige Kehlnaht (rechts).

Bild 3.2-18: Eine weitere, ganz ordentliche Kehlnaht an zwei 10 mm dicken Stahlblechen, geschweißt mit 4 mm Elektroden Oelikon Fincord bei 170 A.

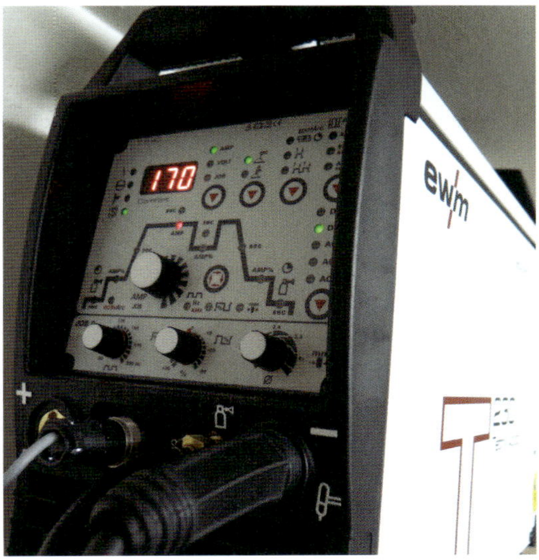

Bild 3.2-19: Für die Naht in Bild 3.2-18 braucht es schon etwas mehr Power: Hier ein High-End-AC/DC-Inverter, der auch sehr schön Elektroden verschweißen kann.

Das Kehlnahtschweißen üben Sie bitte ausführlich, denn erstens kommt so etwas häufig vor, und zweitens ist es eben die leichteste Übung beim Verbindungsschweißen. Wenn Sie das halbwegs hinbekommen, steigern wir den Schwierigkeitsgrad mit einer sog. I-Naht.

Vorbereitung einer I-Naht. Der Spalt zwischen beiden Flachstählen hat etwa Elektrodendurchmesser. Den einen Flachstahl sollten Sie, wenn Sie so wie ich als Unterlage eine Aluplatte nehmen, mit einer Gripzange fixieren, damit es keine Kontaktprobleme gibt.

Werkstücke heften, um Verzug zu vermeiden

Bild 3.2-20: Schweißen einer I-Naht zunächst die Vorbereitung, das Heften und das Schweißen

Wenn Sie das Schweißen von I-Nähten üben - das ist schwieriger, weil die Elektrode nun seitlich abhauen kann - und das dann bald klappt, haben Sie eigentlich das Rüstzeug zum E-Handschweißen. Arbeiten Sie auch später mit waagrechten Nähten; das sog. Überkopfschweißen und das Steig- und Fallnahtschweißen lassen Sie besser, wenn Sie Frust vermeiden wollen. Das ist der Job der Berufsschweißer und die haben nicht umsonst eine umfangreiche Ausbildung und müssen ihre Schweißerprüfung jährlich wiederholen. Sie können Ihre Bauteile eigentlich immer so wenden und hindrehen, dass Sie zu horizontalen Nähten kommen. Machen Sie's, auch wenn es manchmal reizt, ohne neues Positionieren mal eben schnell eine Fallnaht zu probieren. Das wird selbst mit Spezial-Fallnahtelektroden meistens nichts beim Amateur.

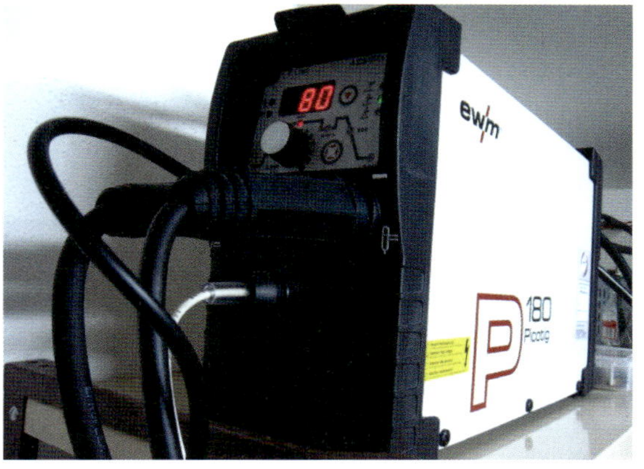

Bild 3.2-21: Dies ist an und für sich eine WIG-Schweißmaschine, aber diese Maschinen können eigentlich immer auch zum E-Handschweißen genutzt werden. Man hat also zwei Geräte in einem – und zwar ohne faule Kompromisse!

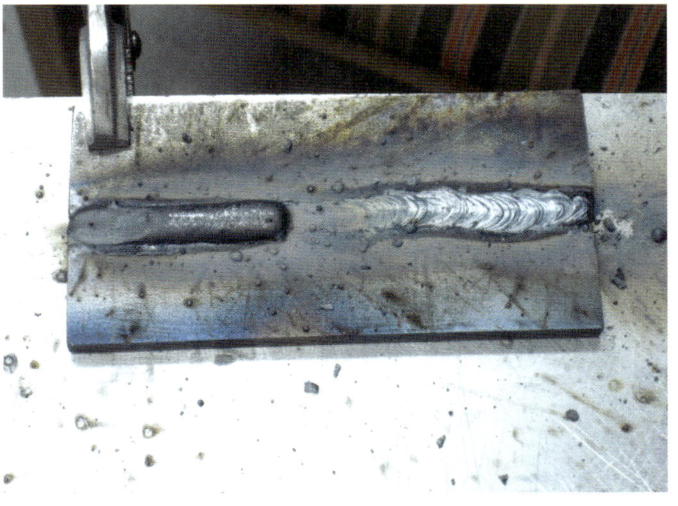

Bild 3.2-22: Die fertige Naht. Die erste 2er-Elektrode reichte nur bis knapp über die Hälfte der Länge; dann arbeitet man eben mit einer zweiten Elektrode weiter, bei deren Naht noch die Schlacke aufliegt.

Haben Sie es mit dickeren Blechen zu tun, dann schweißt man einfach in mehreren Lagen: Man beginnt mit der Wurzelnaht, schweißt dann abwechselnd links und rechts eine Naht und baut so nach und nach die dickere Schweißnaht auf. Immer wenn eine Lage geschweißt ist, muss man natürlich sorgfältig die Schlacke entfernen. Damit können Sie tatsächlich Nähte legen, um einen Kampfpanzer zusammen zu bauen – was übrigens in der Praxis auch so gemacht wird. Man kann zwar prinzipiell dickere Elektroden nehmen – bis 6 mm ist handelsüblich – aber diese dicken Brummer sind derart unhandlich, dass Sie ruhig bei den 3,2 mm Elektroden als Obergrenze im Hobbybereich bleiben sollten. Die dickeren Elektroden bringen auch durch die großen Stromstärken derart viel Wärme ins Bauteil, sodass das auch nicht wirklich ein Vergnügen ist.

Bild 3.2-23: Dreilagiges Schweißen von 15 mm dicken Stahlblechen mit 4er Elektroden bei 170 A.

Bild 3.2-24: Zur Abrundung: 5 mm INOX-Bleche verschweißt mit (alten) Messer-Griesheim Elektroden 2 mm, GRINOX (14), E Ti 19 12 3 Nb 26 (1.4576) mit 55 A am Pluspol.

Es soll nicht unerwähnt bleiben, dass man Schweißen am leichtesten lernt, wenn einem ein Fachmann über die Schulter schaut und dieser korrigierend eingreift. Das können Sie haben: Die Schweißgeräte-Firma *Merkle* bietet Tageskurse für die verschiedenen Schweißverfahren an, ebenso die in Oldtimerkreisen bekannte *Fahrzeugakademie Schweinfurt* und auch die eine oder andere Handwerkskammer.

3.3 MIG/MAG-Schweißen

3.3.1 Allgemeines

Das MIG/MAG-Schweißen, volkstümlich auch *Schutzgasschweißen* (obwohl WIG natürlich auch Schutzgasschweißen ist) oder unter älteren Schlossern auch *SIGMA-Schweißen* genannt, ist mit ca. 80% Anteil an den Schweißverfahren – obwohl man mit solchen Statistiken sehr vorsichtig sein muss, weil sie sich meist auf das Abschmelzvolumen beziehen – sicherlich das am meisten verbreitete Schweißverfahren in Industrie und Handwerk. Warum eigentlich? Die folgende Erklärung ist eigentlich der Schlüssel zum Verständnis, besonders für den Hobbyschlosser: Dieses Verfahren, kurz nach dem Zweiten Weltkrieg von den Amerikanern entwickelt und von den Russen in den 50er-Jahren maßgeblich weiterentwickelt, kann teil- oder vollautomatisiert werden, und es hat von allen gängigen Hand-Schweißverfahren mit Abstand die höchste Abschmelzleistung. Da nun für gewerbliche Anwender Zeit gleich Geld ist, hat es die klassischen Verfahren wie Autogenschweißen und E-Handschweißen weitgehend verdrängt. Wenn Sie an die Autoindustrie denken: Roboter-Schweißungen funktionieren nur mit MIG/MAG-Verfahren, an Autogen oder E-Hand ist da nicht zu denken, obwohl man früher sogar einmal eine Art von Robotern entwickelt hat, die dann Elektroden automatisch gewechselt haben. Damit sollte aber bei aller Begeisterung des Hobbyschlossers für das MIG/MAG-Verfahren eines klar geworden sein: Es ist eigentlich ein typisches Industrieverfahren, das sehr hohe Abschmelzleistungen bringt und sich vollkommen automatisieren lässt. Braucht der Hobbyschlosser das? Nicht wirklich, weil er ja hoffentlich Zeit für sein Hobby hat; rein von der Sache geht das alles auch mit E-Hand für dicke Bleche und Profile und Autogen für dünne Bleche. Aber trotzdem: MIG/MAG-Schweißen macht einfach Laune; und darum geht es beim Hobby! Es ist übrigens von allen Schweißverfahren am leichtesten zu lernen und auch von daher ist es nicht nur im Handwerksbereich, wo gute Facharbeiter immer rarer werden, sondern ganz besonders im Amateurbereich enorm verbreitet. Dazu kommt, dass die Baumärkte und das Internet eine unüberschaubare Anzahl von MIG/MAG-Geräten zu Kampfpreisen auf den Markt werfen.

Von der Sache ist es dem E-Handschweißen verwandt: Eine Metall-Elektrode erzeugt den Lichtbogen und schmilzt gleichzeitig ab. Nur ist diese Elektrode nicht mehr ein Metallstab, der nach dem Abbrennen durch einen neuen ersetzt werden muss, sondern eine „endlose“ Drahtelektrode, die kontinuierlich nachgeführt wird. Und ummantelt ist dieser Draht auch nicht; die Schutzfunktion vor dem Luftsauerstoff übernimmt wie beim WIG-Verfahren ein Schutzgas, welches das Schmelzbad umspült. Ursprünglich nahm man als Schutzgas ein chemisch inertes Gas wie Helium oder Argon, daher rührt auch die alte Bezeichnung *SIGMA: shielded inert gas metal arc*. Dieses Verfahren, also mit chemisch inertem Gas, gibt es immer noch, man nennt es heute *MIG: Metall Inert Gas*, und das wendet man beispielsweise beim Aluminiumschweißen an.

Bild 3.3-1: Der Verfasser beim MIG/MAG-Schweißen – man kann den Brenner mit beiden Händen führen; hier wird leicht stechend geschweißt, also hier im Bild von rechts nach links aus Sicht des Schweißers.

Die Russen entdeckten in den 50er Jahren, dass besonders beim Stahlschweißen ein chemisch aktives Gas wie z.B. CO_2 eigentlich viel besser ist, weil dieses Gas zwar vor dem Luftsauerstoff schützt, aber gleichzeitig metallurgisch sehr positiv mit dem Schmelzbad reagiert. Das nennt man *MAG: Metall Aktiv Gas*, es ist typisch für Kohlenstoff-Stahl. Wobei reines CO_2 heute nur noch wenig verwendet wird, ganz typisch sind heute sog. Mischgase, und das typische Mischgas für Baustahl ist

M21, das ist ein Gemisch aus 82 % Argon und 18 % CO_2. Dieses Mischgas M21 gibt es unter den Handelsnamen *Krysal* von *Messer* und *Corgon* von *Linde* bei Ihrem autorisierten Schweißfachhändler oder in besser sortierten Baumärkten. Aber es gibt eine ganze Reihe von anderen Inert-, Aktiv- und Mischgasen für alle möglichen Spezialzwecke, über die später berichtet wird. Also spricht man von MIG/MAG-Schweißgeräten, weil sie den gleichen Aufbau haben und sich nur durch die Art des verwendeten Schutzgases unterscheiden. Volkstümlich nennt man das MIG/MAG-Verfahren auch *Schutzgasschweißen*, obwohl das nicht ganz korrekt ist, denn WIG ist auch ein Schutzgas-Schweißverfahren, aber das heißt halt nur *WIG*.

Bild 3.3-2: Eine sehr gute stufengeschaltete MIG/MAG-Schweißmaschine von Rehm Schweißtechnik. Eckdaten: 230 A, 3 x 400 V, 68 kg Gewicht. Hier mit 10 l Flasche Mischgas M21 (82 % Ar, 18 % CO_2).

Zur eigentlichen Schweißmaschine gehört dann ein Schlauchpaket, ganz ähnlich wie beim WIG-Schweißen. Aber hier ist es glücklicherweise so, dass die Standardisierung sehr weit getrieben wurde: Normalerweise wird das Schlauchpaket über einen *Euro-Zentralanschluß*, der Schutzgasleitung, Schweißstromleitung, die

Drahtführung und die beiden Leitungen für den Schalter beinhaltet, angeschlossen. Damit ist man sehr frei in der Wahl seines Schlauchpakets, sowohl was den Lieferanten als auch die Länge und Strombelastbarkeit angeht – hier ist die Fa. *Abicor-Binzel* führend. Wir werden das noch ganz genau betrachten. Nur bei sehr preiswerten Geräten und bei sehr kompakten, tragbaren Markengeräten ist das Schlauchpaket fest mit der Schweißstromquelle verbunden, wodurch man natürlich hinsichtlich der Ersatzteile, der Schlauchlänge etc. eingeschränkt ist – aber man kann halt nicht alles haben! MAG-Schweißen wird heute recht universell eingesetzt: Von der Blech- und Profilverarbeitung bis hin zum schweren Stahlbau ist alles vertreten. MAG-Schweißen ist auch gerade bei den Autoschlossern sehr verbreitet, weil man damit ganz gut Reparaturbleche per „Punktschweißung" einsetzen kann – was man per Autogen zwar mindestens genauso gut oder eher besser kann, aber MAG-Schweißen ist eben viel leichter zu lernen und schneller, MIG/MAG-Geräte samt der Verbrauchsmaterialien wie Schutzgas und Schweißdraht gibt es in jedem besser sortierten Baumarkt und der Umgang mit der Ausrüstung ist nicht unbedingt „ungefährlicher", sondern eher unkritischer als beim Profiverfahren Autogenschweißen. Darüber wird später noch ausführlich berichtet werden; auch und besonders, welche Anforderungen der TÜV bei der Autoreparatur hinsichtlich des Schweißens stellt.

3.3.2 MIG/MAG-Schweißmaschinen

Beginnen wir mal zunächst mit der eigentlichen Schweißstromquelle. Während sich bei den WIG-Schweißmaschinen der Wechsel von den Transformator-Geräten sehr weitgehend zu den Invertern vollzogen hat, ist es bei den MIG/MAG-Maschinen heute – im Jahre des Herrn 2014 – so, dass der größere Teil der Standardmaschinen noch ganz klassische Transformator-Gleichrichter-Maschinen sind, technisch also sog. *Schweißgleichrichter*. Denn MIG/MAG wird eigentlich immer mit Gleichstrom geschweißt. Früher wurden dafür auch Schweißumformer mit separaten Drahtvorschubkoffern verwendet. Inzwischen gibt es am unteren Leistungsende – etwa bis 180 A – auch eine ganze Reihe von MIG/MAG-Invertern, und am oberen Ende in der High-End-Klasse dann auch wieder. Der mittlere Leistungsbereich wird momentan noch von den Schweißgleichrichtern dominiert; Sie brauchen nur auf die Internetseiten bzw. Kataloge der bekannten deutschen Hersteller wie *EWM, Erfi, Rehm, Lorch, Merkle* und *Jäckle* zu schauen. Auf der anderen Seite bieten interessanterweise gerade die nordeuropäischen Qualitätshersteller wie *Migatronic* (Dänemark), *Esab* (Schweden) und *Kemppi* (Finnland) außerordentlich kompakte Inverter-Maschinen bis etwa 200 A an, die am Lichtnetz betrieben werden können und so um einen Tausender kosten. Auch bei den italienischen Firmen *Telwin* und *Cebora* wird man dahingehend fündig, und Geräte aus fernöstlicher Herstellung sind in großer Zahl am Markt vertreten.

Was legen Sie sich also für eine MIG/MAG-Maschine zu? Schwierig – bei keinem der vier von uns betrachteten Schweißverfahren haben Sie eine derart große und unüberschaubare Auswahl! Versuchen wir es trotzdem: Zunächst müssen Sie die Leistungsklasse eingrenzen – wie viel Ampere wollen Sie? Für übliche Hobbyanwendungen, Autoreparaturen und dergleichen reichen 200 ~ 250 A problemlos; damit sind Sie für alle Eventualitäten gerüstet. Wenn Sie nur dünne Bleche – Stichwort Karosseriebleche – schweißen wollen, genügen auch ca. 100 ~ 130 A. Wenn Sie in dem kleineren Leistungsbereich bis vielleicht maximal 150 ~ 170 A bleiben können, dann können Sie sich für einen preiswerten klassischen Schweißgleichrichter entscheiden oder auch für einen modernen Inverter – die können Sie ganz leicht am Gewicht unterscheiden: Ein Inverter wiegt irgendwo um die 15 kg, während selbst ein Leichtbau-Schweißgleichrichter kaum unter 40 kg kommt; die erkennen Sie auch immer daran, dass sie ein Fahrwerk mit Rollen haben. Die Schweißinverter bis 200 A und die Schweißgleichrichter bis etwa 170 A werden ans 230 V Lichtnetz angeschlossen, die Schweißgleichrichter bis ca. 200 A an zwei Phasen des 400 V Drehstromnetzes. Damit haben Sie schon wieder eine mögliche Einschränkung: Wenn Sie nur eine Lichtsteckdose in Ihrer Werkstatt haben, dann geht das eben beim Schweißgleichrichter bis vielleicht 170 A; dem Inverter können Sie aufgrund seines besseren Wirkungsgrads bis 200 A problemlos entlocken. Die Obergrenze stellen momentan die WIG-Inverter (s. Kap. 3.4) dar, die tatsächlich ohne Schwierigkeiten 230 A Schweißstrom aus einer normalen, mit 16 A abgesicherten 230 V Steckdose herausquetschen; mein WIG-Inverter von *EWM* macht das ohne großes Federlesen! Hier wird sich in den nächsten Jahren sicher noch einiges tun, und der Trend wird sicher auch bei den MIG/MAG-Geräten zum Inverter gehen. Wollen Sie in die mittlere Leistungsklasse, die sich zwischen 200 A und 300 A abspielt, mit der Sie eigentlich alles abdecken können, was man im Hobbybereich so hat, dann müssen Sie entweder zu noch sehr teuren Invertern oder den klassischen Schweißgleichrichtern greifen, die aber nun in beiden Fällen ans

Drehstromnetz angeschlossen werden müssen. Wenn Ihre Werkstatt nicht zu weit vom Zählerkasten entfernt liegt, kann Ihnen jeder Elektriker eine Drehstromleitung relativ preiswert legen. Das sind fünf Kabel: Die drei Phasen sowie der Nullleiter und der Schutzleiter. Bei den Schweißgleichrichtern, die entweder am Lichtstromnetz mit 230 V oder zwischen zwei Phasen des Drehstromnetzes laufen, haben immer Sie nur einen einzigen Trafo, dessen nachgeschalteter Gleichrichter einen noch recht welligen Gleichstrom liefert, der dann noch ggf. mit Kondensatoren und Drosseln etwas geglättet und gepuffert wird. Es gibt gerade in der 200 A-Klasse der Schweißgleichrichter eine ganze Reihe Maschinen, die man entweder ans Drehstromnetz schaltet, und zwar zwischen zwei Phasen, dann gibt das 400 V oder ans Lichtnetz, nämlich zwischen eine Phase und den Nullleiter, das sind dann 230 V. Mit einem Kabel-Adapter kann das Gerät entweder ans Drehstrom- oder ans Lichtnetz angesteckt werden, damit ist man natürlich relativ flexibel. Mehr Power bekommen Sie, wenn Sie alle drei Phasen des Kraftstromnetzes nutzen: Dann werden tatsächlich drei Transformatoren verwendet, die zusammen mit sechs Dioden einen bereits schön glatten Gleichstrom liefern. Also – wenn man kann, dann gleich einen Drehstrom-Schweißgleichrichter, s. Bild 3.3-6. Es kann sein, dass Sie sowohl bei der Lichtsteckdose als auch bei der Drehstromsteckdose die Sicherungsautomaten vom Elektriker austauschen lassen müssen, denn üblicherweise werden in die Sicherungskästen die Feld-, Wald- und Wiesen-Automaten des Typs B16 eingebaut. Diese Automaten lösen vergleichsweise schnell aus. Aber gerade für Transformatoren (und stärkere Elektromotoren) braucht man recht träge Sicherungen, die Einschalt-Stromstöße von hohen induktiven Lasten verkraften.

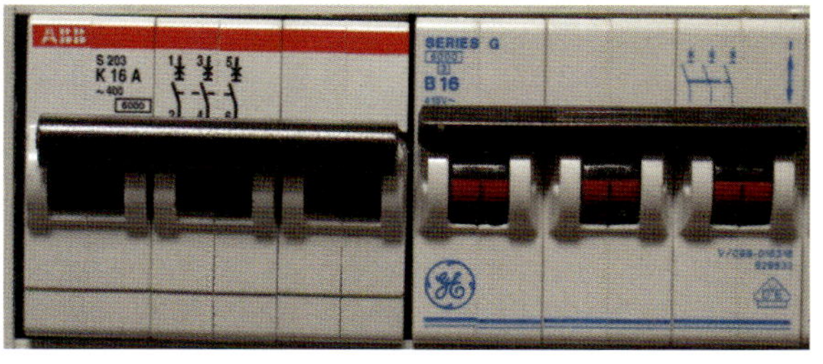

Bild 3.3-3: Links ein D16/K16-Sicherungsautomat, der für induktive Lasten viel geeigneter ist als der rechte Standardautomat B16.

Lassen Sie die B16-Automaten gegen D16-Automaten tauschen, das ist nicht teuer; die D16er schalten zwar ebenfalls bei zu hohem Dauerstrom ab, aber eben nicht bei den typischen Ein- und Umschaltstößen, die Transformatoren mit ihren hohen induktiven Lasten liefern. Bei mir war es so, dass bei meinem 230A-Drehstromgerät bei den beiden höchsten Schaltstufen die drei B16-Automaten sofort 'rausgeflogen sind; ein Tausch gegen einen D16-Sicherungsblock löste das Problem. Bei Invertern brauchen Sie sich da keine Gedanken zu machen – das kann wichtig sein, wenn Sie zur Miete wohnen, weil es nicht jeder Hauswirt gerne sieht, wenn man sich an seinem Sicherungskasten zu schaffen macht.

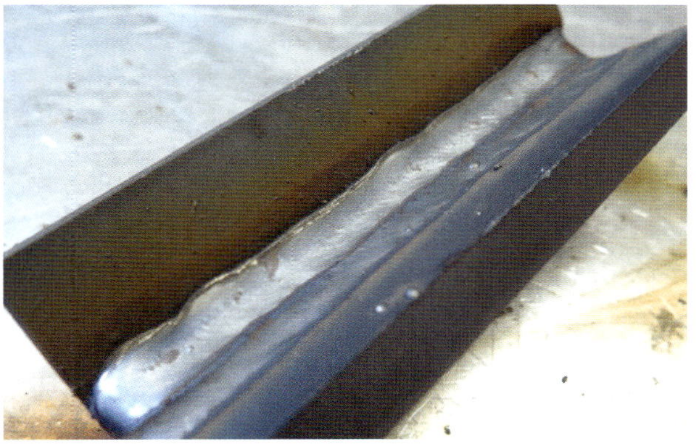

Bild 3.3-4: Typisch MAG: Gegenüber E-Hand keine Schlacke, kaum Spritzer. Aufbau einer mehrlagigen MAG-Kehlnaht an zwei jeweils 10 mm dicken Stahlblechen.

Bild 3.3-5: Typisch MAG: Die Wurzelnaht einer mehrlagigen Ecknaht an zwei jeweils 10 mmdicken Stahlblechen. Die braunen Schlacken sind Silikate, die sich durch die Siliziumbeigaben im Schweißdraht bilden. Kann man abklopfen oder auch so lassen.

Damit sollten Sie eine Idee haben, zu welcher Maschine Sie greifen sollen:

- Haben Sie nur Lichtstrom zur Verfügung, reichen Ihnen ca. 200 A und wollen Sie das Gerät öfter mal transportieren: Inverter.
- Haben Sie Drehstrom zur Verfügung, wollen Sie in die Klasse 200 ~ 300 A und spielen Platz und leichte Transportierbarkeit keine Rolle: klassischer Schweißgleichrichter.

Man hört oft, dass Inverter anfälliger und Schweißgleichrichter robuster sein sollen. Das ist Unfug, beide Technologien sind vollkommen bewährt. Invertertechnologie wird seit Jahrzehnten in Form von sog. *Frequenzumrichtern* für stärkere Elektromotoren völlig problemlos genutzt; neu ist eigentlich nur, dass die Preise für die benötigten Leistungs-Halbleiter kontinuierlich gefallen sind und dadurch heute diese Technologie auch für den Privatanwender erschwinglich geworden ist.

Viel interessanter ist die Frage nach dem Lieferanten, auch hier gilt wie bei allen Hand- und Maschinenwerkzeugen: Preiswerte Geräte *können* funktionieren, teure Maschinen *werden* funktionieren! Bei der MIG/MAG-Technik kommt gegenüber der WIG-Technik erschwerend hinzu, dass hier auch Mechanik in Form des Drahtvorschubs ins Spiel kommt; bei den WIG-Maschinen handelt es sich um reine Elektronik, was immer unkritischer ist. Wenn der Drahtvorschub aufgrund billiger Mechanik nicht gescheit funktioniert, dann können Sie eigentlich das ganze Gerät in die Tonne treten! Von gebrauchten Geräten, die im Internet gehandelt werden, würde ich absehen: Sehr häufig werden ausgemusterte Industriemaschinen der Klasse 300 bis 500 A angeboten; das hat nur Sinn, wenn Sie *mindestens* 3 x 32 A Drehstromanschluss, sehr viel Platz und Fachkenntnisse von solchen Maschinen haben. Bei möglichen Reparaturen kann man schnell arm werden, und eine Reihe von Herstellern hat längst die Segel gestrichen; das kann Stress bei der Ersatzteilbeschaffung geben. Die eigentlich für den Hobbybereich interessanten und guten Qualitäts-Maschinen, die so um 150 bis 250 A haben, sind so begehrt, dass hier Fantasiepreise verlangt bzw. auch gesteigert werden. Wenn schon eine MIG/MAG-Gebrauchtmaschine, dann nur von einem seriösen Fachhändler, der Ihnen Garantie gibt und die Maschine auch ggf. reparieren kann.

Wie sieht es mit Neugeräten aus? Man kann nach Recherchen in der Literatur und im Internet davon ausgehen, dass man für ein MIG/MAG-Gerät mindestens 500 € anlegen sollte, und für rund 1.000 € bekommt man einen richtig guten 200 A

Inverter der Qualitätshersteller *Kemppi*, *Esab* und *Migatronic*. Ein klassischer Schweißgleichrichter der 200 ~ 300 A-Klasse mit Synergiesteuerung wird von den bekannten deutschen Herstellern wie *Rehm*, *EWM*, *Jäckle*, *Lorch*, *Merkle*, *Erfi* usw. für ca. 1.300 ~ 2.000 € im Fachhandel angeboten; ohne Synergiesteuerung – die ich aber unbedingt nehmen würde – wird es etwas preiswerter.

Bild 3.3-6: Innenleben einer klassischen Trafo-Schweißmaschine (Rehm Schweißtechnik) für Drehstrom 3 x 400 V: Unten rechts der Haupt-Trafo mit seinen drei Einzeltrafos, links unten die Drossel, oben Mitte der silbern glänzende Gleichrichter.

Bild 3.3-7: Innenleben einer kompakten MIG/MAG-Schweißmaschine (Rehm Schweißtechnik): Die Drahtspule – hier eine sog. Dornspule D200 mit 5 kg Stahldraht – und die Vorschubeinrichtung, hier als 4-Rollen-Vorschub.

Wie auch immer - bedenken Sie bitte den Fall, dass Ihr Schweißgleichrichter einmal repariert werden muss, und diese Maschinen wiegen zwischen 40 und 70 kg! Zu Ihrem Fachhändler bringen Sie das Gerät mal eben schnell im Auto oder der holt es vielleicht sogar bei Ihnen ab, aber was machen Sie, wenn Sie das Teil im Internet gekauft haben? Das geht nur noch mit Spedition. Mit einem Inverter ist die Situation entspannter, den kann man mit seinen 15 bis 20 kg noch leicht verpacken und per Post zur Reparatur schicken. Aber diesen ganzen Stress haben Sie nicht, wenn Sie einfach zum örtlichen Schweißfachhändler gehen. Auch wenn der eine vielleicht weniger verbreitete Marke vertritt - warum nicht, wenn er dafür Garantie, Ersatzteil- und Reparaturservice leistet. Und ich wiederhole meine Aussage aus Kap. 3.2: Nicht selten bekommen Sie beim örtlichen Schweißfachhändler wesentlich bessere Preise als im Internet – so ging es mir jedenfalls mehrfach!

Obwohl das MIG/MAG-Schweißen am leichtesten zu lernen ist, hat es zwei Tücken, die miteinander zusammenhängen: Das Einstellen der Schweißstromquelle ist nicht einfach, wenn man keine Synergiesteuerung hat, und mit MIG/MAG kann man wunderbar aussehende Nähte produzieren, die leider nur "geklebt" sind und keine ausreichende Festigkeit liefern. Wir werden also nicht umhin kommen, uns tatsächlich zumindest einen Überblick über die elektrotechnischen Vorgänge bei diesem Verfahren zu verschaffen, und die beiden anderen Verfahren, d.h. E-Hand und WIG, handeln wir der Vollständigkeit halber gleich mit ab:

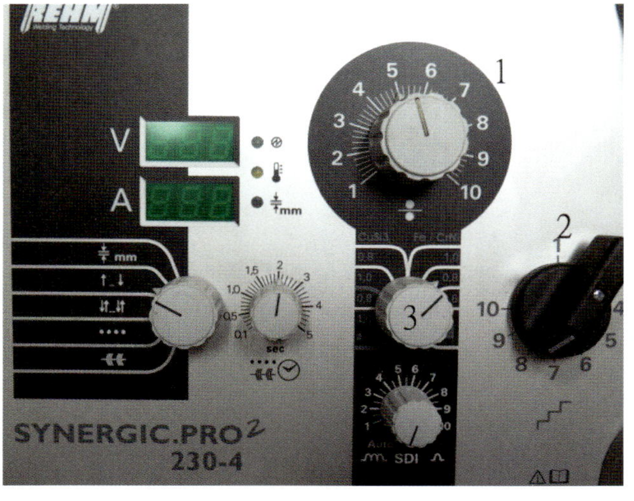

Bild 3.3-8: Einstellpanel einer klassischen stufengeschalteten MIG/MAG-Maschine mit Synergie-Steuerung. 1 Drahtvorschub, 2 Stufenschalter, 3 Kennlinienwahl bei Synergie.

Beginnen wir mit dem eigentlichen Lichtbogen: Der Schweiß-Lichtbogen ist eine Gasentladung, die zwischen dem positiven Pol, der *Anode*, und dem negativen Pol, der *Kathode*, brennt. Dabei fließen die negativ geladenen Teilchen, die *Elektronen,* immer, wie in einer alten Radio- oder Fernsehröhre, von der Kathode zur Anode, während die *Ionen* von der Anode zur Kathode fließen. Ionen sind Rest-Atome, die durch Herauslösen eines Elektrons zu positiv geladenen Teilchen wurden, denn ein Atom besteht ja aus dem Atomkern, der von Elektronen umkreist wird, und die positiven Teilchen des Atomkerns, die Protonen, und die negativen Teilchen, die Elektronen, sind im Gleichgewicht. Durch den Beschuss mit den schnellen Elektronen wird die Anode wesentlich heißer als die Kathode, daher polt man üblicherweise wie folgt:

- E-Hand : Elektrode an Minus, Werkstück an Plus
- WIG : Elektrode an Minus, Werkstück an Plus
- MIG/MAG : Elektrode an Plus, Werkstück an Minus

Damit die Elektroden bei E-Hand und WIG nicht zu heiß werden, lässt man sie am kälteren Minuspol laufen. Wie man sieht, haben E-Hand und WIG hier Gemeinsamkeiten, und die reichen weiter, wie wir gleich sehen werden. Dagegen wird bei MIG/MAG ständig neues Elektrodenmaterial durch den Drahtvorschub herangeführt und abgebrannt, daher kann man hier mit dem heißeren Pluspol, der Anode, arbeiten.

Die viel schwereren Ionen treffen auf die Kathode, den Minuspol, und zertrümmern durch ihre hohe kinetische Energie dort eventuell befindliche schwer schmelzende Oxidschichten, wie sie bei Aluminium vorkommen. Daher ist beim MIG-Verfahren die Standardpolung *Elektrode an Plus – Werkstück an Minus* also genau richtig für das Aluminiumschweißen! Woraus man schließen kann, dass diese Polung auch richtig für das WIG-Schweißen wäre – nur wird hier die nicht abschmelzende Elektrode sofort überlastet; daher legt man Wechselstrom an: Elektronen und Ionen ändern ständig ihre Flussrichtung, und während der einen Halbwelle zerschießen die Ionen die Oxidschicht am Werkstück, und während der anderen Halbwelle wird die Elektrode weitaus weniger thermisch belastet. Insgesamt kann aber die Elektrode bei Wechselstrom bei weitem nicht so hoch belastet werden als bei reinem Gleichstrombetrieb am negativen Pol.

Das Zünden des Lichtbogens erfolgt bei E-Hand und MIG/MAG über einen Kurzschluss, indem also die Elektrode das Werkstück berührt. Dadurch fließt ein Kurzschlussstrom, der die Elektrode im Zündbereich schmilzt. Gleichzeitig bildet sich durch die hohe Stromdichte in diesem Zündbereich eine ionisierte Metalldampfwolke mit einer elektrisch leitenden Gasstrecke. Beim WIG-Verfahren wird die berührungslose Zündung durch Hochspannungs-Zündimpulse bewirkt; hier arbeitet man heute meist nicht mehr mit Kontaktzündung. WIG-Kontaktzündung wird nur bei universellen Kombi-Maschinen in Form von *Lift-Arc* angewandt oder man will oder muss Störungen im Radio- und Funkwellenbereich vermeiden.

Der nach der Zündung entstehende Lichtbogen folgt dem Ohm'schen Gesetz: Der elektrische Widerstand R ist der Quotient aus Spannung U und Strom I:

$R = \frac{U}{I}$ oder umgeformt: $I = \frac{U}{R}$

Im vorliegenden Stromkreis ist der Widerstand R der Widerstand des Lichtbogens, und ein längerer Lichtbogen hat logischerweise einen größeren Widerstand als ein kurzer Lichtbogen, vgl. Bild 3.3-9 links. Das bedeutet wiederum, dass sich bei einem längeren Lichtbogen ein geringerer Strom einstellt. Wird der Lichtbogen bei festgehaltener Spannung kürzer, steigt der Strom. Das verwendete Schutzgas hat ebenfalls erheblichen Einfluss auf die Lichtbogen-Kennlinie, wie Bild 3.3-9 rechts zeigt.

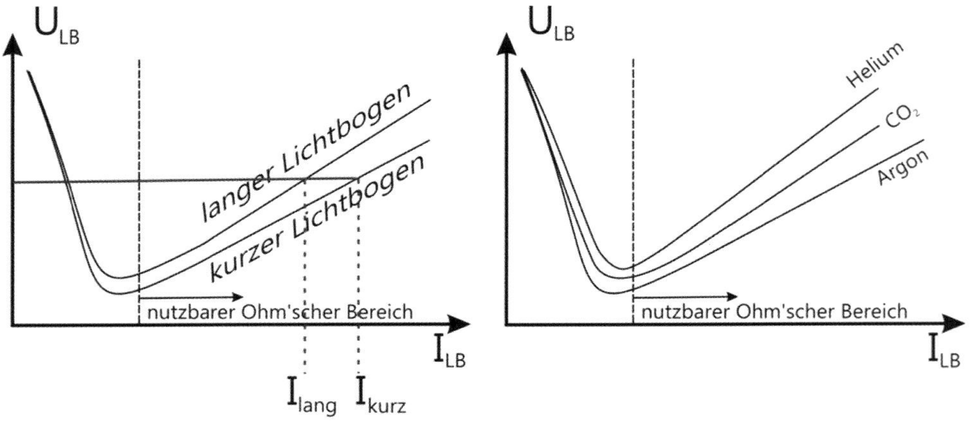

Bild 3.3-9: Lichtbogen-Kennlinien bei verschiedenen Lichbogenlängen (links), Lichtbogen-Kennlinien bei verschiedenen Schutzgasen(rechts) nach [4].

Nun ist es bei den Schweißverfahren E-Hand und WIG als typisch handgeführte Verfahren so, dass die Lichtbogenlänge, einfach durch den Schweißer bedingt, mehr oder weniger schwankt. Damit nun der Schweißstrom halbwegs konstant bleibt, verwendet man bei E-Hand und WIG Stromquellen mit sog. *fallender Kennlinie*: Eine Änderung des Lichtbogenabstands bedingt nur eine geringe Änderung der Stromstärke, Bild 3.3-11. Den Schnittpunkt zwischen Lichtbogen-Kennlinie und Stromquellen-Kennlinie nennt man den Arbeitspunkt. Diese fallenden Kennlinien werden durch einen hohen Innenwiderstand der Schweißstromquelle erreicht; Näheres dazu in z.B. [4]. Bei solchen Stromquellen wird also ein Strom als einziger Schweißparameter eingestellt, und das ist typisch für E-Hand und WIG!

Zum Verständnis der Problematik müssen wir einen kleinen Ausflug in die Elektrotechnik machen. Das Innenleben einer einfachen Strom- oder Spannungsquelle kann man wie in Bild 3.3-10 darstellen.

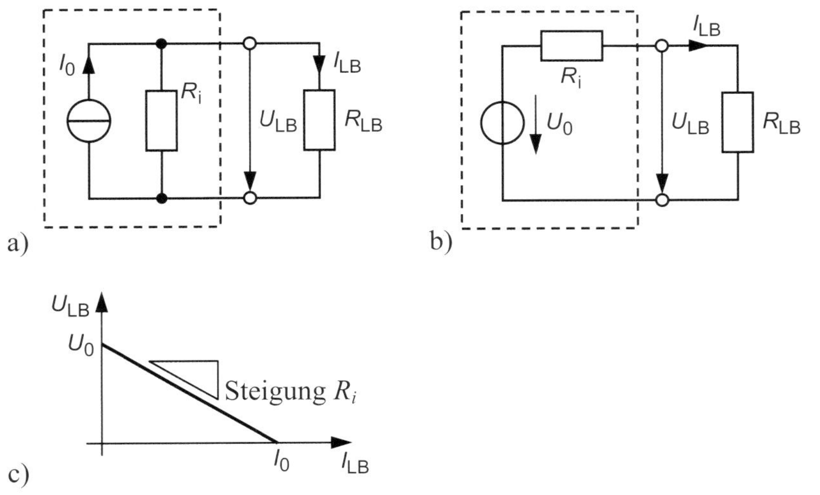

Bild 3.3-10: Schweißstromkreis für Lichtbogen-Schweißverfahren a) mit Stromquelle bzw. b) mit Spannungsquelle. c) Resultierendes Klemmenverhalten. Dabei bezeichnen I_{LB} den Schweißstrom, U_{LB} die Lichtbogenspannung und R_{LB} den elektrischen Lichtbogenwiderstand. I_0 und U_0 sind der Urstrom bzw. die Urspannung der Quelle, und $R_i = U_0 / I_0$ ist der Quelleninnenwiderstand.

Ob man eine Quelle mit festem Urstrom I_0 oder eine mit fester Urspannung U_0 annimmt, ist dabei egal. Der Innenwiderstand R_i ist in beiden Fällen derselbe, ebenso der Zusammenhang zwischen Schweißstrom I_{LB} und Lichtbogenspannung U_{LB} (was man durch etwas Rechnen zeigen muss):

Klemmenverhalten: $U_{\mathrm{LB}} = U_0 - R_\mathrm{i} \cdot I_{\mathrm{LB}} = R_\mathrm{i} \cdot I_0 - R_\mathrm{i} \cdot I_{\mathrm{LB}}$

Aber jetzt kommt's: Wenn der Innenwiderstand R_i wesentlich größer als der Lichtbogenwiderstand R_{LB} ist, verläuft die Kennlinie in Bild 3.3-10c sehr steil. So steil, dass man in einem weitem Bereich unabhängig von U_{LB} nähern kann:

$$\boxed{I_{LB} \approx con}$$

Man spricht dann von einer Schweißstromquelle mit *fallender* (steiler) Kennlinie (im U_{LB}/I_{LB}-Diagramm), und das lässt sich ganz grob durch Bild 3.3-11 links mit weggelassenem R_i beschreiben.

Ist dagegen der Innenwiderstand R_i viel kleiner als der Lichtbogenwiderstand R_{LB}, verläuft die Kennlinie in Bild 3.3-10c sehr flach. So flach, dass man in einem weiten Bereich unabhängig von I_{LB} nähern kann:

$$\boxed{U_{LB} \approx con}$$

Man spricht dann von einer Schweißstromquelle mit *horizontaler* Kennlinie (im U_{LB}/I_{LB}-Diagramm), und das lässt sich ganz grob durch Bild 3.3-11 rechts mit weggelassenem R_i beschreiben. Eigentlich sollte man in diesem Fall überhaupt von einer *Schweißspannungsquelle* sprechen.

Damit wird deutlich, dass man bei

- Schweißstromquellen mit *fallender* Kennlinie, also bei E-Hand und WIG, den *Schweißstrom* einstellt
- Schweißstromquellen mit *horizontaler* Kennlinie, also bei MIG/MAG, die *Schweißspannung* einstellt

Bei realen Quellen weicht die Kennlinie, schon allein wegen der zusätzlichen Elektronik, von einer flachen oder steilen Kennlinie ab. Das sieht man in Bild 3.3-

11 und 3.3-12: Der fallende (steile) Ast, Bild 3.3-11, gilt nur bei nicht zu kleinem Schweißstrom I_{LB}.

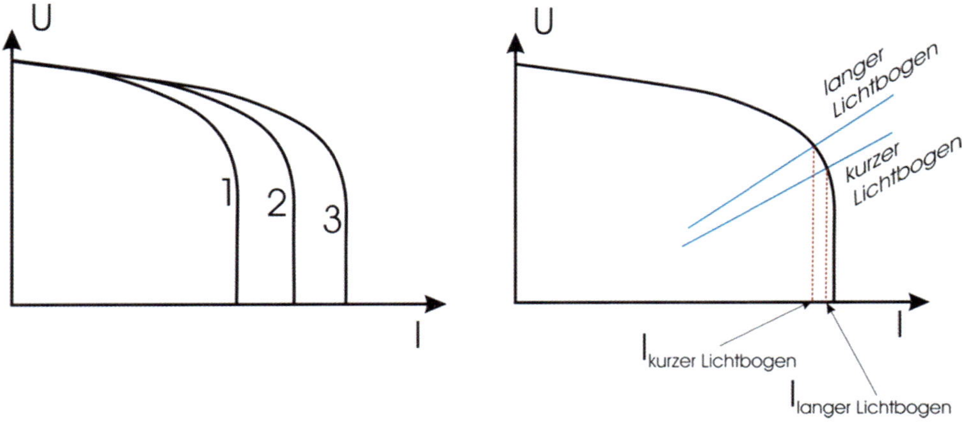

Bild 3.3-11: Drei Kennlinien einer Schweißstromquelle mit fallender Kennlinie für E-Hand und WIG (links) und Arbeitspunkte bei kurzen und langen Lichtbögen bei E-Hand und WIG (rechts).

Beim MIG/MAG-Verfahren hat man systembedingt *zwei* Einstellparameter, nämlich den Drahtvorschub und die Schweißspannung – nicht den Schweißstrom! Sie werden also mit sog. *Konstantspannungsquellen* betrieben, die ein weitgehend horizontales Kennlinienfeld liefern, Bild 3.3-12. Der Hintergrund dafür liegt in der Veränderbarkeit der Drahtvorschubgeschwindigkeit: Wird der Drahtvorschub für dickere Schweißnähte erhöht, will der stärker nachdrängende Draht den Lichtbogen verkürzen, und damit steigt der Strom an. Um diesen kürzeren Lichtbogen auszugleichen, muss nun die Spannung erhöht werden, um einen stabilen Lichtbogen zu bekommen. Das bedeutet: Zu jeder Drahtvorschubgeschwindigkeit gehört eine passende Lichtbogenspannung, und die wird am Stufenschalter eingestellt, es wird nämlich eine andere Kennlinie gewählt. Es ist also nicht so, wie es häufig zu lesen ist, dass am Stufenschalter der Strom eingestellt wird: Mit dem Stufenschalter wird eine Kennlinie gewählt, spricht, eine *Lichtbogenspannung*, vgl. Bild 3.3-12. Jetzt brauche ich nur noch den Drahtvorschub zu erhöhen, und damit steigt der Strom, d.h. *der Strom ergibt sich* aus dem Zusammenspiel aus gewählter Kennlinie = Spannung und gewählter Drahtvorschubgeschwindigkeit. Die Spannung treibt den Strom. Es müssen also immer Spannung, repräsentiert durch den Stufenschalter, und der Drahtvorschub zusammenpassen. Bei älteren bzw. einfacheren MIG/MAG-Maschinen müssen Sie jeweils ein wenig probieren, bis Sie für Ihre jeweilige Schweißaufgabe die passenden Stellungen für die Spannung und den Drahtvorschub gefunden haben. Wenn Sie Glück haben, liefert Ihr Schweißgerät-Hersteller eine Tabelle mit, in der Strom, Blechdicke, Material, Drahtstärke und Drahtvorschub zu einander passend tabelliert sind. Was die Sache schwieriger macht, ist, dass die meisten Hersteller keine Spannungswerte an die Stufenschalter schreiben, sondern nur irgendwelche aufsteigenden Fantasiezahlen und ebenfalls nur aufsteigende Zahlen an die Einstellknöpfe für den Drahtvorschub. Es sind in [4] und [12] dahingehend einige Tabellen veröffentlicht, aber die nutzen Ihnen meist auch nichts, wenn Ihre Maschinenskalen nicht entsprechend beschriftet sind! Ansonsten hilft alles nichts, wenn Sie vernünftig mit Ihrem Schweißgerät arbeiten wollen: Sie müssen regelrecht wissenschaftlich vorgehen und sich selbst eine Tabelle anlegen. Beginnen Sie mit einem stärkeren Stahlblech, vielleicht 3 bis 5 mm Dicke. Dafür ist die Drahtstärke 0,8 mm richtig. Wenn Sie eine Maschine mit maximal 160 A haben, können Sie als Spannung am Stufenschalter eine ziemlich hohe Stufe einstellen nach dem Motto: Dickeres Blech = mehr Spannung. Dann probieren Sie einen mittleren Wert für die Drahtvorschubgeschwindigkeit: Wenn der Lichtbogen regelrecht stottert – mehr Drahtvorschub! Wenn der Draht regelrecht den Brenner zurückschieben will – weniger Drahtvorschub! So müssen Sie sich heranhangeln; anders geht es nicht!

So langsam dämmert Ihnen die Problematik des MIG/MAG-Schweißens: Wenn diese Parameter nicht genau zueinander passen, dann wird's nichts. Dann entstehen diese typischen MIG/MAG-Nähte, die mitunter wunderschön aussehen, die aber keinerlei Bindung zum Grundwerkstoff haben. Sie glauben das nicht? Ich war vor einiger Zeit Gutachter für einen Schadenersatzprozess mit einer Schadenssumme von mehreren hunderttausend Euro. Was war passiert? Eine namhafte Maschinenfabrik hatte Maschinengestelle, die z.T. fast 10 m lang waren, aus Stahlblechen mit 10 mm Dicke in einem Schweißfachbetrieb (!) schweißen lassen. Vor Ort – natürlich im recht fernen Ausland, wo auch sonst – versagten diese Schweißnähte; sie waren nur geklebt und hatten den Grundwerkstoff kaum angeschmolzen. Nun hätte ich diese recht langen Schweißnähte ohnehin Unterpulver schweißen lassen und alternativ mit E-Hand, denn da kann Ihnen dieses Dilemma definitiv nicht passieren! Das Einstellen ist also sehr tückisch und kann Anwender und Ungeübte sehr schnell überfordern; wenn die Parameter dann einmal stimmen, ist das Schweißen, zumindest bei MAG, eigentlich kinderleicht. Hinsichtlich der

Einstellung ist E-Hand und WIG etwas für die Blöden; da kann man kaum etwas verkehrt machen – nicht umsonst habe ich Ihnen geraten, erst einmal mit E-Hand zu beginnen!

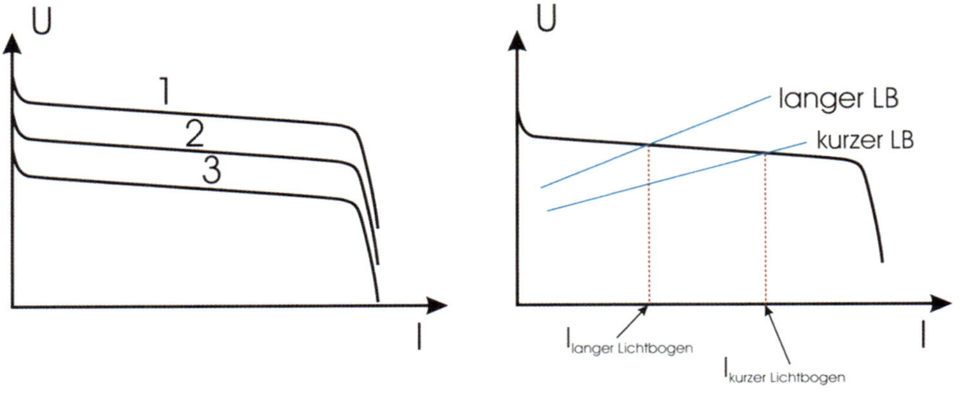

Bild 3.3-12: Drei Kennlinien einer Schweißstromquelle mit horizontaler Kennlinie für MIG/MAG (links)und Arbeitspunkte bei kurzen und langen Lichtbögen bei MIG/MAG(rechts).

Natürlich haben die Schweißmaschinen-Hersteller diese ungute Problematik erkannt und liefern Maschinen mit sog. Synergie-Einstellungen. Dabei handelt es sich einfach um eine kleine Computersteuerung, in der in Abhängigkeit von Drahtdurchmesser und Material dann verschiedene, zueinander passende Kombinationen aus Spannung und Drahtvorschub hinterlegt sind. Sie wählen nach Vorgabe des Materials und der Drahtstärke die Dicke der zu verschweißenden Bleche an; den Rest macht die Maschine. Auch wenn eine solche Synergie-Steuerung etwas Aufpreis kostet – das sollten Sie sich unbedingt gönnen, das ist wirklich eine klasse Sache – gerade für Hobbyschlosser, die nicht jeden Tag wie die Berufsschweißer mit solchen Maschinen arbeiten. Ich habe das ausgiebig bei meinem *Rehm Synergic.Pro² 230-4* getestet, und das funktioniert wirklich tadellos, ohne dass man in die Steuerung eingreifen muss, was man könnte, wenn man wollte. Einfach die Maschine machen lassen! Manche selbsternannten Fachleute behaupten, dass man das alles nicht braucht! Stimmt, das braucht man nicht unbedingt, aber es macht das Leben sehr viel leichter. Und darauf kommt es an – besonders und gerade im Hobbybereich! Lassen Sie sich nichts vormachen: In so manchen Autowerkstätten stehen MIG/MAG-Geräte, die auch laufend für Karosserie-Reparaturen verwendet werden, aber kein Mensch nimmt Veränderungen der Einstellungen vor, nachdem irgendwann mal einer die passenden Parameter herausgefunden hat. Sie wollen doch aber meist universell mit einer solchen Maschine arbeiten, und da sollte man etwas Bescheid wissen zum Thema Einstellung.

Nochmal zur Wiederholung:

- Schweißstromquellen für MIG/MAG haben eine *horizontale* Kennlinie
- Schweißstromquellen für E-Hand und WIG haben eine *fallende* Kennlinie

Daher kann man meist mit einer MIG/MAG-Schweißstromquelle nicht auch noch WIG oder E-Hand schweißen und umgekehrt, es sei denn, es handelt sich um einen modernen Inverter: Hier kann durch die Regelelektronik die jeweils passende Kennlinie, horizontal oder fallend, erzeugt werden, und daher gibt es heute Maschinen auf dem Markt, mit denen man sowohl E-Hand, WIG als auch MIG/MAG schweißen kann. Inwieweit solche Universal-Maschinen das Richtige für Sie sind, müssen Sie selbst herausfinden und ausprobieren; es ist allerdings momentan am Markt so, dass derartige Universal-Maschinen dann fürs WIG-Schweißen nur Kontaktzündung, also *Lift-Arc*, haben. Das würde ich beim WIG-Schweißen eher als Notbehelf betrachten; wenn Sie einmal mit einer richtig gut funktionierenden Hochspannungszündung gearbeitet haben (das gibt es je nach Hersteller ziemliche Unterschiede!), dann wollen Sie nichts mehr anderes!

3.3.3 Brenner, Schlauchpakete und Vorschubsystem

Bei den MIG/MAG-Brennern mit Schlauchpaketen haben sich die Bauformen der Fa. *Abicor-Binzel* weitgehend als Standard durchgesetzt – natürlich gibt es jede Menge Nachbauten – daher hat man eine große Auswahl hinsichtlich Brennertypen, Drahtdurchmessern, Drahttypen und Schlauchpaketlängen sowie den Verschleißteilen. Im Hobbybereich wird man wohl meist mit einem gasgekühlten Brenner auskommen; wassergekühlte Brenner werden ab Stromstärken von ca. 350 A interessant. Wenn man kann, ist am besten ein MB 15, leichter und kompakter geht es nicht; auch das Schlauchpaket ist deutlich flexibler und leichter als die der stärkeren Typen. So ab Stromstärken von 200 A muss mindestens ein MB 25 her, weil der kleinere Brenner schnell zu heiß wird. Der MB 25 mit seinem Schlauchpaket ist aber schon deutlich unhandlicher als der MB 15. Sie können sich ja beide zulegen, das kostet nicht die Welt.

Tabelle 3.3-1: Auswahl der gängigen gasgekühlten Abicor-Binzel-Typen [C-25].
Die Strombelastbarkeit gilt für 60% ED bei Mischgas.

Name	Strombelast-barkeit [A]	Ø [mm]	Kühlung	Gewicht des Brenners
MB 15 AK	150	0,6 ~1,0	Gas	leicht
MB 25 AK	200	0,8 ~ 1,2	Gas	schwerer
MB 36 KD	270	0,8 ~ 1,2	Gas	noch schwerer

Die Schlauchlängen sind üblicherweise 3, 4 oder 5 m; bei Stahldrähten und gutem Drahtfördersystem sind 5 m kein Thema, aber für Aluminium sind kürzere Schlauchpakete besser; ich würde nicht über 3 m gehen.

Das nächste Thema sind die Führungsspiralen, d.h. die Rohre im Schlauchpaket, in denen der eigentliche Schweißdraht läuft. Sie können leicht ausgewechselt werden, entweder, weil sie irgendwann verschlissen sind oder weil man eine andere Drahtstärke oder ein anderes Material fahren will. Hier gibt es eine große Auswahl, Tabelle 3.3-2 zeigt eine Auswahl.

Bild 3.3-13: Zwei Brenner von Abicor-Binzel, ein schlanker und leichter MB 15 AK (oben) und ein deutlich größerer und schwererer MB 25 AK (unten).

Tabelle 3.3-2: Führungsspiralen und Teflonseelen.

für Drahtdurchmesser [mm]	für Drahtmaterial	Farbe	Material der Seele
0,6 ~ 0,9	unlegierter Stahl	Blau	Stahlspirale
1,0 ~ 1,2	unlegierter Stahl	Rot	Stahlspirale
1,6	unlegierter Stahl	Gelb	Stahlspirale
0,6 ~ 1,0	Aluminium, Inox	Blau	Teflonrohr
1,0 ~ 1,4	Aluminium, Inox	Rot	Teflonrohr
1,6	Aluminium, Inox	Gelb	Teflonrohr

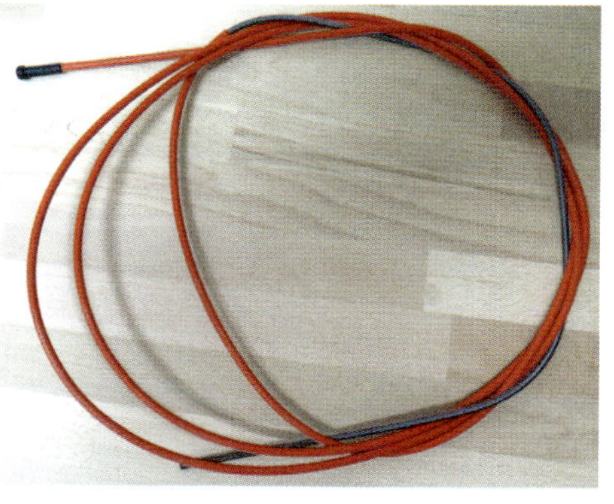

Bild 3.3-14: Eine Führungsspirale für Stahldraht 1,0 ~ 1,2 mm.

Bild 3.3-15: Ein MIG/MAG-Brenner MB 25 AK mit abgenommener Gasdüse (links), einer Stromdüse 1,0 mm (Mitte) und montierter Gasdüse 0,8 mm (rechts).

Bild 3.3-16: Der standardisierte Euro-Zentralanschluss für MIG/MAG-Brenner. Damit haben Sie höchstmögliche Flexibilität.

Bild 3.3-17: Rollen-Antriebe (Rehm Schweißtechnik).

3.3.4 Schutzgase

Betrachten wir zunächst die Schutzgas-Frage ganz grob:

- Man rechnet etwa 10~12 × Drahtdurchmesser (× 11,5 nach [13]) = Liter/Minute für den Schutzgas-Volumenstrom bei Stahl. Bei Aluminium nimmt man etwas mehr (x 13,5 nach [13], bei hoch heliumhaltigen Mischgasen etwa das Doppelte bis Zweieinhalbfach des Werts der obigen Formel. Und zwar nach [13]:
    i. 75 % Ar, 25 % He: × 1,14
    ii. 50 % Ar, 50 % He: × 1,35
    iii. 25 % Ar, 75 % He: × 1,75
    iv. 100 % He: × 3,16

- Zum Schweißen von Baustahl wird heute meist das Mischgas M21, seltener auch reines CO_2, verwendet. M21 bekommen Sie überall in 10- und 20 l-Flaschen.
- Aluminium schweißt man mit reinem Argon oder einem Argon-Helium-Gemisch. Reines Argon 4.6 bekommen Sie überall in 10- und 20 l-Flaschen. Dagegen werden Argon-Helium-Gemische standardmäßig nur in 50 l-Flaschen geliefert.
- Edelstahl wird industriell oft mit einem Gemisch aus Argon mit geringer CO_2-Zumischung geschweißt, oft mit 2% Argon und 8% CO_2. Für den Hobbyschlosser tut's auch reines Argon 4.6

Tabelle 3.3-3: Verschiedene Schutzgase für MIG/MAG- und WIG-Schweißen, nach [4].

Name	Argon	Helium	CO_2	O_2	H_2	N_2
I 1	100%					
I 2		100%				
I 3	auf 100%	0,5~95%				
M 1 1	auf 100%		0,5~5%		0,5~5%	
M 1 2	auf 100%		0,5~5%			
M 1 3	auf 100%			0,5~3%		
M 1 4	auf 100%		0,5~5%	0,5~3%		
M 2 0	auf 100%		5~15%			
M 2 1	auf 100%		15~25%			
M 2 2	auf 100%			3~10%		
M 2 3	auf 100%		0,5~5%	3~10%		
M 2 4	auf 100%		5~15%	0,5~3%		
M 2 5	auf 100%		5~15%	3~10%		
M 2 6	auf 100%		15~25%	0,5~3%		

M 2 7	auf 100%		15~25%	3~10%		
M 3 1	auf 100%		25~50%			
M 3 2	auf 100%			10~15%		
M 3 3	auf 100%		25~50%	2~10%		
M 3 4	auf 100%		5~25%	10~15%		
M 3 5	auf 100%		25~50%	10~15%		
C 1			100%			
C 2			auf 100%	0,5~30%		
R 1	auf 100%				0,5~15%	
R 2	auf 100%				15~50%	
N 1						100%
N 2	auf 100%					0,5~5%
N 3	auf 100%					5~50%
N 4	auf 100%				0,5~10%	0,5~5%
N 5					0,5~50%	auf 100%
O 1				100%		

Dabei treten folgende Besonderheiten auf, für nähere Informationen wird auf die Fachliteratur verwiesen [4, 5, 12]; hinsichtlich der Liefermöglichkeiten und verfügbarer Flaschengrößen erkundigen Sie sich bei den einschlägigen Gasherstellern [C-23, C-24]:

- Ein Helium-Lichtbogen brennt deutlich heißer als ein Argon-Lichtbogen. Damit kann man Lichtbögen erzeugen, die einem wesentlich stärkeren Schweißgerät entsprechen würden. Wenn Sie also einmal die höchste Power brauchen – hoch heliumhaltiges Mischgas oder reines Helium nehmen.
- Oxidierende Schutzgase enthalten O_2 oder CO_2. Dabei sorgt der Sauerstoff für den Abbrand von Legierungselementen, der Kohlenstoff aus dem CO_2 bewirkt eine Aufkohlung.

- Der Wasserstoff H_2 reduziert Metalloxide im Schweißgut, die sich durch den Luftsauerstoff gebildet haben.
- Stickstoff bildet Austenite bei hochlegiertem Stahl.
- Wasserstoff-Stickstoff-Gemische werden als *Formiergase* verwendet.

Tabelle 3.3-4: Farbkennzeichnung von Druckgas-Flaschen.

Gas	Flaschenfarbe	Flaschenschulter
Azetylen	kastanienbraun	kastanienbraun
Wasserstoff	rot	rot
Sauerstoff	grau	weiß
Argon	grau	grün
Helium	grau	braun
Stickstoff	grau	schwarz
Kohlendioxid	grau	grau

3.3.5 Zusatzwerkstoffe

3.3.5.1 Allgemeines

Beim MIG/MAG-Schweißen wird der Zusatzwerkstoff bekanntlich als endloser Draht zugeführt, und daher wird er in Spulenform geliefert. Die Standardgröße ist eine Spule mit 300 mm Durchmesser, die etwa 15 kg Stahldraht enthält. Diese Spulen werden üblicherweise als sog. Korbspulen ausgeführt, und daher brauchen Sie zusätzlich einen sog. Korbspulen-Adapter, um die Spule überhaupt in der Maschine anbringen zu können. Die nächst kleinere Spulengröße ist 200 mm mit ca. 5 kg Stahldraht, aber auch hierfür brauchen Sie meist wieder einen speziellen Adapter, um diese Spule, die an sich auf den ersten Blick passt, sauber seitlich auf dem Dorn der Maschine zu platzieren. In den Baumärkten gibt es noch kleinere Spulen mit 100 mm Durchmesser. Wobei es hier wie bei den technischen Gasen ist: Die kleinen Spulen sind gegenüber den großen unverhältnismäßig teuer. Allerdings lohnen sich die großen 15 kg Spulen wieder nicht wirklich für den Hobbyschlosser, weil sie dann eher durch zu geringe Nutzung verrosten - und dann können Sie die Spule gleich wegschmeißen! Ich finde für den Hobbybereich die 200er Spulen mit 5 kg Stahldraht gerade richtig. Der Stahldraht ist übrigens nicht aus Korrosionsschutzgründen verkupfert, sondern, damit er bessere Gleiteigenschaften im Schlauchpaket hat und besseren elektrischen Kontakt in der Stromdüse findet. Lieferanten finden Sie massenweise im Internet, wobei ich Ihnen die Internetshops der Firmen *Rehm* [C-30] und *EWM* [C-31] wirklich empfehlen kann; da bestelle ich selbst, wenn ich nicht zu meinem (sehr guten) Händler vor Ort gehe. Das hat überhaupt nichts mit Werbung zu tun, aber ich bin selbst immer froh, wenn man gute Bezugsquellen erfährt – die ich hier weitergebe. Natürlich sind das nicht gerade die Billiganbieter, aber Sie wissen: Wer billig kauft, kauft zweimal.

Was nimmt man für den Hobbybereich an Drahtdurchmessern? Für Stahldrähte sind hier 0,8 mm eine gute Universalgröße, aber speziell für Karosseriearbeiten würde ich – egal, was Sie woanders lesen oder hören – auch 0,6 mm nehmen; damit ergibt sich nämlich eine bessere, sprich: höhere Drahtvorschubgeschwindigkeit bei den geringen nötigen Stromstärken gegenüber dem 0,8er Draht. Dabei kommt es sehr darauf an, ob Sie nur punkten (das geht mit 0,8er Draht) oder auch streckenweise durchschweißen wollen. Wenn Sie oft spürbar über 200 A kommen, dann wäre der Drahtdurchmesser 1,0 mm in Verbindung mit einem AK 25-Brenner die bessere Wahl.

Bei Aluminium gilt: Je dicker, desto besser – umso weniger kann er ausknicken. Für den Hobbybereich würde ich 1,0 mm Durchmesser nehmen, nicht kleiner.

Bild 3.3-18: Links: Zwei D200-Dornspulen, Durchmesser 200 mm, oben 5 kg Stahldraht SG2, Dicke 0,8 mm, unten Aludraht AlMg5, 1,0 mm. Rechts: K300-Korbspule mit dem separaten Korbspulen-Adapter, Durchmesser 300 mm, mit 15 kg Stahldraht– das ist die Standard-Industriespule.

3.3.5.2 Das Vorschubsystem

Sie geben die Spule mit den passenden Adaptern, die Sie sich oft selbst beschaffen müssen, auf den Aufnahmedorn der Maschine und ziehen den dort befindlichen Handgriff fest. Nun sitzt in der Mitte des Aufnahmedorns eine Schraube, und mit dieser Schraube, die oft eine Inbusschraube ist, stellen Sie die Bremse des Aufnahmedorns ein. Das Bremssystem besteht aus nichts anderem als dieser Schraube, einer Feder und ein paar Scheiben, und die Bremse wird so eingestellt, dass die Spule beim Drehen von Hand etwas Widerstand bietet, zumindest so viel, dass sich die Spule auf keinen Fall von selbst drehen kann. Wenn sich die Spule zu leicht drehen lässt und zu schnell dreht bei sehr hohen Vorschubgeschwindigkeiten, dann fällt der Draht von selbst seitlich die Spule herunter und das ist dann richtig ärgerlich! Aber die Bremse zu fest einzustellen, ist besonders bei Aluminium-Draht auch wieder schlecht, weil sich das Vorschubsystem zu sehr abmühen muss. Bei Aufsetzen einer Spule mache ich es so, dass ich vielleicht einen halben Meter abwickele und dann quer über die Spule bis über die Seiten ein stabiles Klebeband, z.B. ein Panzertape, klebe, damit beim Einfädeln der Draht nicht von der Spule seitlich abhaut – und das macht er ganz schnell. Ist der Draht eingefädelt und hat der Vorschub gepackt, wird das Panzertape entfernt. Den Anpressdruck der Vorschubeinheit stellen Sie so ein, dass zwar der Draht sauber gefördert wird, aber durchrutscht, wenn man die Drahtspule festhält.

Beachten Sie, dass Sie je nach Draht verschiedenen Förderrollen brauchen: Erstens muss der Durchmesser passen und zweitens die Nutform in der Förderrolle. Sie brauchen für jeden Drahtdurchmesser die passenden Förderrollen; manche Hersteller geben zwei verschiedenen Nuten auf die Förderrollen, die dann einfach für den anderen Durchmesser gewendet werden. Die Schrift vorne zeigt dann den aktuellen Durchmesser der meist hinteren Nut an. Für die Nutform gilt:

- Förderrollen für Stahldraht haben V-förmige Nuten.
- Förderrollen für Aluminium haben halbrunde Nuten.
- Förderrollen für Fülldraht haben halbrunde und geriffelte Nuten.

Wenn Sie also verschiedenen Drahtdurchmesser und Drahtmaterialien nutzen wollen, müssen Sie eine ganze Menge verschiedener Förderrollen vorhalten – kein ganz billiger Spaß!

3.3.5.3 Massivdrahtelektroden

Da MIG/MAG-Schweißen in Industrie und Handwerk einen sehr großen Stellenwert einnimmt, gibt es am Markt eine riesige Auswahl an sog. Massivdrahtelektroden, wie man den Schutzgas-Schweißdraht präzise nennt. Tabelle 3.3-5 bietet eine kleine Auswahl an unlegierten Massivdrahtelektroden für allgemeine Bau- und Maschinenbaustähle, Kessel- und Behälterbaustähle sowie für Stahlguss. Der Typ G3Si+Ti ist besonders für Karosseriearbeiten an Autos geeignet. Last not least: Auch hier zählt Qualität. Wer bei irgendeinem Billigheimer seinen Schweißdraht, Stabelektroden, Autogen- oder WIG-Stäbe kauft, dem ist nicht mehr zu helfen.

Daneben gibt es aber auch niedriglegierte Massivdrahtelektroden für kaltzähe, warmfeste, hitzebeständige und hochfeste Stähle - was Sie als Hobbyschlosser eher weniger bis gar nicht brauchen, daher mache ich auch keine näheren Angaben; im Zweifelsfalls werden Sie im Internet bei *Oerlikon, Esab*, *EWM* und vielen anderen Qualitätslieferanten fündig. Dagegen sind für Sie bestimmt hochlegierte Massivdrahtelektroden für nichtrostende Anwendungen und Schwarz-Weiß-Verbindungen interessant, Tabelle 3.3-6.

Tabelle 3.3-5: Eine Auswahl unlegierter Massivdrahtelektroden für Baustähle und Maschinenbaustähle nach DIN EN ISO 14341-A, nach EWM [C-26]

Name	Werkstoff-Nr.	Ø [mm]	Streckgrenze [N/mm^2]	für diese Werkstoffe geeignet
SG2,G3Si1, G 42 4 C1/M21 3Si1	1.5125	0,6 ~ 1,6	> 420	S185 - S355G1, S255N - S355N, P255NH - P355NH, P235GH - P285NH, P235 - P355T2, 20MnNb6, L210 - L360N , Schiffbaustähle A,B,D,E , Stahlguss GS-38 - GS-52
G3Si+Ti, G 42 2 C/M G3Si1+Ti		0,6 ~ 1,6	> 440	S185 - S355J0, S255N - S355N, speziell für rostige, verschmutzte und verzinkte Oberflächen
SG3, G4Si1, G 46 2 C1 4 Si1/ G 46 4 M21 4 Si1	1.5130	0,8 ~ 1,6	> 460	S185 - S355G1, S255N - S355N, P255NH - P355NH, P235GH - P285NH, P235 - P355T2, 20MnNb6, L210 - L360N , Schiffbaustähle A,B,D,E

Tabelle 3.3-6: Eine Auswahl hochlegierter Massivdrahtelektroden, nicht rostend nach DIN EN ISO 14343-A bzw. AWS A-5.9, nach EWM [C-27].

Name/Typ	Werk-stoff-Nr.	Ø [mm]	Streck-grenze [N/mm^2]	für diese Werkstoffe
G 18 8 Mn, ER 307 Si	1.4370	0,8 ~ 1,6	> 400	Artverschiedene Stähle (Schwarz-Weiß-Verbindungen), Plattierungen, Pufferlagen für Hartauftragungen, hoch C-haltige und schwer schweißbare Stähle, Manganhartstahl (z.B. 1.3401)
G 19 9 L Si ER 308 L Si	1.4316	0,8 ~ 1,6	> 390	nichtrostende Cr-Ni-Stähle mit niedrigem C-Gehalt wie 1.4301, 1.4303, 1.4306, 1.4308, 1.4310, 1.4311, 1.4319, 1.4541, 1.4550, 1.4552
G 13 4 ER 410 NiMo	1.4351	0,8 ~ 1,6	> 750	Anwendung im Wasserturbinen-, Dampfkraftwerks- und Verdichterbau, beständig gegen Dampf-, Wasser- und Seewasseratmosphäre: 1.4313, 1.4317, 1.4351, 1.4414

Eine vielleicht auch für den Hobbyschlosser interessante Nickel-Basis-Massivdrahtelektrode, die speziell für das Schweißen von *Grauguss*, *Temperguss* und *Sphäroguss* vorgesehen ist, ist die SW NiFe55 von EWM; andere Hersteller führen sowas selbstverständlich auch. Sie enthält 55% Nickel und ist für Kaltschweißung geeignet.

Natürlich ist auch das Schweißen von Aluminiumlegierung sehr interessant für das MIG-Verfahren, und Tabelle 3.3-7 zeigt verschiedene Massivdrahtelektroden. Als guten Kompromiss darf ich Ihnen den Zusatz AlMg5 empfehlen; für Guss-Reparaturschweißungen, z.B. an Auto- und Motorradmotoren, ist ein AlSi5 nach meinen eigenen Versuchen gut geeignet.

Tabelle 3.3-7: Eine Auswahl Massivdrahtelektroden für Aluminiumlegierungen nach DIN EN ISO 18273, nach EWM [C-28]

Name/Typ	Werk-stoff-Nr.	Ø [mm]	Streck-grenze [N/mm²]	für diese Werkstoffe
S Al 5754, AlMg3	3.353 6	0,8 ~ 1,6	> 80	AlMg1, AlMg2, AlMg2,5, AlMg3,5, AlMg0,5Mn, AlMg1Mn0,5, AlMg2Mn0,8, AlMgSi0,5, AlMgSi0,7
S AL 5183, AlMg4,5Mn0,7	3.354 8	0,8 ~ 1,6	> 125	AlMg3,5, AlMg4,5, AlMg5, AlMg3,5Mn, AlMg3,5Mn0,4, AlMg4,5Mn0,7, AlMg5Mn0,4, AlMg5Mn1, AlMgSi1, G-AlMg3, G-AlMg5
S AL 5356, AlMg5Cr	3.355 6	0,8 ~ 1,6	> 120	AlMg3, AlMg4,5, AlMg5, AlMgSi1, G-AlMg3, G-AlMg3
S Al 4043A, AlSi5(A)	3.224 5	0,8 ~ 1,2	> 40	AlSiMg, AlMgSi, Haupteinsatzgebiete sind Schweißungen an Aluminiumguss

3.3.5.4 Fülldrahtelektroden

Eine Fülldrahtelektrode, auch Röhrchenelektrode genannt, ist eine hohle Drahtelektrode, die mit Zusatzstoffen ähnlich den E-Handelektroden gefüllt ist. Daher bilden die Fülldrahtelektroden Schlacke, was durchaus für ein langsames Abkühlen der Naht erwünscht ist. Der metallurgische Vorgang ist also ähnlich dem E-Hand-Schweißen, und mit sog. *selbstschützenden* Fülldrahtelektroden kann man ohne Schutzgas im Freien schweißen – wie bei E-Hand. Dies wird z.B. im Schiffsbau genutzt. Man hat die Vorteile des E-Hand-Schweißens, braucht aber nicht dauernd die Elektrode zu wechseln und kann daher sehr schnell schweißen.

Bei dem Thema Fülldrahtelektroden muss man zwischen Schlicht- und High-End-Anwendung unterscheiden: Es gibt inzwischen eine Reihe von sog. Fülldraht-Schweißgeräten am Markt, die im Prinzip kastrierte MIG/MAG-Geräte ohne Schutzgas sind. Ich habe diese Maschinen des Billig-Segments nicht ausprobiert, und mir ist der Vorteil dieser Maschinengattung nicht ganz klar: Da kann ich auch gleich mit Elektroden schweißen (weil es dem Hobbyanwender ja nicht auf die Zeit ankommt) und handele mir nicht noch die Schwierigkeiten eines (meist billigen und damit unzuverlässigen) Vorschubsystems ein.

Ganz anders sieht es im High-End-Bereich aus: Die führenden Elektroden- und Schweißmaschinenlieferanten haben inzwischen Fülldrahtelektroden für alle Bereiche in großer Auswahl im Programm, aber hier ist die Besonderheit, dass fast alle diese Fülldrahtelektroden zusammen mit einem *zusätzlichen Schutzgas* verschweißt werden. Wie das? Es sollten doch entweder Zusätze ähnlich denen der E-Hand-Elektro *oder* Schutzgase das Schmelzbad metallurgisch beeinflussen und den Luftsauerstoff abhalten, aber doch nicht beides!? Dazu sei am besten eine Druckschrift der Fa. ESAB [C-34] zitiert: „Gasgeschützte Fülldrahtelektroden werden seit ca. 25 Jahren in verstärktem Umfang für verschiedenste Anwendungen eingesetzt. Dennoch ist ihr Anteil am gesamten abgeschmolzenen Schweißgut in Deutschland mit ca. 6 % immer noch niedrig. Die Marktanteile der Fülldrahtelektroden liegen dagegen in Amerika und Japan mit 20-30% auf deutlich höherem Niveau... Die Unterschiede im Schweißverhalten zwischen einem Massivdraht und einem Fülldraht erklären sich im Wesentlichen durch den unterschiedlichen Aufbau. Während beim Massivdraht der Schweißstrom über die gesamte Drahtquerschnittsfläche geleitet wird, so erfolgt der Stromübergang beim Fülldraht zum Großteil über die deutlich kleinere Ringquerschnittsfläche des Außenmantels. Die innenliegende Pulverfüllung stellt dem Stromfluss einen zu großen elektrischen Widerstand gegenüber. Dieser physikalische Effekt führt zu einer wesentlich höheren spezifischen Stromdichte beim Fülldraht. Die hohe Stromdichte hat wesentlichen Einfluss auf den sich ausbildenden Lichtbogen beim Schweißen mit Fülldrähten. Bereits bei Stromstärken unter 200 A, bezogen auf den Drahtdurchmesser 1,2 mm, bildet sich beim Fülldraht ein spritzerarmer Sprühlichtbogen mit dem ihm typischen feintropfigen Werkstoffübergang aus. Das Schweißen im spritzerintensiven Mischlichtbogen kann vollständig umgangen werden. Die hohe Stromdichte führt zu einer im Vergleich zum Massivdraht höheren Abschmelzleistung bei gleicher Stromstärke. Der Abschmelzleistungsunterschied ist umso größer, je dünner der äußere Stahlmantel des Fülldrahtes gewählt wird. Diese Erkenntnis führte in neuester Zeit zu der Entwicklung von Hochleistungsfülldrähten mit optimiertem dünnem Stahlmantel. Mit diesen Drähten werden bis zu 40% höhere Abschmelzleistungen als mit Massivdraht erreicht".

Die wesentlichen Vorteile des gasgeschützten Fülldrahts gegenüber den herkömmlichen Massivdrahtelektroden nennt [C-34]:

- tieferer Flankeneinbrand
- geringere Porenanfälligkeit
- geringere Spritzerneigung
- höhere Abschmelzleistung

Man erkennt, dass der *gasgeschützten Fülldraht* eine Reihe von technologischen Vorteilen hat. Aber eben nur der gasgeschützten Fülldraht, nicht der selbstschützende Fülldraht, über den häufig die Rede ist! Zu den Anwendungen merkt die ESAB-Druckschrift [C-34] an:

„ESAB Metallpulverfülldrähte sind sehr universell einsetzbar. Sie verfügen über Zulassungen aller gängigen Klassifikationsgesellschaften. Hauptanwendungsgebiete sind der Stahlbau, Behälterbau, Schiffbau und Fahrzeugbau. Sie eignen sich sowohl für den manuellen als auch vollmechanisierten Einsatz an Kehl- und Stumpfnähten bei einer minimalen Wanddicke von 4mm. Spezielle Typen wie Coreweld 46 LS erweitern den Anwendungsbereich bis hinunter auf 1 mm Wanddicke. Nach oben ist der Wanddickenbereich praktisch unbegrenzt. Metallpulverfülldrähte werden insbesondere an Mehrlagennähten in Pos. PA und PB eingesetzt, die mit hoher Leistung geschweißt werden sollen. Hier kann die reine Schweißzeit im Vergleich zum Massivdraht um ca. 20% gesenkt werden. Bei Schweißaufgaben, bei denen unter Anwendung des Massivdrahtes die Gefahr von Schweißnahtfehlern (Bindefehler, Porenbildung,...) besonders groß ist oder unzulässig hohe Spritzerbildung auftritt, kann mit einem ESAB Metallpulverfülldraht der Reparatur- und Nacharbeitsaufwand deutlich reduziert werden."

Als Schutzgas wird häufig M21 empfohlen, je nach Drahtsorte werden auch reine CO_2 oder Argon-CO_2-Gemische mit recht geringem CO_2-Anteil genutzt.

Alles in allem ist die Nutzung von *professionellen gasgeschützten Fülldrähten* eher der Industrie und Spezialanwendungen vorbehalten. Wenn Sie Genaueres wissen wollen, liegen Sie bei [C-34] richtig. Der Hobbyschlosser wird nicht unbedingt mit gasgeschützten Fülldrähten arbeiten, sind doch gute Fülldrähte deutlich teurer als die vergleichbaren Massivdrähte. Konsultieren Sie dahingehend einmal [C-31].

3.3.6 MAG-Schweißen von Stahl

Das ist eigentlich der Standard, also das Haupteinsatzgebiet für das MAG-Schweißen, das Schutzgasschweißen. Wie ich bereits sagte, nehmen Sie ein Schutzgas-Schweißgerät, egal, ob Trafo mit Gleichrichter oder Inverter, ein Schutzgas M21, also typischerweise *Krysal 18* von *Messer* oder *Corgon 18* von *Linde* (das bedeutet 82 % Argon und 18 % CO_2) und einen Stahldraht der Güte SG2 (oder auch den SG3; die Unterschiede sind recht gering), den gibt's wirklich an jeder Ecke, des Durchmessers 0,8 mm, vielleicht mit einem Brenner AK-15, und schon können Sie loslegen.

Für sehr dünne Bleche unter einem Millimeter Dicke könnten Sie vorteilhaft Draht des Durchmessers 0,6 mm nehmen; damit lassen sich mit der passenden Schweißmaschine tatsächlich Stahlbleche mit 0,5 mm Dicke MAG-*durchschweißen*, nicht nur punkten, z.B. der *Rehm Synergic.Pro² 230-4*, wie ich selbst getestet habe. Sollten Sie dauernd im Bereich oberhalb 200 A zugange sein, wäre ein Draht des Durchmessers 1,0 oder 1,2 mm richtig. Blöd ist, dass Sie dann die Förderrollen und ggf. auch die Führungsseele passend zum Drahtdurchmesser auswechseln müssen. Das ist je nach Lage der Dinge nicht unaufwendig und auch nicht ganz billig; das ist für mich gerade im Hobbybereich durchaus ein Nachteil gegenüber E-Hand und WIG, wo man derartige Umrüstungen prinzipbedingt nicht hat. Man kann halt nicht alles haben.

Wenn Sie eine moderne Schweißmaschine mit Synergie-Steuerung haben (das ist wirklich klasse, glauben Sie's mir), dann brauchen Sie nur noch die Blechdicke einzustellen und ab geht die Post. Ich habe die Erfahrung gemacht, dass die Werte, die die Synergie-Steuerung für Spannung und Strom ermittelt, optimal passen – klar, das ist auch kein Wunder, denn das haben Profis bei den jeweiligen Schweißmaschinen-Herstellen in längeren Versuchen herausgearbeitet, und das werden Sie nicht wirklich besser hinkriegen. Natürlich gibt es die ewig Gestrigen, die das alles nicht brauchen und das selbst (angeblich!) viel besser können. Das Argument: Da ist Elektronik, die kann kaputtgehen. Naja – was soll man gegen solche Unvernunft sagen? Aber hier wird die Zeit über solche rückwärtsgewandten Zeitgenossen hinweggehen: Im Stahlbau gilt seit 2014 die EN 1090, welche die frühere DIN 18800 auf europäischer Ebene ersetzt und nun die genaue Dokumentation der Schweißparameter bei Tragwerken fordert, und dazu gehören als die wichtigsten

Parameter Spannung und Strom, die man bei Synergiemaschinen direkt ablesen kann. Über dieses Thema wird noch zu reden sein – auch wenn es den Privatanwender nicht betrifft.

Wie auch immer – wenn's schlecht gelaufen ist, haben Sie ein entweder älteres oder „klassisches" Gerät zur Hand, und Sie können halt nur Vorschub (ergibt, wie Sie schon wissen, den Strom) und die Leistungsstufe (das ist die Spannung) manuell einstellen. Ich empfahl Ihnen dahingehend, einfach ein paar Versuche zu machen. Aber ich habe einmal einige kleine Tabellen aus Unterlagen von *Rehm Schweißtechnik* zusammengestellt; das möge Ihnen als Orientierungshilfe für eigene Versuche dienen. Ich habe bewusst nur kleinere Blechdicken bzw. Kehlnahtdicken angeführt, und auch nur mit Drahtdurchmessern, die eben im Hobbybereich üblich sind.

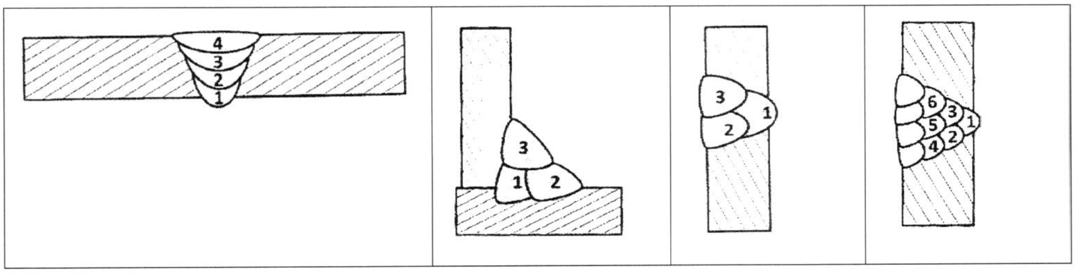

Bild 3.3-19: Lagenbezeichnungen für die Tabellen 3.3-9 und 3.3-10, nach Rehm [14]

Tabelle 3.3-8: Eine Auswahl von Richtwerten für Vorschub/Strom und Spannung in Abhängigkeit der Blechdicke für S355J2+N bei Draht-Durchmesser 1,0 mm und 10 ~ 12 l/min M21, nach Rehm [14].

Blech-dicke/Maß a[mm]	Lage	Fugen-form	Span-nung [V]	Strom [A]	Draht-Vorschub [m/min]	Pos.	Vor-schub-Geschw. [cm/min]	Seite [14]
3 (3~6)	1	I-Naht	17,4	115	4,5	PA	24	31
6 (6~9)	1	I-Naht	16,4	92	3,3	PA	14	79
6 (6~9)	2	I-Naht	16,4	175	8,0	PA	14	79
9 (9~12)	1	I-Naht	16,6	97	3,5	PA	14	151
9 (9~12)	2	I-Naht	23,4	190	9,0	PA	32	151

9 (9~12)	3	I-Naht	25,8	220	10,1	PA	22	151
12 (12~15)	1	I-Naht	16,9	105	3,8	PA	15	219
12 (12~15)	2	I-Naht	25,5	205	10,0	PA	34	219
12 (12~15)	3	I-Naht	29,1	237	12,0	PA	32	219
12 (12~15)	4	I-Naht	29,1	237	12,0	PA	24	219
3 (3~6)	1	I-Naht	17,4	115	4,5	PC	36	35
6 (6~9)	1	I-Naht	17,0	105	4,0	PC	17	87
6 (6~9)	2	I-Naht	20,9	170	7,5	PC	41	87
6 (6~9)	3	I-Naht	20,9	170	7,5	PC	41	87
9 (9~12)	1	I-Naht	17,3	110	4,3	PC	19	159
9 (9~12)	2	I-Naht	21,9	185	8,2	PC	60	159
9 (9~12)	3	I-Naht	21,9	185	8,2	PC	60	159
9 (9~12)	4-6	I-Naht	21,9	185	8,2	PC	60	159
9 (9~12)	7-10	I-Naht	20,4	165	7,2	PC	44	159
12 (12~15)	1	I-Naht	17,4	115	4,4	PC	19	231
12 (12~15)	2	I-Naht	23,4	191	9,0	PC	60	231
12 (12~15)	3	I-Naht	23,4	191	9,0	PC	60	231
12 (12~15)	4-6	I-Naht	23,4	191	9,0	PC	60	231
12 (12~15)	7-10	I-Naht	21,6	175	8,0	PC	44	231

Tabelle 3.3-9: Eine Auswahl von Richtwerten für Vorschub/Strom und Spannung in Abhängigkeit der Blechdicke für S355J2+N bei Draht- Ø 1,0 mm und 10..12 ~ 15 l/min M21, nach Rehm [14].

Blech-dicke/Maß a [mm]	Lage	Fugen-form	Span-nung [V]	Strom [A]	Draht-Vorschub [m/min]	Pos.	Vor-schub-Geschw. [cm/min]	Seite [14]
3 (3~6)	1	Kehlnaht	20,1	164	7,0	PB	35	57
6 (6~9)	1	Kehlnaht	27,7	220	11,0	PB	45	117
9 (9~12)	1	Kehlnaht	28,5	228	11,6	PB	45	189
9 (9~12)	2	Kehlnaht	28,5	228	11,6	PB	41	189
9 (9~12)	3	Kehlnaht	28,5	228	11,6	PB	47	189
12 (12~15)	1	Kehlnaht	29,1	237	12,0	PB	47	261
12 (12~15)	2	Kehlnaht	29,1	237	12,0	PB	43	261
12 (12~15)	3	Kehlnaht	29,1	237	12,0	PB	47	261
3 (3~6)	1	Kehlnaht	22,3	185	8,5	PD	60	61
6 (6~9)	1	Kehlnaht	21,6	175	8,0	PD	35	129
9 (9~12)	1	Kehlnaht	25,3	200	9,9	PD	40	197
9 (9~12)	2	Kehlnaht	22,0	180	8,3	PD	43	197
9 (9~12)	3	Kehlnaht	22,3	180	8,5	PD	24	197
12 (12~15)	1	Kehlnaht	27,7	220	11,0	PD	43	277
12 (12~15)	2	Kehlnaht	22,3	185	8,5	PD	45	277
12 (12~15)	3	Kehlnaht	22,3	185	8,5	PD	28	277

Tabelle 3.3-10: Leistungswerte für ein Rehm Synergic Pro² 230 für Stahldraht 0,8 mm und M21.

Stufenschalter-Stellung	Spannung [V]	Strom[A]	Draht-Vorschub [m/min]
1	13,7	32	1,6
2	14,4	38	1,9
3	15,1	50	2,4
4	15,7	68	3,2
5	17,2	85	4,4
6	19,0	106	5,4
7	20,1	151	8,6
8	22,7	172	10,9
9	25,6	198	11,9
10	29,3	222	16,9

Tabelle 3.3-11: Leistungswerte für ein Rehm Synergic Pro² 230 für Stahldraht 1,0 mm und M21.

Stufenschalter-Stellung	Spannung [V]	Strom[A]	Draht-Vorschub [m/min]
1	13,4	44	1,2
2	14,2	49	1,5
3	14,8	65	1,9
4	15,3	88	2,5
5	16,9	101	3,0
6	18,7	117	3,5
7	19,7	168	5,4
8	22,0	196	7,0
9	24,9	225	9,0
10	28,3	254	10,1

Tabelle 3.3-12: Leistungswerte für ein Rehm Synergic Pro² 300 für Stahldraht 1,2 mm und M21.

Stufenschalter-Stellung	Spannung [V]	Strom[A]	Draht-Vorschub [m/min]
1	13,4	130	2,6
2	14,1	141	3,1
3	14,9	153	3,5
4	15,6	166	4,1
5	17,8	209	5,8
6	19,2	222	6,2
7	20,8	231	6,9
8	22,4	245	7,5
9	24,8	252	8,0
10	27,2	279	9,4
11	29,5	335	10,8
12	32,3	370	12,8

Wenn Sie nun ein wenig üben – machen Sie ruhig die gleichen Übungen wie in Kapitel 3.2 – dann sollten Sie ruhig wieder wie beim E-Handschweißen mit 5 mm dicken Flachstählen beginnen und einfach einmal ein paar Raupen ziehen. Dann gehen Sie zu Kehl- und Ecknähten über und anschließend zu I-Nähten. Wenn Sie können, sollten Sie immer

- den Brenner beidhändig führen
- die Arme möglichst aufstützen

MIG/MAG schweißt man oft *stechend*, also als Rechtshänder von rechts nach links und der Brenner zeigt etwas nach links, aber das muss man nicht: Wenn der Brenner nicht zu klobig ist und Sie gute Sicht nach rechts haben, spricht überhaupt nicht dagegen, *schleppend* zu schweißen, also von links nach rechts wie beim E-Handschweißen. Das hat obendrein den großen Charme, dass die Schweißnaht wesentlich besser aufgeschmolzen wird als beim stechenden Schweißen, und die

Gefahr von Bindefehlern wird viel geringer – was ja immer ein Problem beim MIG/MAG-Schweißen ist! Beachten Sie dahingehend die Bilder 3.3-22 und 3.3.-23.

Bild 3.3-20: Aufbau einer mehrlagigen Ecknaht an 10 mm dicken Stahlblechen: Die Wurzellage, Nach-Links-Schweißung, also stechend.

Bild 3.3-21: Aufbau einer mehrlagigen Ecknaht an 10 mm dicken Stahlblechen: Die Wurzellage, Nach-Rechts-Schweißung, also schleppend. Hier ist die Gefahr von Bindefehlern deutlich geringer – geht aber nur, wenn man etwas sieht beim Schweißen.

Bild 3.3-22: Eine Ecknaht an zwei 5 mm dicken Stahlblechen.

Bild 3.3-23: Eine I-Naht an zwei 5 mm dicken Stahlblechen.

Viele am Schweißen Interessierte machen sich unendlich viele Gedanken über die maximale Stromstärke ihrer anzuschaffenden Schweißmaschine, wenn man die Diskussionen im Internet [C-32, C-33] so mitverfolgt. Das ist vollkommen unnötig, denn wenn die Power nicht mehr reicht, wird eben mehrlagig geschweißt – was aus metallurgischen Gründen ohnehin nicht schlecht ist. Und in [14] können Sie das sehr schön aus den Tabellen 3.3-9 und 3.3-10 ablesen: Da werden Blechdicken zwischen 12 und 15 mm 4-lagig bzw. 10-lagig geschweißt, das ist die offizielle Empfehlung WPS *Welding Procedure Specifications* der Firma *Rehm* für die EN 1090! Meine Empfehlung von früher gilt also nach wie vor: Mit vielleicht 180 ~ 200 A Maximalstrom liegen Sie als Hobbyanwender richtig; und wenn Sie wirklich mal Panzerplatten der Dicke 20 mm oder 30 mm Stahlblech verschweißen wollen, dann machen Sie's mehrlagig wie die Profis. Jeder Kampfpanzer wird so geschweißt. Fertig – Thema erledigt!

Bild 3.3-24: Zwei Beispiele für den Aufbau einer mehrlagigen Ecknaht an 10 mm dicken Stahlblechen. Man sieht die Wurzellage, zwei Zwischennähte; fehlt noch die Decknaht.

Betrachten wir einmal das genaue Gegenteil: Dünne Bleche mit 1,0 mm Dicke und darunter: Hier gibt es verschiedene Techniken, die man nutzen kann:

- normales Durchschweißen
- Intervallschweißen
- Punkt- und Lochpunktschweißen

Diese Techniken sind besonders für den Kfz-Bereich interessant (vgl. Kapitel 5), können aber auch für ganz andere Zwecke genutzt werden. Bleche bis 1,0 mm Dicke kann man mit etwas Sorgfalt noch ganz gut durchschweißen, aber darunter wird es eng, d.h. die Gefahr, dass Sie das Blech durchbrennen, steigt merklich an. Es gibt Schweißmaschinen, die tatsächlich durchgehende Nähte bei 0,5 mm dicken Blechen schaffen, aber die übliche MIG/MAG-Maschine ist damit dann doch überfordert. Dann nutzen Sie das Intervallschweißen, d.h. Sie schweißen ein paar Millimeter, stoppen kurz und schweißen dann weiter. Gute MIG/MAG-Schweißmaschinen haben dafür eine spezielle Intervallschaltung, bei der Sie einfach die Schweißzeit in Sekunden wählen und die Brennertaste gedrückt halten. Die Maschine stoppt dann nach z.B. eingestellten 1,5 Sekunden und beginnt dann wieder zu schweißen. Ich hielt das zunächst auch für übertriebenen Pseudo-Komfort, aber wenn man's mal gemacht hat, will man es nicht mehr missen! Bei den Bildern ab 3.3-25 ist bei den Schweißparametern zu bedenken, dass die Bleche auf einer Metallunterlage lagen, die natürlich Wärme abführte. Wenn die Bleche „freischwebend" in der Luft hängen wie bei Karosseriearbeiten, wird man mit weniger Spannung und Strom auskommen. Aber ohne Versuche geht es ohnehin nicht.

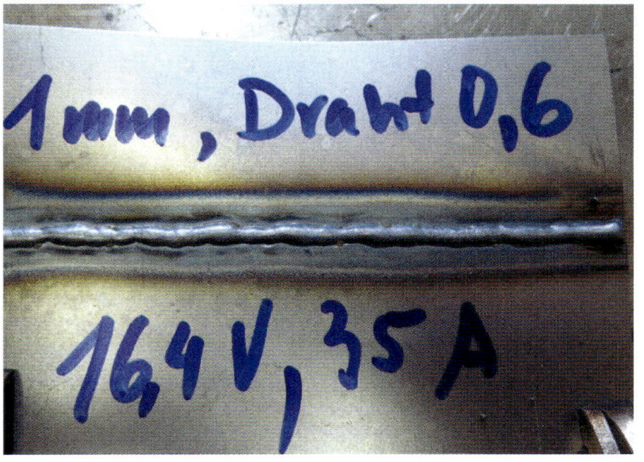

Bild 3.3-25: Zwei 1 mm dicke Stahlbleche DC01 werden MAG-geschweißt, und zwar in einem Zug ohne zu stoppen.

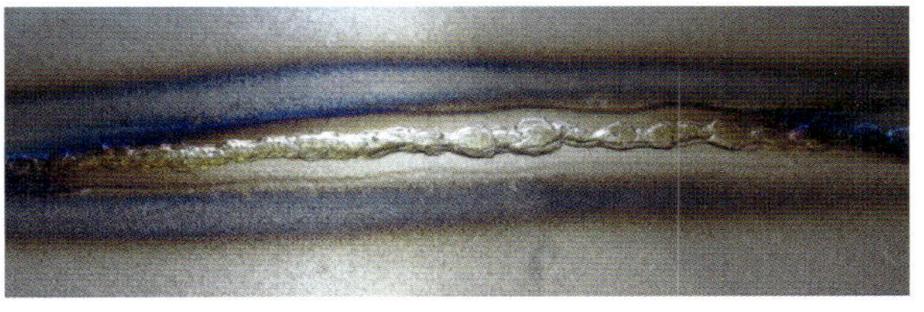

Bild 3.3-26: Die Rückseite von Bild 3.3-25: Durchgeschweißt.

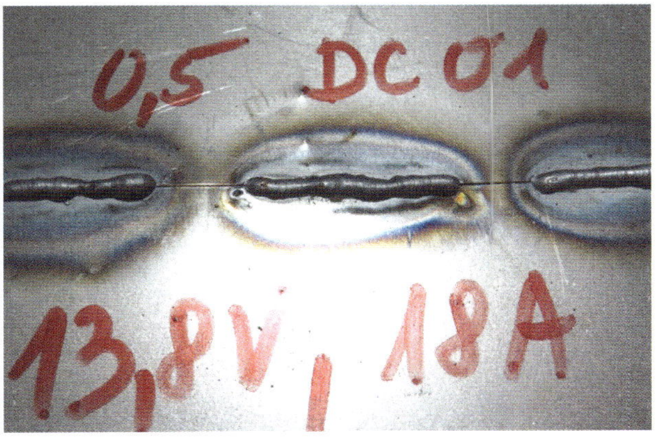

Bild 3.3-27: Zwei 0,5 mm dicke Stahlbleche DC01 wurden auf Stoß ohne Intervall geschweißt, Drahtstärke 0,6 mm – hier wurde mit einer Rehm Synergic.Pro²-230-4 geschweißt; das geht nicht mit jeder MIG/MAG-Maschine.

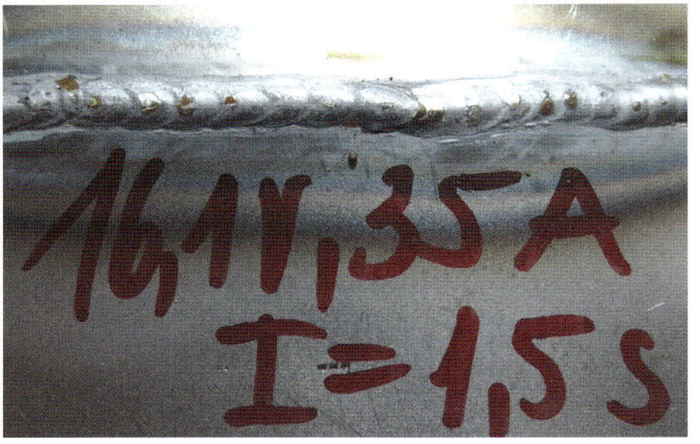

Bild 3.3-28: Zwei 1,0 mm dicke Stahlbleche DC01 wurden intervall-geschweißt, Drahtstärke 0,6 mm, Intervall 1,5 Sekunden.

Bild 3.3-29: So sehen sinngemäß die Einstellungen für das Intervall-Schweißen dünner Bleche aus (Rehm Synergic.Pro²-230-4).

Die andere Variante ist das Punktschweißen. Sie legen entweder die Bleche stumpf aneinander oder lassen sie, wenn möglich, überlappen und setzen einfach eine Reihe von Schweißpunkten. Wenn Ihre Schweißmaschine eine Punkt-Automatik hat, stellen Sie einfach die Schweißzeit ein und die Maschine unterbricht nach Ablauf dieser Zeit sauber den Schweißvorgang – damit wird ein Punkt wie der andere. Auch das ist kein übertriebener Luxus, sondern sehr praktisch. Diese Technik wird in verschiedenen Variationen gerne im Kfz-Bereich eingesetzt, und wir werden uns ausführlich damit in Kapitel 5 befassen. Hier möge dies zunächst als Überblick genügen.

Bild 3.3-30: Zwei überlappte 1,0 mm dicke Stahlbleche DC01 wurden am Stoß punktgeschweißt, Schweißzeit jeweils 1 Sekunde.

Sie können die Bleche aber auch überlappen lassen und direkt auf das obere Blech halten, also nicht an der Stoßstelle. Wenn die Bleche ohne Luft aufeinander liegen – und das ist die Bedingung – funktioniert das sehr schön.

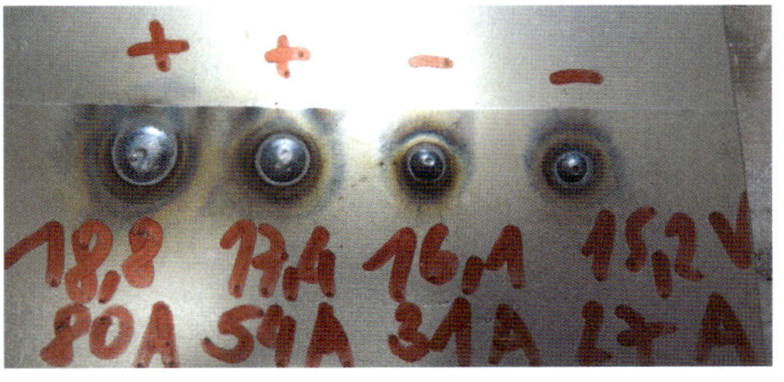

Bild 3.3-31: Zwei überlappte 0,5 mm dicke Stahlbleche DC01 wurden direkt punktgeschweißt, Drahtstärke 0,6 mm, Schweißzeit jeweils 1,5 Sekunden. Punkt Nr. 2 ist am besten.

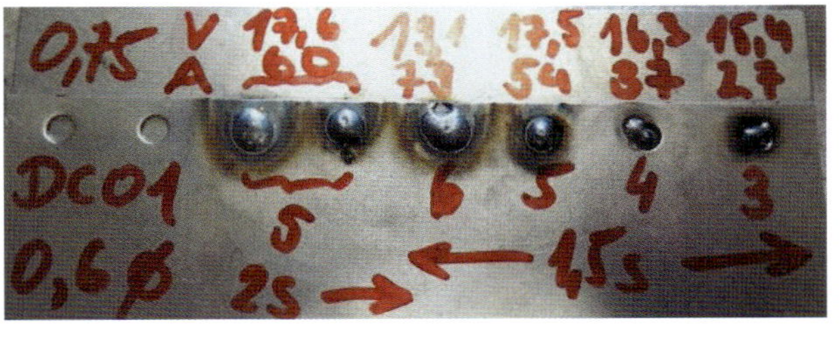

Bild 3.3-32: Zwei überlappte 0,75 mm dicke Stahlbleche DC01 wurden lochpunktgeschweißt, Drahtstärke 0,6 mm, Schweißzeit für die Punkte 1 und 2 jeweils 2 Sekunden, für die Punkte 3 bis 6 jeweils 1,5 Sekunden. Die Punkte Nr. 1, 2 und 3 sind okay.

Gerade im Kfz-Bereich kann man die Bleche oft nicht schön aneinanderpressen, weil man von der Rückseite nicht herankommt. Dann nutzt man die Technik der Lochpunktschweißung, indem man Löcher von 3,5 ~ 8 mm ins das obere Blech bohrt oder besser stanzt und innerhalb dieses Lochs dann schweißt. Hier würde ich eher mit längerer Punktzeit und geringerer Leistungsstufe arbeiten, damit man die Löcher schön ausfüllen, vgl. Bild 3.3-32: Hier ist der Punkt Nr. 3 ausgefranst, weil die Leistung mit 19,1 V und 79 A zu groß ist und die Punktzeit mit 1,5 Sekunden zu kurz; so schnell hat man gar nicht das Loch ausfüllen können. Daher wurde bei den Punkten Nr.1 und 2 die Spannung auf 17,6 V reduziert; die Synergie-Steuerung hat den Drahtvorschub so eingestellt, dass daraus 60 A resultierten. Mit einer Punktzeit von 2 Sekunden kommt man schön hin. Dies möge als Anregung für eigene Versuche dienen.

Bild 3.3-33: Zwei überlappte 0,5 mm dicke Stahlbleche DC01 wurden lochpunktgeschweißt, Drahtstärke 0,6 mm, Schweißzeit jeweils 2 Sekunden. Die Punkte Nr. 1und 2 sind okay, die Punkte 3 und 4 sind unschön, würden aber halten.

Gerade für den Dünnblechbereich möchte ich zwei Helfer erwähnen, die hier sehr wichtig sind – natürlich benutzt man sie generell beim MIG/MAG-Schweißen: Ein *Düsenschutzfett*, weil gerade die dünnen 0,6er Drähte gerne an der Stromdüse festbrennen und eine spezielle *MIG/MAG-Zange*, Bild 3.3-34. Ein Düsenschutzfett oder auch ein Düsenschutzspray verhindert, dass Spritzer an der Gasdüse und der Draht an der Stromdüse anbacken. Man taucht einfach den warmen Brenner senkrecht vielleicht einen Zentimeter tief in das Düsenschutzfett ein; das war's schon. Das machen Sie, je nachdem wie intensiv Sie schweißen, alle Viertelstunde bis Stunde. Mit einer speziellen MIG/MAG-Zange, Bild 3.3-34, lassen sich Spritzer aus der Düse entfernen, die sonst den Schutzgasstrom empfindlich stören können. Mit der MIG/MAG-Zange können Sie den Draht immer schön auf die genau richtige Länge kürzen – auch das ist gerade im Dünnblechbereich sehr wichtig.

Sollte der Draht einmal zu weit zurückgebrannt sein, dann betätigen Sie die Brennertaste, lassen den Draht etwas aus der Düse herauslaufen und kürzen Sie ihn dann mit der MIG/MAG-Zange. Konstanz der Parameter sowie sauberes und präzisen Arbeiten – das ist der Schlüssel zum Erfolg gerade beim MIG/MAG-Schweißen!

Um Gerüchten vorzubeugen: Sie müssen Baustahl nicht mit aller Gewalt mit Mischgas oder CO_2 schweißen, chemisch inerte Gase wie reines Argon funktionieren durchaus, wenn auch nicht mit optimalem Ergebnis. Wenn also Ihre *Krysal*- oder *Corgon*-Flasche leer ist und Sie nur Argon 4.6 zur Verfügung haben: Bild 3.3-35 zeigt eine mehrlagig ausgebildete Kehlnaht an 10 mm dicken Baustahlblechen, die mit Argon 4.6 geschweißt wurde. Der Einbrand ist übrigens nicht schlecht.

Bild 3.3-34: Eine spezielle MIG/MAG-Zange und eine Düsenschutzfett – zwei unentbehrliche Helfer beim MIG/MAG-Schweißen.

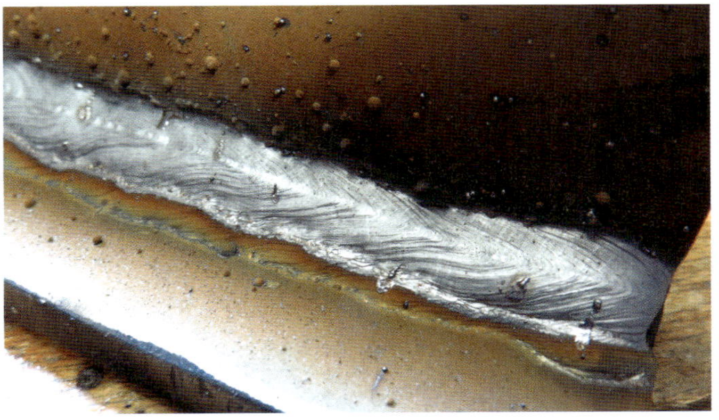

Bild 3.3-35: Eine mehrlagige Kehlnaht an 10 mm Baustahlblechen, mit Argon 4.6 geschweißt. Sozusagen MIG-geschweißt.

3.3.7 Aluminiumschweißen

Zu diesem Thema gibt es in der Literatur und in entsprechenden Internetforen sehr unterschiedliche Aussagen, die obendrein widersprüchlich bis regelrecht falsch sind. Daher habe ich bei zwei führenden deutschen Schweißmaschinenherstellern nachgefragt, folgende Aussagen erhalten – und das Ganze dann selbstverständlich umfangreich ausprobiert, um Ihnen harte Fakten und nicht Buchweisheiten zu präsentieren (ich selbst schweiße Aluminium lieber per WIG):

MIG-Schweißen von Aluminium geht prinzipiell mit jeder MIG/MAG-Maschine unter folgenden Voraussetzungen:

1. Das A und O ist ein gutes Drahtvorschubsystem: Auf jeden Fall ein 4-Rollen-Vorschub, am besten mit vier *angetriebenen* Rollen.
2. Die Standard-Drahtführungsseele wird durch eine aus Teflon ersetzt.
3. Das sog. Kapillarrohr im Drahtvorschubsystem wird durch ein Stützrohr ersetzt, wodurch die Teflonseele bis an die Vorschubrollen herangeführt werden kann, denn der Draht soll nicht ungeschützt laufen, um Abknicken zu verhindern.
4. Spezielle Vorschubrollen für Aluminium verwenden und den Anpreßdruck wegen des weichen Drahts nicht zu hoch wählen.
5. Die Stromdüse soll eine spezielle Aluminium-Stromdüse sein.
6. Als Schutzgas wird Argon 4.6 verwendet.
7. Eine Puls-Schweißstromquelle ist optimal, muss aber nicht unbedingt sein.
8. Die Spulenbremse so weich wie möglich einstellen.
9. Schlauchpaket möglichst kurz, nicht länger als 3 m.

Sie können also einen ganz normalen Schweißgleichrichter oder Inverter nehmen, wenn der ein für Aluminium geeignetes Vorschubsystem hat, und das ist nach Empfehlung der Schweißmaschinenhersteller ein 4-Rollenantrieb - was nicht ausschließt, dass unter sehr günstigen Umständen auch ein 2-Rollen-Antrieb brauchbar funktionieren mag. Der Grund liegt darin: Aluminium ist viel weicher als der sonst verwendete Stahldraht, daher muss mit viel geringeren Andruckkräften für die Rollen gearbeitet werden, um den Draht nicht unnötig zu deformieren. Die Vorschubrollen haben nun auch ein Halbrundprofil, nicht das übliche Trapezprofil für Stahldraht. Da Aluminium eben viel weicher als Stahl ist, darf die Reibung im Schlauchpaket nicht groß sein, damit der Draht nicht ausknickt: Daher die Forderung nach Stützrohr, Teflonseele und Stromdüse für Aluminium (die einen größeren Durchmesser als eine Stromdüse für Stahl hat bei gleichen Draht-Nenndurchmessern). Schlussendlich müssen Sie Ihre *Krysal*- oder *Corgon*-Flasche gegen eine Flasche mit reinem *Argon 4.6* austauschen; das ist noch die leichteste Übung. Den vorhandenen Druckminderer können Sie weiterverwenden. Dann können Sie loslegen.

Bild 3.3-36: Das ist optimal für Aluminium: Ein Antrieb mit vier angetriebenen Rollen.

Bild 3.3-37: Die Teflonseele reicht bis unmittelbar an die Vorschubrollen, dann beginnt sofort das Stützrohr.

Der Umbau des Vorschubsystems und des Schlauchpakets ist fummelig und kann seine Zeit dauern, da geht ganz schnell eine halbe bis Stunde drauf; beim Vorschubsystem wird Ihnen nichts anderes übrigbleiben, aber wenn Sie häufiger abwechseln und mal Stahl und mal Aluminium (oder nichtrostenden Stahl, da brauchen Sie auch eine Teflonseele) schweißen, wäre es eine gute Idee, sich eine zweite Garnitur Brenner-Schlauchpaket anzuschaffen, die gleich auf Aluminium umgebaut ist. Ich habe das jedenfalls für meine MIG/MAG-Maschine gemacht – nach dem Motto: Lieber Geld ausgeben als sich ärgern!

Bild 3.3-38: Zwei 1,0 mm Stromdüsen: Links für Stahldraht, rechts für Aluminiumdraht mit spürbar größerem Durchmesser!

Bild 3.3-39: Schlauchpaket mit Teflonseele „Blau" für Aludrähte und Inoxdrähte 0,8 ~ 1,0 mm. Die Teflonseele braucht man für Aluminium und nichtrostenden Stahl.

Nicht selten kommt es vor, dass man verschiedenartige Aluminiumlegierungen verschweißen will, z.B. AlMg3 als Blech und AlMgSi0,5 als Rohr. Hier ist die Frage, welches Zusatzmaterial man bei welcher Kombination der Grundwerkstoffe verwendet. Eine sehr umfangreiche Tabelle dahingehend bietet [5], aber für drei für den Hobbyschlosser interessante Legierungen gibt Tabelle 3.3-9 die nötigen Informationen. Wie ersichtlich, ist der Zusatzwerkstoff SG-AlMg5 recht universell verwendbar. Für das Schweißen von Aluminium-Gusslegierungen, z.B. für Reparaturen von Motor- und Getriebegehäusen, ist der SG-AlSi5 ganz gut geeignet.

Tabelle 3.3-9: Eine Auswahl von gängigen und leicht beziehbaren Aluminiumlegierungen und deren Kombinationsmöglichkeiten beim Schweißen, nach [5].

Grundwerkstoff	AlMg3 / AW-5754	AlMg4,5Mn / AW-5083	AlMgSi0,5 / AW-6060
AlMg3 / AW-5754	SG-AlMg3 SG-AlMg5		
AlMg4,5Mn / AW-5083	SG-AlMg3 SG-AlMg4,5Mn	SG-AlMg4,5Mn	
AlMgSi0,5 / AW-6060	SG-AlMg5	SG-AlMg5 SG-AlMg4,5Mn	SG-AlMg5 SG-AlSi5

Bild 3.3-40: MIG-Schweißnaht an zwei 3 mm dicken Aluminiumblechen AlMg3. Zusatzwerkstoff: AlMg5, Durchmesser 1mm. 16,3 V, 100 A, 13 l/min Argon 4.6.

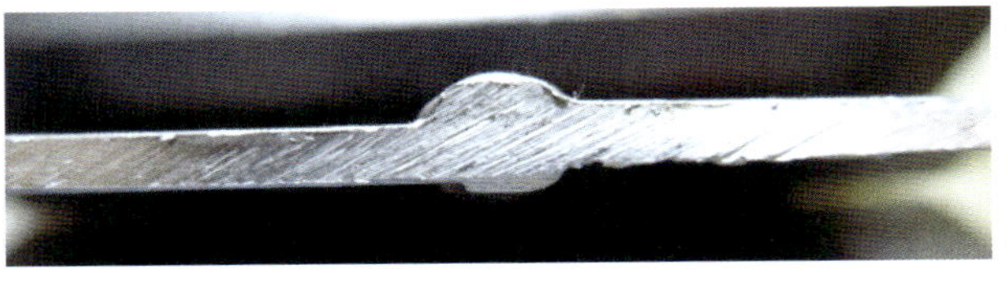

Bild 3.3-41: MIG-Schweißnaht an zwei 3 mm dicken Aluminiumblechen AlMg3 aus Bild 3.3-40: Einwandfrei durchgeschweißt.

Bild 3.3-42: Eine Kehlnaht an 5 mm dicken Aluminiumblechen AlMg3 von zwei Seiten betrachtet. Durchgeschweißt!

Bild 3.3-43: Dies für den großen Hunger: Eine 3-lagige Kehlnaht an zwei 30 mm (!) dicken Aluminiumblechen AlMg3. 29 V, 240 A.

Über eine generelle Problematik muss man sich beim MIG-Schweißen von Aluminium im Klaren sein: Gerade zu Beginn der Naht ist der Grundwerkstoff noch kalt, aber der Schweißdraht wird unabhängig davon brutal vorangeschoben. Man kann also nicht wie beim WIG- oder Autogenschweißen erst einmal in Gemütsruhe das Grundmaterial am Nahtanfang aufschmelzen, sondern es geht gleich zur Sache – Sie können nicht stehenbleiben. Es kann also leicht passieren, dass gerade am Nahtanfang keine saubere Bindung vorhanden ist. Da wäre im Zweifelsfall ein kleines Startblech, das hinterher abgetrennt wird, nicht schlecht. Umgekehrt läuft dann während des Schweißens – gerade beim stechenden Schweißen – die Wärme der Naht voraus, und da Sie beim MIG/MAG-Verfahren als Abhilfe dann nur noch immer schneller schweißen können (Brennerabstand vergrößern wie beim Autogenschweißen oder Strom absenken wie beim WIG-Schweißen ist nicht!), kann die Naht sehr schnell durchsacken!

Sie werden als Amateur beim MIG-Aluminiumschweißen nicht so schöne Nähte hinbekommen, wie Sie das vielleicht vom MAG-Schweißen von Stahl her gewöhnt sind. Das liegt in der Natur der Sache. Flächige I- und Kehlnähte gehen noch ganz gut, aber einen Aluminium-Gitterrohrrahmen für ein Auto (z.B. für die *Formula Student*) oder ein Motorrad mit MIG in Handarbeit als Amateur zu schweißen – das bringt's meines Erachtens nicht. Das bleibt den Profis mit absoluter Profiausrüstung mit wassergekühlten Puls-Schweißmaschinen ab 5.000 Euro vorbehalten. Wenn Sie so etwas trotzdem in der Praxis sehen, z.B. bei industriell hergestellten Fahrrad- und Motorradrahmen, dann bedenken Sie, dass dies in Wahrheit Roboter geschweißt haben, die niemals zittern und denen Fachleute in mühevoller Arbeit und langen Testreihen diese perfekten Schweißnähte antrainiert haben!

Wenn Sie derartige Aluminium-Gitterrohrrahmen herstellen oder auch nur reparieren wollen, dann ist meine Empfehlung ganz klar: Schweißen Sie den Rahmen mit WIG. Dagegen haben MIG, E-Hand und Autogen keine Chance.

3.3.8 Edelstahlschweißen

Mit einem MIG/MAG-Gerät lässt sich auch recht schön nichtrostender Edelstahl schweißen. Und wieder müssen Sie Ihre Maschine ein wenig umbauen bzw. einstellen:

- Förderrollen für Stahl einbauen
- aber Teflonseele oder Kohlefaserseele ins Schlauchpaket geben
- MIG: Argon 4.6. als Schutzgas nehmen (optimal wäre ein Gasgemisch aus 98% Argon und 2% oder 8% CO_2, aber welcher Hobbyschlosser besorgt sich das?)
- Vorschub etwas höher als bei normalem Stahl einstellen
- Massivdrahtelektrode für Edelstahl in die Maschine geben, z.B. G 19 9 L Si (vgl. Tab. 3.3-6)

Bild 3.3-44: Eine I-Naht an 5 mm dickem nichtrostenden Edelstahl mit 0,8 mm SW 308 L Si und Argon 4.6 verschweißt, anschließend gebürstet und gebeizt mit Pelox.

Bild 3.3-45: 1,5 mm Inoxbleche auf Stoß gepunktet.

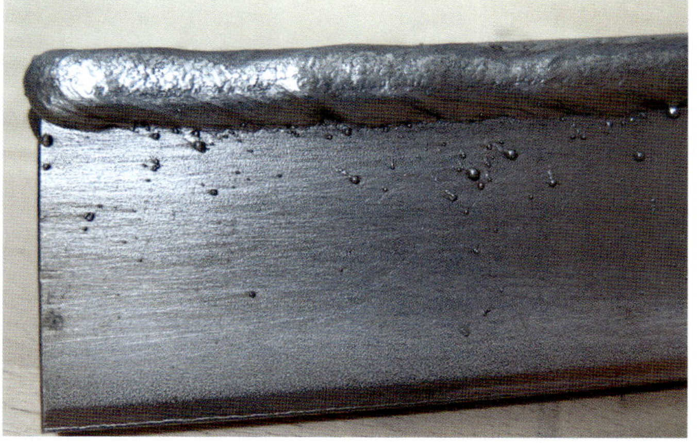

Bild 3.3-46: Eine Ecknaht an 5 mm Inox-Flachstäben.

3.3.9 Lichtbogenarten

Dieses Kapitel ist bewusst ans Ende der MIG/MAG-Betrachtungen gestellt, weil es etwas theoretisch erscheint und die Ausbildung des Lichtbogens nicht unbedingt vom Schweißer beeinflussbar ist.

Je nach Spannung, Stromstärke und Schutzgas bilden sich beim MIG/MAG-Schweißen unterschiedliche Formen des Lichtbogens aus:

Der Kurzlichtbogen. Es bildet sich bei niedrigen Spannungen und Strömen aus, und zwar wie folgt: Der Lichtbogen brennt. Durch den sog. Pinch-Effekt wird das Drahtende eingeschnürt, weil der Draht von einem Magnetfeld – wie alle stromdurchflossenen Leiter – umgeben ist.

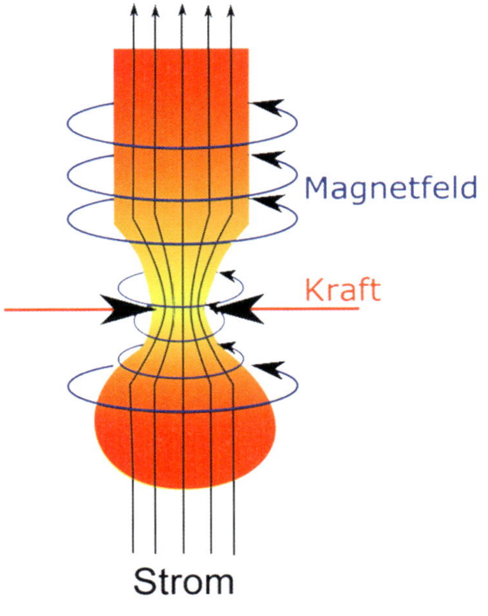

Bild 3.3-47 Der Pinch-Effekt: Durch das Magnetfeld entsteht eine radiale Kraft, die Lorentzkraft, die eine Einschnürung und dann Ablösung des Metalltropfens bewirkt. [C-40]

Das Magnetfeld übt eine radiale Kraft auf den Draht aus, das ist die sog. Lorentzkraft. Durch die Einschnürung steigt die Stromdichte und es kommt zur Bildung und Ablösung eines Metalltropfens. Dieser Tropfen verbindet nun kurzzeitig Drahtelektrode und Schweißbad, wobei ein Kurzschluss entsteht und der Lichtbogen erlischt; daher hieß der Kurzlichtbogen früher eigentlich treffender Kurzschlusslichtbogen. Der Tropfen geht ins Schmelzbad über, und der Lichtbogen zündet erneut. Dies wiederholt sich sehr regelmäßig, ca. 20 ~ 120mal pro Sekunde [12]. Durch den Kurzschluss steigt an und für sich der Strom stark an, und es würde zu erheblicher Spritzerbildung kommen, wenn nicht Drosseln (also Induktivitäten) bei konventionellen Schweißgleichrichtern und die Software bei modernen Invertern dies dämpfen bzw. verhindern würden. Der Kurzlichtbogen ist relativ kühl und kann in allen Positionen geschweißt werden, und er ist sehr geeignet bei dünnen Blechen und Wurzellagen. Er liefert das MIG/MAG-typische Geräusch, d.h. eine Art feines Knattern bzw. Knistern.

Der Mischlichtbogen. Bei höheren Spannungen und Strömen bildet sich der Misch- oder Übergangslichtbogen. Der Werkstoffübergang erfolgt teils im Kurzschluss, teils im freien Flug bei erheblicher Spritzerbildung. Daher versucht man diesen Bereich zu meiden, indem man einen Impulslichtbogen verwendet – wenn man die passende Stromquelle hat.

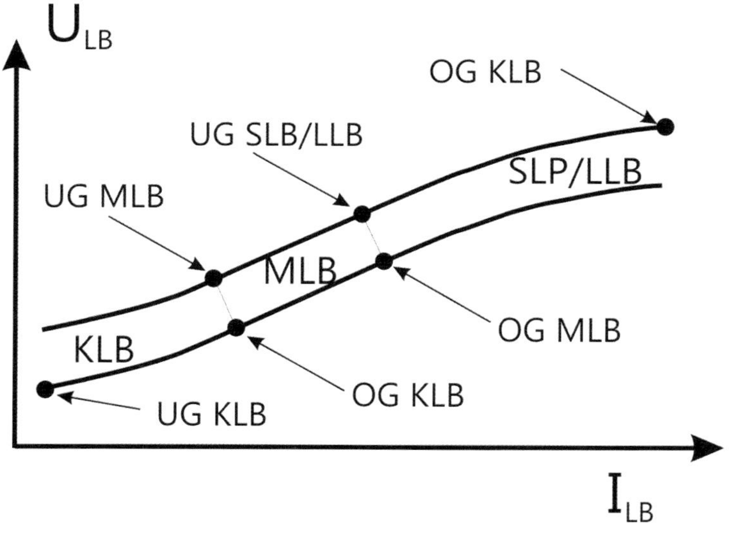

Bild 3.3-51: Schematische Lage der Lichtbogenbereiche für klassische MIG/MAG-Schweißmaschinen. Legende: UG= untere Grenze, OG= obere Grenze, KLB= Kurzlichtbogen, MLB= Mischlichtbogen, SLB= Sprühlichtbogen, LLB= Langlichtbogen. Nach Killing [12].

Der Langlichtbogen. Bei noch höheren Spannungen und Strömen bildet sich der Langlichtbogen, und zwar unter CO_2 oder doch stark CO_2-haltigen Mischgasen. Der Pinch-Effekt spielt kaum noch eine Rolle. Es bilden sich grobe Tropfen, die mitunter recht lange Kurzschlüsse und damit starke Stromanstiege erzeigen. Das

Schmelzbad ist heiß, und es kann nur in den Positionen PA und PB geschweißt werden.

Der Sprühlichtbogen: Bei noch höheren Spannungen und Strömen, ganz grob etwa ab 28 V und 200~240 A, kann sich der Sprühlichtbogen ausbilden, und zwar unter Argon oder doch stark argonhaltigen Mischgasen. Der Pinch-Effekt spielt hier die zentrale Rolle. Es bilden sich feine Tropfen, die keine Kurzschlüsse und Spritzer mehr bilden können, allerdings sind Zwangslagen kaum möglich. Das Schmelzbad ist heiß, das Geräusch ist eine Art Zischen.

Der Impulslichtbogen: Er ist nur mit gepulsten Gleichstromquellen erreichbar. In jeder Impulsphase – Frequenz und das Verhältnis Grund- zu Oberspannung sind natürlich einstellbar – löst sich ein feiner Tropfen ab, und es entsteht ein sehr feintropfiger, kurzschlussfreier und damit sehr spritzerarmer Lichtbogen. Der Impulslichtbogen ist zwangslagen-geeignet.

Wann bildet sich nun welcher Lichtbogen aus? Dies hängt von einer Reihe von Faktoren ab, aber Tabelle 3.3-14 gibt einen groben Überblick:

Tabelle 3.3-14: Bereiche von Kurzlichtbogen KLB, Mischlichtbogen MLB und Sprüh/Langlichtbogen SLB bei Mischgas M21, d.h. 82% Ar und 18% CO2. Nach Killing [12].

DrahtØ [mm]	KLB von	KLB bis	MLB von	MLB bis	SLB von	SLB bis
0,8	15,5V, 50A	22V, 160A	24,8V, 145A	25V, 193A	28,2V, 176A	33,5V, 225A
1,0	15,2V, 65A	20,5V, 177A	24V, 160A	25,5V, 220A	28,5V, 215A	34V, 280A
1,2	14,8V, 80A	19,5V, 193A	23V, 175A	26V, 258A	29V, 245A	34,5V, 350A

Mit moderner Invertertechnologie und integrierter Software ist es leicht realisierbar, Spannung und Strom im Millisekundenbereich zu verändern; so kann beispielsweise eine Inverterstromquelle im Moment des Kurzschlusses den Strom sofort herunterregeln und nach Tropfenübergang sofort wieder hochschnellen lassen. Da muss jeder Trafo einfach passen.

Mit dieser Technologie ist es möglich, wärmeminimierte, richtungsstabile und druckvolle Lichtbögen zu erzeugen, die tiefen Einbrand im oberen Leistungsbereich liefern bei gleichzeitiger Spritzerfreiheit. Oder das genaue Gegenteil: Wärmeminimierte und spritzerarme Kurzlichtbögen, die auch für dünnste Bleche und wechselnde Spaltbreiten sowie das MIG-Löten geeignet sind. Speziell für Zwangslagen und Überkopf-Schweißen wurden spezielle energiereduzierte Kurzlichtbögen entwickelt. Alle maßgeblichen deutschen Hersteller liefern Schweißmaschinen mit derartigen erstaunlichen Fähigkeiten, vgl. dazu auch Kap.7.

3.4 WIG-Schweißen

3.4.1 Allgemeines

Während das Elektroden-Handschweißen seit Jahrzehnten auch bei den Hobbyschlossern verbreitet ist und das MIG/MAG-Schweißen bzw. Schutzgasschweißen besonders bei der Oldtimer Restauration und Hobby-Autoinstandsetzern sehr beliebt ist, ist das WIG-Schweißen eigentlich erst seit den letzten zehn Jahren für den Hobbyschlosser so richtig interessant geworden. Das liegt daran, dass WIG-Schweißgeräte von allen Elektro-Schweißgeräten mit Abstand am teuersten sind, und bis vor einiger Zeit waren diese Maschinen für den Hobbyanwender vollkommen unerschwinglich. Durch die Verbreitung der Inverter-Technologie, die wir bereits beim Elektroden-Handschweißen kennengelernt haben, können nunmehr WIG-Schweißmaschinen angeboten werden, die auch preislich für den Hobbyschlosser interessant sind.

Das WIG-Verfahren ist das eleganteste Schweißverfahren, das der Hobbyschlosser nutzen kann, denn es können an sich alle Metalle verschweißt werden, und dies bei höchster Festigkeit und Umweltfreundlichkeit; es entstehen so gut wie keinerlei Schweißrauche. Daher ist dieses Verfahren auch ganz besonders geeignet für die typische Hobbywerkstatt, d.h. für beengte Raumverhältnisse. Da hier praktisch auch keine Funken und Schlackenreste in der Gegend herumspritzen, ist die

Brandgefahr auf ein Minimum reduziert. Nebenbei haben WIG-Schweißnähte fast immer einen sehr gutes Aussehen, und es macht einfach Spaß, derart zu schweißen! Es braucht allerdings etwas mehr Übung als Elektroden-Handschweißen und MIG/MAG-Schweißen; das sollte uns aber nicht schrecken, denn das kann jeder lernen und man braucht nur etwas Geduld und Übung. Darauf werden wir noch später eingehen.

Das WIG-Verfahren ist prädestiniert und fast unentbehrlich für das Schweißen von *Aluminium*, *nichtrostendem Edelstahl*, *Kupfer* und *Titan* – das letztere wird der Hobby-Schlosser wohl aufgrund des Preises eher weniger verwenden. Natürlich kann man auch sehr gut und problemlos ganz normalen Baustahl mit WIG schweißen – ich mache das übrigens sehr oft, weil's einfach Laune macht und man im Training bleibt – aber das ist ein wenig mit Kanonen auf Spatzen geschossen: Das macht man doch eher mit E-Hand oder MAG.

Bild 3.4-1: Der Autor beim WIG-Schweißen.

Bild 3.4-2: WIG-Kehlnaht an zwei Baustahl-Flacheisen der Dicke 5 mm.

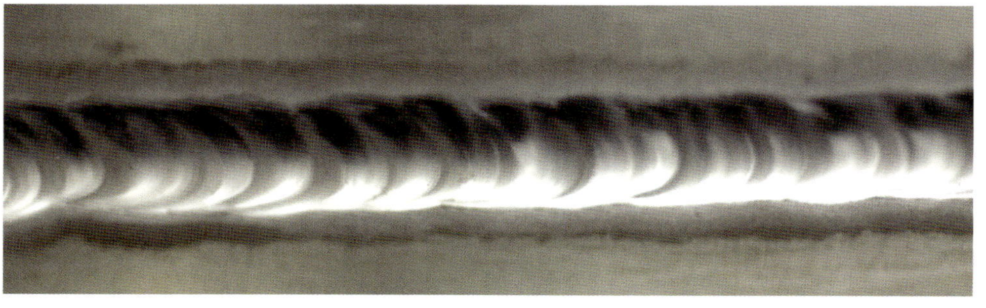

Bild 3.4-3: WIG-I-Naht an zwei Aluminiumblechen der Dicke 3 mm.

Was brauchen wir zum WIG-Schweißen? Das WIG-Verfahren *Wolfram-Inert-Gas* arbeitet ebenfalls mit einem Lichtbogen, der hier aber im Unterschied zu E-Hand und MIG/MAG zwischen Werkstück und einer nicht abschmelzenden Wolfram-Elektrode brennt. Also brauchen wir zunächst eine Schweißstromquelle, eine sog. Schweißmaschine.

Bild 3.4-4: Eine professionelle WIG-Schweißstromquelle von EWM; hier als Inverter.

Bei den WIG-Schweißmaschinen ist es so, dass Sie natürlich wieder auf gebrauchte Angebote oder auf neue Geräte zurückgreifen können. Bei den gebrauchten WIG-Geräten handelt sich es sich sehr häufig um ausgemusterte Industriegeräte, die noch auf Transformator-, Gleichrichter- und Thyristor-Technologie beruhen. Solche Maschinen wiegen mehrere Zentner und haben die Größe eines Kühlschranks. Solche älteren Industriegeräte sind zwar im Allgemeinen unverwüstlich, besonders, wenn sie von deutschen Marken stammen. Aber für die meist doch beengten Verhältnisse in einer Hobbywerkstatt möchte ich so etwas eher weniger empfehlen, und wirklich gute ältere Industriegeräte sind keineswegs billig. Die zweite Technologie ist die Inverter-Technologie. Wenn hier gebrauchte Geräte angeboten werden, kommen die häufig noch auf 70-80 % des Neupreises, wenn es gute Marken sind. Ich würde Ihnen auf jeden Fall zu einer neuen Maschine mit Inverter-Technologie raten. Nebenbei haben die modernen WIG-Inverter den Charme, dass sie gleichzeitig auch Elektroden-Handschweißgerät sind. Sie brauchen nur das Schlauchpaket abzumachen und durch ein Kabel mit Elektrodenhalter ersetzen, und schon haben Sie ein absolut perfektes Elektroden-Handschweißgerät. Wenn wir uns nun also auf die Inverter-Technologie konzentrieren, dann müssen wir uns sofort die Frage vorlegen, welche Metalle wir verschweißen wollen:

- Wenn Sie *Baustahl, nichtrostendem Edelstahl*, aber auch *Titan* verschweißen wollen, dann genügt ein *Gleichstromgerät*. Die Gleichstromgeräte werden auch fast immer DC-Maschinen genannt für das englische Wort *DC direct current* für Gleichstrom.
- Wollen Sie hingegen auch noch *Aluminium* verschweißen, dann brauchen Sie einen Inverter, der *Wechselstrom AC* für *alternating current* liefert. Man kann zwar auch Aluminium mit Gleichstrom schweißen, aber das ist ein wenig tricky; ich werde es später noch erläutern. Reine Wechselstromgeräte sind mir unbekannt, es sind immer kombinierte Geräte, die per einfaches Umschalten entweder Gleichstrom oder Wechselstrom liefern können.

Mit solch einer kombinierten Gleichstrom- Wechselstrom-Schweißmaschine sind Sie natürlich für alle Eventualitäten gerüstet, die Sache hat nur einen Schönheitsfehler: Die kombinierten AC/DC-Maschinen kosten über den Daumen rund das Doppelte einer reinen Gleichstrommaschine. Denn es handelt sich hier nicht um einen simplen Wechselstrom, wie er aus der Steckdose in Sinusform kommen, sondern grob gesagt handelt es sich um einen Wechselstrom höherer Frequenz mit verschiedenen Kurvenformen, wie Sinusform, Trapezform und Rechteckform. Bei diesen Wechselstromkurven können meist obendrein noch Pulsfunktion überlagert werden, und die gesamte Welle kann entweder stärker in den positiven oder stärker in den negativen Bereich verschoben werden, das ist die sog. Balance. Warum das so ist, werden wir beim Kapitel Aluminiumschweißen näher betrachten.

Was kostet sowas? Wenn wir uns als Obergrenze 200 A, vielleicht 230..240 A setzen, die man noch aus der normalen Steckdose ziehen kann, dann ist es so:

Preiswerte DC-Geräte aus Fernost beginnen bei 200 €, kombinierte AC/DC-Geräte aus Fernost beginnen bei ca. 500 €. Viele Leute haben solche Geräte und sind damit recht zufrieden, wenn man den Stimmen aus dem Internet glauben darf. Bei den deutschen, österreichischen, dänischen, schwedischen, finnischen und US-amerikanischen Topfirmen ist man ganz grob bei einer DC-Maschine mit 1.500 €, bei einer kombinierten AC/DC-Maschine mit ganz grob 3.000 € dabei. Was Sie nun machen, entweder ein Preiswert-Angebot oder ein High-End-Produkt wählen, das müssen Sie entscheiden. Wenn Sie unsicher sind, dann kaufen Sie doch zunächst eine preiswerte Maschine, und wenn Sie dann gut mit dem WIG-Schweißen klarkommen und es Ihnen Spaß macht, dann verkaufen Sie das Gerät auf *ebay* – solche Geräte sind immer gesucht – und kaufen dann ein Spitzengerät im Fachhandel. Unbedingt mit dem Fachhandel reden – sehr häufig sind diese Topgeräte dort viel günstiger als die Internetangebote!

Als nächstes brauchen Sie eine 10 l oder 20 l – Flasche *Argon 4.6*. Es gibt auch Argon 4.8, das brauchen Sie aber nicht. Man kann auch mit Argon-Helium-Gemischen oder reinem Helium arbeiten; dazu kommen wir noch. Hier gilt dasselbe wie schon beim Schutzgasschweißen: Einmal eine Flasche kaufen, wenn sie leer ist, abgeben und eine gefüllte andere Flasche mitnehmen und nur die Füllung bezahlen. Ich habe immer zwei Flaschen zuhause, denn immer, wenn Sie mal ein größeres Projekt machen wollen, wird mittendrin die Flasche leer. Natürlich passiert das immer am Samstag, am Sonntag oder an Feiertagen. Wann auch sonst? Da ist eine zweite volle Flasche in Reserve beruhigend.

Zwischen Flasche und Schweißmaschine kommt ein Druckminderer, den man wie beim Schutzgasschweißen auf einen bestimmten Gasdurchsatz einstellen kann. Üblich sind 8 ~ 10 Liter/Minute bei Argon 4.6. Wie bei allen Druckminderern drehen Sie erst einmal die Einstellschraube ganz heraus. Sie öffnen das Flaschenventil sowie das Schlauchventil und stellen nun den Durchfluss grob ein. Betätigen Sie die Brennertaste oder auch, wenn vorhanden, eine extra Taste an der Schweißmaschine, um das Gas ausströmen zu lassen: Jetzt erst können Sie den genauen Durchfluss einregulieren. Sog. *Flowmeter*, bei denen das zweite Manometer (denn in Wahrheit wird der Durchfluss durch den Druckabfall an einer internen Drosselstelle gemessen!) durch eine Glassäule mit einer je nach Durchfluss mehr oder weniger hoch schwebenden Kugel ersetzt wird, sollen genauer sein. Das kann ich aufgrund eigener Experimente weder bestätigen noch verneinen. Nehmen Sie die Bauart, die Sie schöner finden und bei der der Preis stimmt.

Bild 3.4-5: 10 l Argonflasche 4.6 = 99,996 % Reinheit. Flasche mit Kabelbindern gegen Umfallen gesichert.

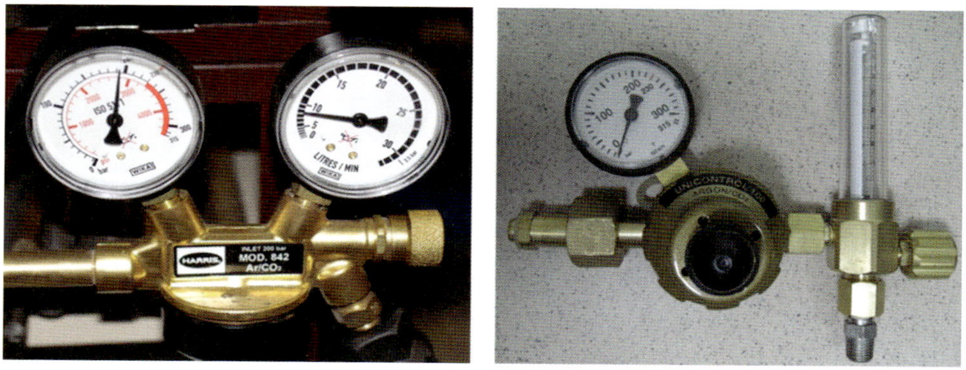

Bild 3.4-6: Druckminderer. Flaschendruck voll 200 bar, Entnahme für viele WIG-Schweißungen: 8 Liter/Minute (links) und Flowmeter (rechts).

WIG kann mit und ohne Zusatzwerkstoff geschweißt werden. Den Brenner hält man in etwa 70° geneigt und den Zusatzwerkstoff zwischen 15° und 30° geneigt; Bild 3.4-7 zeigt, wie's geht. Normalerweise schweißt man als Rechtshänder von rechts nach links, also wie das *Nachlinksschweißen* beim Autogenverfahren bis 3 mm Blechstärke. In bestimmten Fällen kann man auch das *Nachrechtsschweißen* wie beim Autogenverfahren ab 3 mm Blechstärke anwenden, aber der Vorteil des Nachlinksschweißens ist, dass man die Schweißfuge viel besser sieht und die

Wärme vorausläuft, was gerade beim Aluminiumschweißen sehr wichtig ist. Beim Nachrechtsschweißen verdeckt doch der recht klobige WIG-Brenner die Richtung der Schweißfuge und man fischt leicht im Trüben.

3.4.2 WIG-Brenner und WIG-Elektroden

Stichwort WIG-Brenner: Da Sie ein neues oder gebrauchtes WIG-Gerät gekauft haben, wird mit großer Wahrscheinlichkeit ein Brenner mit dabei sein. In dieser Geräteklasse bis ca. 200 A sind diese drei Brennertypen üblich, die obendrein den Charme haben, dass sie die gleichen Gasdüsen, Spannhülsen und Spannhülsengehäuse nutzen:

SR 17: gasgekühlt,	bis 140 A DC und bis 100 A AC bei jeweils	60 % ED
SR 26: gasgekühlt,	bis 240 A DC und bis 170 A AC bei jeweils	60 % ED
SR 18: wassergekühlt,	bis 320 A DC und bis 225 A AC bei jeweils	100 % ED

Alle Angaben nach Fa. *TBI* [C-11]. Dabei bedeutet *gasgekühlt*, dass die Wolframnadel vom Schutzgas umspült und damit gekühlt wird. Bei einem *wassergekühlten* Brenner ist, wie ersichtlich, die Strombelastbarkeit viel höher, aber dazu muss die WIG-Schweißmaschine eine eingebaute Wasserkühlung haben oder man rüstet sie als separates Kühlmodul modular nach. Wenn Sie öfter mit Stromstärken oberhalb 200 A arbeiten, werden Sie auf Dauer nicht ohne Wasserkühlung auskommen: Bei 230 A AC wird ein SR 26 Brenner bereits nach 1 bis 2 Minuten so heiß, dass Sie ihn kaum noch anfassen können; ging mir jedenfalls so. Sie sehen das ja anhand der Einschaltdauer ED – Sie können also schon mit einem SR 26 oberhalb 200 A mit Wechselstrom arbeiten, aber dann müssen Sie ihm wieder genügend Zeit zum Abkühlen geben.

Obwohl die Brenner auf den ersten Blick fast genormt erscheinen, ist es so, dass weitere Unterscheidungskriterien hinzukommen:

- 4 m (reicht i.A.) oder 8 m Länge des Schlauchpakets
- eine Taste oder Doppeltaster
- Potentiometer zur Stromregulierung direkt am Brenner
- 9 mm oder 13 mm *Dinse-Stecker* für den Stromanschluss

Dazu kommt ferner der Stecker für die Steuerkabel. Üblich sind die sog. 5-poligen *Tuchel-Stecker*, aber jeder Hersteller verwendet da auch gerne Eigenkreationen. Das alles müssen Sie wissen, wenn Sie ein neues Schlauchpaket im Internet bestellen wollen – besser, Sie gehen gleich zum Fachhandel.

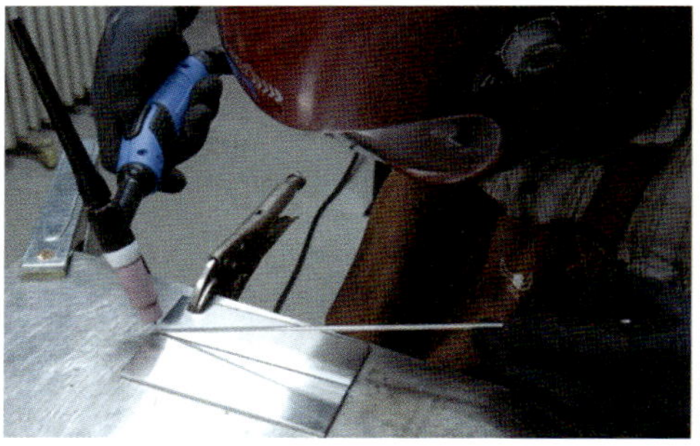

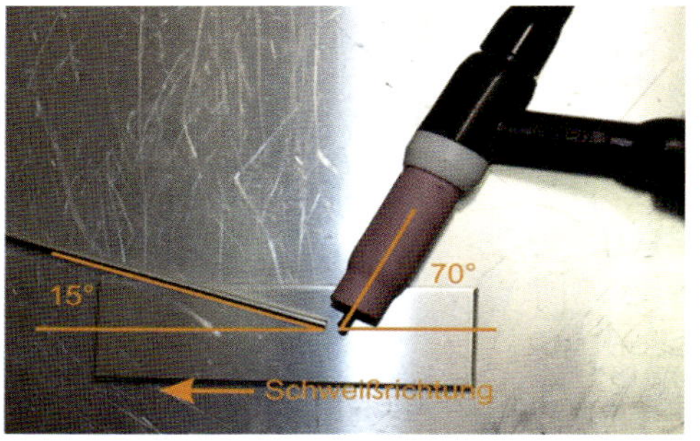

Bild 3.4-7: Typische Haltung von WIG-Brenner und Zusatzwerkstoff. Üblicherweise wird aus Sicht des Schweißers von rechts nach links geschweißt; also hier links im Bild von links nach rechts. Typische Haltung von WIG-Brenner und Zusatzwerkstoff (rechts).

Ehe wir beginnen, müssen Sie noch die WIG-Elektrode, auch WIG-Nadel genannt, anspitzen. Dafür gibt es spezielle Schleifgeräte mit Diamantscheiben, die aber sehr teuer sind. Ein gewöhnlicher Doppelschleifer tut's für unsere Zwecke auch; ich nehme dafür nicht die normalen Korundscheiben, sondern eine Bornitrit-Scheibe, die auch zum Schleifen von Hartmetallen geeignet ist. Wichtig ist, dass Sie die Elektrode längs schleifen und dabei um ihre Achse drehen, damit die Schleifrillen parallel zur Elektrodenachse laufen. Wenn Sie, wie das an sich naheliegend wäre, am Umfang schleifen, bekommen Sie Schleifrillen quer zur Elektrodenachse, was für einen unruhigen Lichtbogen sorgen kann. Achten Sie darauf, dass die Elektrode beim Schleifen nicht zu heiß wird, ggf. mit Wasser abkühlen. Das kann sich sonst eventuell negativ auf die Zündfreudigkeit auswirken. Natürlich wird die Elektrode im eigentlichen WIG-Betrieb auch glühend, aber da ist sie vom Schutzgas umspült. Man könnte jetzt irgendwelche Winkelangaben machen, aber wenn Sie die Spitze so schleifen, dass sie etwa 2 ~ 2,5 mal so lang ist wie ihr Durchmesser, dann liegen Sie richtig.

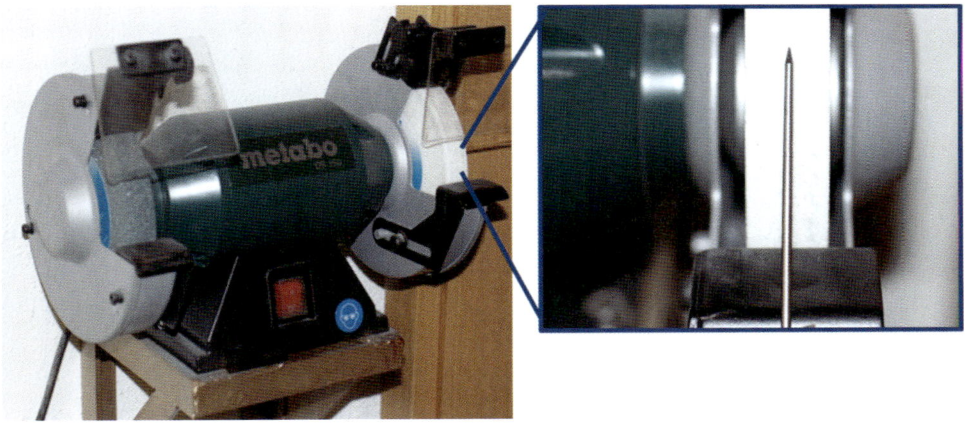

Bild 3.4-8: Doppelschleifer mit 175er Scheiben zum Anspitzen der Elektroden. Genutzt wird die rechte Seite mit der Bornitrid-Scheibe. Anspitzen der Elektrode immer in Längsrichtung.

Welche Elektrodensorte nehmen Sie? Es gibt reine Wolframelektroden, Kennfarbe "Grün", aber die nimmt man nur zum Aluminiumschweißen, genauer gesagt, zum Wechselstromschweißen. Die anderen Sorten sind alle mit verschiedenen chemischen Elementen versetzt, z.B. die Universalsorten "Gold" WL15 mit ca. 1,5 % Lanthanoxid und "Grau" WC 20 mit ca. 2 % Ceroxid. Diese chemischen Dotierungen verbessern das Zündverhalten und die Strombelastbarkeit. Die anderen Sorten brauchen Sie nicht zu kennen – sie mögen für den Berufsschweißer und für halb- und vollautomatische Verfahren sehr wichtig sein – aber ich nehme an sich für Stahl, nichtrostenden Edelstahl und auch für Aluminium generell die Sorten "Gold" oder "Grau". Es wird oft behauptet, dass die Sorte "Grün", also reines Wolfram, für Aluminiumschweißungen Vorteile haben soll – ich kann das nicht so recht bestätigen. Das Zündverhalten und die Lichtbogenstabilität hängen nach meiner Beobachtung auch ganz massiv von der Schweißmaschine ab – die teuren Topgeräte scheinen hier tatsächlich Vorteile zu bieten, wenn ich das mit meiner früheren Preiswert-Fernost-Maschine vergleiche. Kaufen Sie sich also am besten einige (oder auch jeweils eine ganze Packung zu 10 Elektroden) WIG-Nadeln der Stärke 1,6 mm und 2,4 mm; dazu vielleicht zwei Elektroden der Stärke 3,2 mm, dazu, wenn nicht bereits mitgeliefert, die passenden Spannhülsen und Spannhülsengehäuse. Ob "Gold" oder "Grau" – lassen Sie das Ihre persönlichen Farbwünsche entscheiden. Damit sind Sie für alle Situationen gerüstet.

Die Elektrode lassen Sie etwa die doppelte Länge ihres Durchmessers aus der Gasdüse schauen, also bei einer 2,4er Elektrode 5 ~ 6 mm. Kürzer ist zwar technisch besser, aber dann sieht man nicht sehr gut. Wenn Sie einmal irgendwann Profi in Sachen WIG sind, dann können Sie ja der üblichen Empfehlung folgen: Elektrodenüberstand = Elektrodendurchmesser. Machen Sie sich's für den Anfang nicht unnötig schwer. Wichtig ist dann aber, dass Sie nicht am Schutzgas sparen, damit das Schweißbad schön abgeschirmt wird.

Bild 3.4-9: Elektrode „Gold", „Grün" und „Grau".

Und welche **Stromstärke** wählen Sie? Dies hängt wie immer von vielen Faktoren ab, aber als grobe Faustregel würde ich bei Stahl etwa 30 ~ 40 A pro mm Blechdicke und bei Aluminium etwa 40 A pro Millimeter Blechdicke rechnen.

Den **Durchmesser des Zusatzstabs** würde in etwa so groß wie den Elektroden-Durchmesser wählen, im Zweifelsfall eher etwas größer. Also nehmen Sie bei einer 2,4er Elektrode dann einen 2,4 mm Zusatzstab, bei Aluminium auch einen 3,2er.

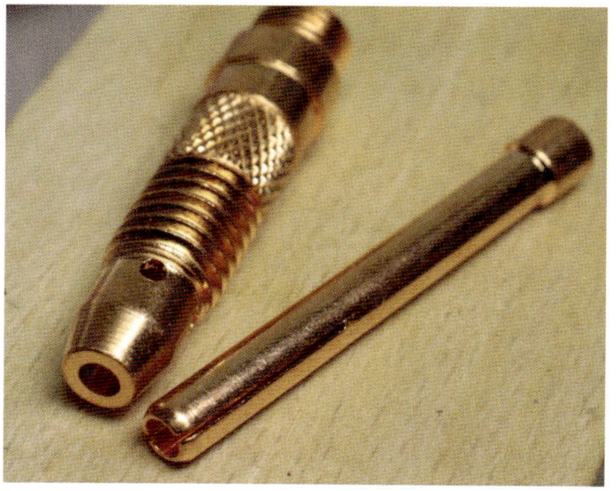

Bild 3.4-10: Spannhülsengehäuse und Spannhülse, hier für 3,2er Elektroden.

Spannhülsengehäuse und Spannhülse richten sich nach dem gewünschten Elektrodendurchmesser und dem Brenner, wobei diese Spannmittel, wie bereits erwähnt, für die Brenner SR 17/18/26 identisch sind. Da käme jetzt gleich die Frage nach dem **Elektrodendurchmesser**; Fa. *EWM* gibt diese Werte bei ihren Schweißmaschinen bei reinem Argon als Schutzgas an [11]:

1,6 mm: bis 160 A DC und bis 150 A AC

2,4 mm: bis 330 A DC und bis 260 A AC

3,2 mm: bis 350 A DC und bis 350 A AC

Das sind Maximalwerte. Ich nehme bis vielleicht 80 A die 1,6er Elektroden und ab dann bis vielleicht 170 A die 2,4er Elektroden und für den Rest bis 230 A die 3,2er Elektroden.

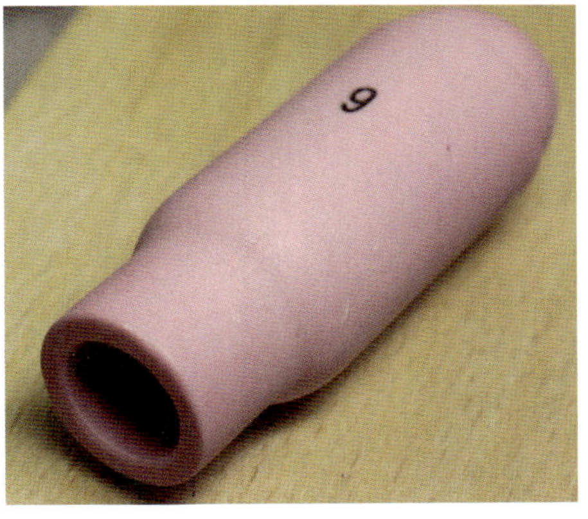

Bild 3.4-11: Keramik-Gasdüse Größe 6 für Brenner SR17/18/26. Die Zahl 6 ist 6/16", also rund 10 mm Innen-Durchmesser.

Die Gasdüse wählen Sie so, dass ihr Innen-Durchmesser die zu erwartende Schweißnaht sicher überdeckt. Dabei bedeuten die auf die Gasdüse aufgedruckten Kennnummern dies:

Größe 4: Innen-Durchmesser 6,5 mm, ~ 6 Liter Argon pro Minute

Größe 5: Innen-Durchmesser 8 mm, ~ 8 Liter Argon pro Minute

Größe 6: Innen-Durchmesser 9,8 mm, ~ 10 Liter Argon pro Minute

Größe 7: Innen-Durchmesser 11,2 mm, ~ 10 Liter Argon pro Minute

Größe 8: Innen-Durchmesser 12,7 mm, ~ 12 Liter Argon pro Minute

Erkennen Sie das System? Die Kennnummern sind 1/16 Zoll. Also 8 = 8/16 x 25,4 mm = 12,7 mm. Für übliche Arbeiten in dieser Geräteklasse bis 200 A nehme ich meist die Größe 6, für dünne Bleche auch 5 oder 4.

Nun kann man anstelle der üblichen Spannhülsengehäuse und Gasdüsen auch sog. *Gaslinsen* mit dazu passenden (und sehr klobigen) Gasdüsen verwenden. Mit solchen Gasdüsen strömt das Schutzgas schön laminar aus, und man kann die WIG-Nadel weiter aus dem Brenner schauen lassen. Für normalen Stahl und Aluminium bringen diese Gasdüsen nicht unbedingt sehr viel; bei nichtrostendem Edelstahl können sie u.U. Vorteile bieten. Sie können das ja mal später, wenn Sie schon WIG-Erfahrung haben, einmal ausprobieren. Zur Zeit brauchen Sie sich darüber keine Gedanken zu machen.

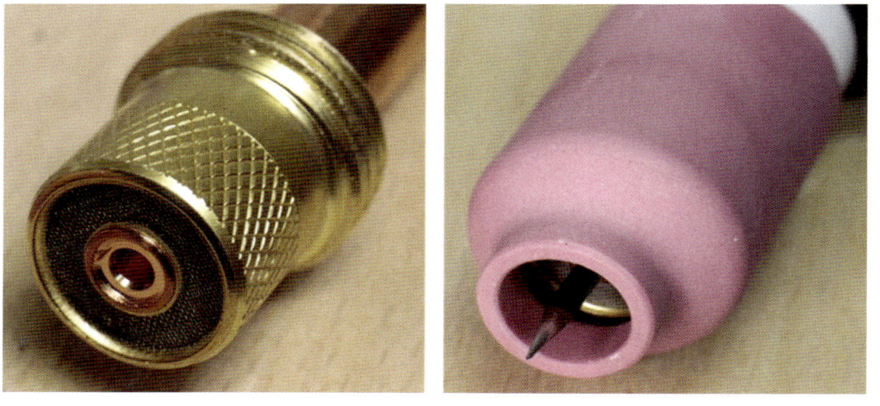

Bild 3.4-12: Eine sog. Gaslinse (links) und WIG-Nadel mit Gaslinse und spezieller Gasdüse (rechts).

3.4.3 Übungen

Jetzt wird es Zeit, einmal ein Übungsstück anzufertigen. Wir beginnen zunächst mit Flachstahl mit 5 mm Dicke, denn je geringer die Dicke wird, umso schwieriger wird es für den Anfänger. Natürlich würde man Flachstahl 5 mm eher mit MAG oder E-Hand schweißen, aber darum geht's ja momentan nicht! Schneiden Sie wieder einige Flachstahlstücke der Qualität S235JR mit den ungefähren Abmessungen 120 x 50 x 5 mm ab und legen Sie zwei davon schön nebeneinander ohne Spalt. Dabei ist es nie verkehrt, eines der beiden mit einer Gripzange am metallenen Schweißtisch bzw. unserer Behelfs-Aluplatte festzuhalten, damit sich ein sicherer Stromübergang ergibt.

Bild 3.4-13: Zwei Flachstahlstücke Dicke 5 mm, warmgewalzt mit Zunder, vorbereitet zum WIG-Schweißen ohne Zusatzwerkstoff.

Stellen Sie den unteren Wert für Stahl, also ca. 30 A pro Millimeter Blechdicke, ein: 30 A x 5 mm = 150 A. Wählen Sie an der Schweißmaschine DC -, denn bis auf ganz wenige (und nicht zu empfehlende) Ausnahmen liegt beim WIG-DC-Schweißen die Elektrode am kälteren Minuspol und die Massezange am wärmeren Pluspol. Sie geben also, falls es gar keine Einstellmöglichkeit an der Maschine gibt, weil Sie eine reine Gleichstrommaschine ist, den Stecker mit der Massezange in den Pluspol und den Brenneranschluss in den Minuspol. Es gibt es üblicherweise noch eine Einstellmöglichkeit: 2-Takt oder 4-Takt. Das hat nichts mit Verbrennungsmotoren zu tun, sondern beim 2-Takt, mit dem Sie die nächste Zeit ohnehin arbeiten sollten, beginnt das Gas auszuströmen und der Lichtbogen zündet, wenn Sie die Brennertaste drücken. Während des ganzen Schweißens halten Sie die Brennertaste gedrückt. Sobald Sie sie loslassen, erlischt der Lichtbogen und das Gas strömt noch einige Sekunden nach, um die glühende Schweißnaht weiter vom Luftsauerstoff abzuschirmen. Dieses 2-Takt-Verfahren macht man beim Heften und bei kurzen Nähten. Bei langen Nähten kann, aber muss man nicht, das 4-Takt-Verfahren wählen. Hier ist es vereinfacht so, dass Sie zum Starten des Schweißvorgangs die Brennertaste drücken und wieder loslassen. Nun können Sie schweißen, ohne die Brennertaste ständig gedrückt zu halten. Den Schweißvorgang stoppen Sie durch erneutes Drücken und Loslassen der Brennertaste. Machen Sie das für den Anfang nicht. Später ist das Viertakt-Verfahren eine feine Sache, wenn Sie die Bauteile geheftet haben und nun längere Nähte ziehen wollen.

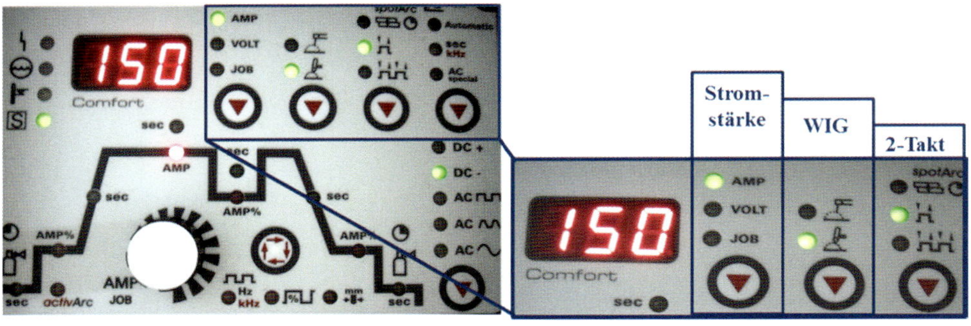

Bild 3.4-14: Ausschnitt aus dem Bedienpanel einer EWM-AC/DC-Schweißmaschine. Wichtig ist zunächst die LED ganz rechts: Einstellung auf DC-Betrieb mit Minus am Brenner.Links die Einstellungen Stromstärke. WIG und 2-Takt

Nach diesen Einstellungen setzen Sie sich hin und nehmen eine möglichst bequeme Stellung ein: Wann immer man kann, schweißt man WIG im Sitzen und nutzt alle Möglichkeiten, um die Unterarme abzustützen. Als Rechtshänder nehmen Sie den Brenner in die rechte Hand und unterstützen die rechte Hand mit Ihrer Linken. Halten Sie den Brenner leicht schräg und peilen Sie eine Lichtbogenlänge von 3 ~ 5 mm an – nicht länger. Man kann als ganz grobe Faustregel davon ausgehen, dass die Länge des Lichtbogens in etwa dem Elektrodendurchmesser entsprechen soll – das wären hier bei der 2,4er Elektrode dann 2,5 ~ 3 mm, aber ich finde das zu kurz. Atmen Sie noch mal tief durch und konzentrieren Sie sich auf eine möglichst ruhige Brennerführung. Zünden Sie den Lichtbogen und verschweißen Sie die beiden Flachstähle ganz ohne Zusatzwerkstoff.

Wenn Sie außer Atem kommen, weil Sie glauben, die Luft anhalten zu müssen – das bringt's natürlich nicht! Schön locker weiteratmen und den Brenner sauber entlang der Stoßstelle führen, dabei nicht hin und her pendeln (das können Sie später in gewissen Schweißsituationen machen). Der ganze Trick besteht darin, schön gleichmäßig den Brenner von rechts nach links zu führen und dabei den Lichtbogenabstand möglichst konstant zu lassen. Das ist das ganze Geheimnis. Natürlich wird es Ihnen wie allen Anfängern sofort passieren, dass Sie mit der Spitze ins Schweißbad unabsichtlich eintauchen. Je nachdem wie die Spitze jetzt verhunzt ist, müssen Sie sie ggf. neu anschleifen; es ist daher eine gute Idee, wenn Sie gleich mehrere angespitzte Elektroden in Griffnähe haben. Verzweifeln Sie nicht, wenn das zunächst nicht klappen will – das braucht Übung. Spätestens nach der zehnten Schweißnaht werden Sie sicherer werden und haben bald den Bogen `raus. Ehe Sie das aber nicht sauber hinbekommen, also die Elektrode mit konstantem Abstand sauber zu führen, ohne ins Bad zu tauchen, sollten Sie nicht mit Zusatzwerkstoff arbeiten. Also üben Sie das, bis es klappt – und das wird es nach ein, zwei Stunden Übungszeit!

Bild 3.4-15: Verschweißen der beiden 5er Flachstähle ohne Zusatzwerkstoff. Die linke Hand stützt dabei die Rechte.

Wenn Sie das Ganze halbwegs im Griff haben, sollte Ihre Naht wie in Bild 3.4-16 ausschauen:

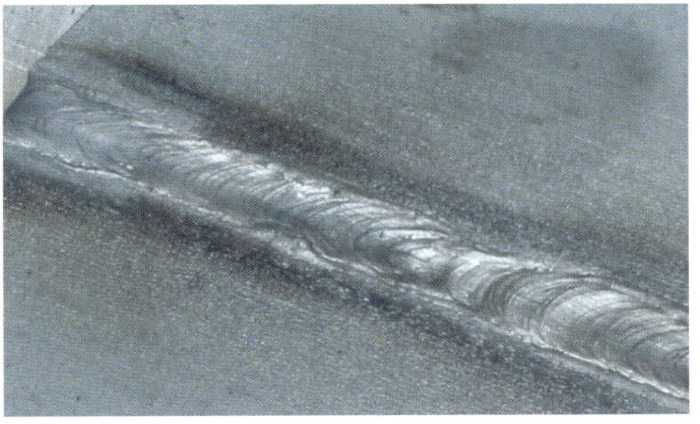

Bild 3.4-16: Die WIG-Naht ohne Zusatzwerkstoff. Im rechten Bilddrittel wurde übrigens gestoppt und neu angesetzt.

Sie können während des Schweißens, wenn es Ihnen unbequem wird, ruhig mehrmals stoppen, absetzen, sich wieder richtig `hinrücken und einfach am Nahtende weiterschweißen. Neu zünden und ab geht die Post. Das macht man auch später oft – nirgends steht geschrieben, dass Sie eine Schweißnaht in einem Zug fertigen müssen. Im Gegenteil – bei vielen Fällen ist es sogar ratsam, in Etappen zu schweißen, um den Wärmeverzug zu verringern. Variieren Sie bei Ihren Versuchen auch einmal die Stromstärke und gehen Sie bis auf 200 A hoch, wenn das Ihre Maschine hergibt.

Wenn das mit den 5er Flachstählen klappt, können Sie sich dann an 2 mm dicke Blechstreifen wagen; beginnen Sie mit 70 ~ 80 A und einer 1,6er Nadel. Alles immer noch ohne Zusatzwerkstoff! Es ist vollkommen legitim und sehr praktisch, WIG ohne Zusatzwerkstoff zu schweißen, wenn das von der Sache her geht, also z.B. keine Schweißfuge da ist.

Gerade bei Blechen sollten Sie immer zuvor einige Heftpunkte setzen wegen dem sonst auftretenden Verzug.

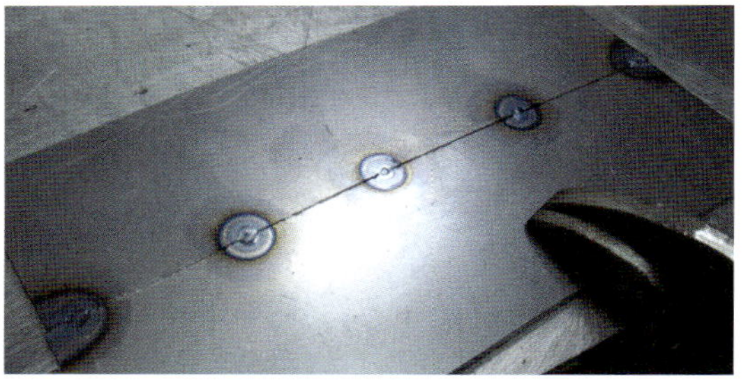

Bild 3.4-17: 2 mm dickes Stahlblech mit Heftpunkten.

Bild 3.4-18: Stark vergrößerte WIG-Naht an 2 mm Stahlblechen. Ohne Zusatzwerkstoff.

Nachdem Sie das im Griff haben, sägen Sie wieder ein paar Flachstähle der Dicke 5 mm ab, denn jetzt werden wir mit Zusatzwerkstoff arbeiten. Bei dem einfachen Baustahl S235JR oder dgl. nehmen Sie einen unlegierten WIG-Schweißstab der Güte

- W 42 5 W2Si1, Werkstoffnummer 1.1512 oder
- W 42 5 W3Si1, Werkstoffnummer 1.1525 oder
- W 46 4 W4Si1, Werkstoffnummer 1.1530

Wie dick wählen Sie den Zusatzwerkstoff? Das kann man nicht pauschal sagen; er muss von seiner Stärke her zur WIG-Elektrode und der Blechdicke passen. Es gibt diese Durchmesser: 1,0 / 1,6 / 2,0 / 2,4 / 3,0 / 3,2 / 4,0.

Bei der I-Naht, die wir gleich schweißen wollen, wäre der Durchmesser 2,0 mm oder 2,4 mm richtig, 3,0 mm ist auch okay. Wenn der Zusatz dünner ist, dann muss eben schneller nachgeführt werden. Legen Sie also wieder zwei 5 mm dicke Flachstahlstücke direkt nebeneinander, zunächst noch ohne Spalt. Heften Sie die beiden Teile links und rechts. Nun nehmen Sie den Zusatzwerkstoff in die linke Hand und starten Sie den Schweißprozess. Sobald sich zwischen beiden Teilen ein Schmelzbad bildet, führen Sie den Zusatzwerkstoff mit einer tupfenden Bewegung zu. Achten Sie darauf, dass sich der Zusatzwerkstoff sozusagen in der Schutzgasglocke befindet; gleichzeitig dürfen Sie aber der Wolframelektrode nicht zu nahe kommen. Wenn das passiert – und das wird Ihnen am Anfang ständig passieren, aber auch bei geübten Schweißern kommt es hin und wieder vor – dann hilft alles nichts: Schweißprozess stoppen und die Elektrode wieder so anschleifen, dass alles Fremdmaterial von der Wolframnadel wieder entfernt ist, sonst macht der Lichtbogen, was er will.

Die Kunst dabei ist, die Bewegungen der beiden Hände zu koordinieren und dabei gleichzeitig das Schmelzbad zu beobachten. Mit der rechten Hand den Brenner schön gleichmäßig nach links führen und dabei den Lichtbogenabstand sauber konstant halten, mit der linken Hand den Zusatzwerkstoff ins Schmelzbad tupfen ohne die Elektrode zu berühren – das ist am Anfang nicht ganz einfach! Da beide Hände ganz verschiedene Bewegungen ausführen – was den meisten Menschen immer Probleme bereitet – müssen Sie das üben. Dabei werden etliche Flachstähle verbraucht werden. Irgendwann aber geht Ihnen das in Fleisch und Blut über – es ist wirklich nur Übung und kein Hexenwerk. Jeder kann das lernen. Wenn das dann der Fall ist, dann sorgen Sie für einen Spalt zwischen beiden Flachstählen, der etwa der Dicke des Zusatzwerkstoffs entspricht. Und wieder üben. Es sind übrigens die gleichen Bewegungsabläufe, wie sie auch beim Autogenschweißen auftreten; daher sind WIG und Autogen sehr verwandt, und beide gelten als schwierig. Aber das stimmt nicht; hören Sie nicht auf die Stimmen, die Ihnen einreden wollen, dass WIG- und besonders Autogenschweißen zu schwierig für Hobby-Schlosser sind. Es sind die beiden Verfahren, die eigentlich die Profiklasse des Schweißens sind – und warum sollen Sie sich mit weniger zufrieden geben?

Bild 3.4-19: WIG-Schweißen mit Zusatzwerkstoff – der hier im Bild übrigens Aluminium ist. Einen Handschuh mit Loch zu verwenden wird nicht zur Nachahmung empfohlen, da dies mit den Richtlinien des Arbeitsschutzes vereinbar ist.

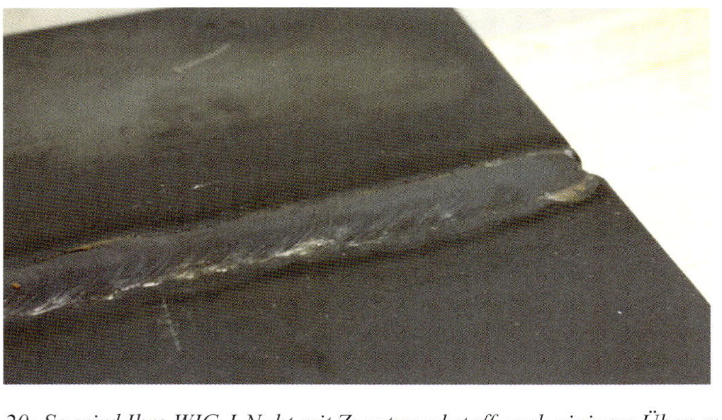

Bild 3.4-20: So wird Ihre WIG-I-Naht mit Zusatzwerkstoff nach einigem Üben aussehen.

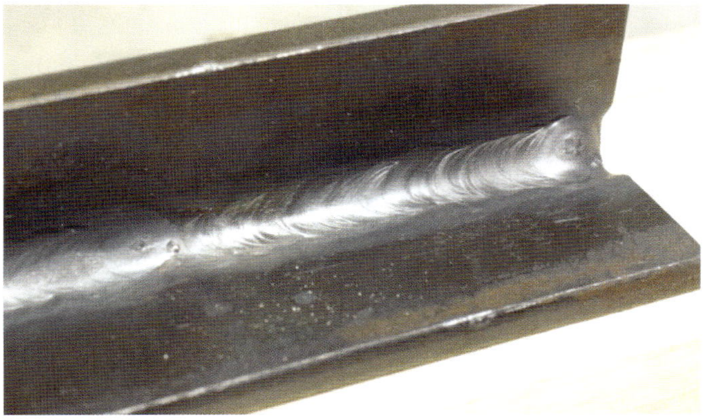

Bild 3.4-21: Nächste Schwierigkeitsstufe: Eine WIG-Kehlnaht mit Zusatzwerkstoff. Flachstahl wie immer: S235JR, 5 mm Dicke.

Bild 3.4-22: Typisch für WIG: Eine Kehlnaht mit Zusatzwerkstoff. Blechrohr, Wandstärke 0,6 mm (!), Lasche 1 mm dick.

Wenn Sie das WIG-Schweißen mit normalem Baustahl sauber schaffen, dann könnten Sie sich einmal an die schwierigeren, aber auch sehr spannenden Werkstoffe *Aluminium-Legierungen* wagen:

3.4.4 Aluminium-Schweißen mit WIG

Das ist eigentlich die Profiklasse, aber das geht mit etwas Übung ganz problemlos; WIG ist absolut prädestiniert für das Aluminiumschweißen – meines Erachtens ist es gerade für den Hobby-Schlosser *das* Schweißverfahren für Aluminium, weil es hier ja nicht auf die Zeit ankommt. Sie sollten zunächst mit Aluminium-Knetlegierungen beginnen; besorgen Sie sich Aluminiumbleche (eine gute

Versandgröße ist 500 x 500 mm oder 1000 x 500 mm) der Qualität AlMg3 und der Dicke 3 mm. Schneiden Sie das Blech in Streifen mit den ungefähren Abmessungen 120 x 50 mm, also wie die Übungs-Flachstähle. Als Zusatzwerkstoff wählen Sie die Stärke 2,4 mm , besser aber 3,2 mm der Güte AlMg5 oder auch AlMg3. Nichts anderes – mit dieser Kombination werden Sie sehr gut klar kommen. Als Schutzgas nehmen Sie ganz normales Argon 4.6.

Stellen Sie Ihre Schweißmaschine auf AC, und wenn Sie die Wahlmöglichkeit haben, auf Trapezkurve; das ist die Kurvenform, die recht universell ist. Gehen Sie auf ca. 125 A, denn bei Aluminium sollten Sie wegen der viel besseren Wärmeleitfähigkeit gegenüber Stahl mit mindestens 40 A pro Millimeter Wandstärke rechnen. Nun gibt es drei weitere Einstellmöglichkeiten, je nach Maschine:

- Puls: Brauchen Sie im Moment nicht.
- Balance: Setzen Sie momentan auf 0, die Erklärung folgt später.
- Frequenz: Setzen Sie auf 75 Hz (oder auch auf 50 oder 100 Hz).

Sollten Sie eine reine DC-Maschine haben, funktioniert Aluminiumschweißen entgegen vieler Stimmen ganz problemlos; Sie brauchen nur ein anderes Schutzgas. Näheres wird dazu später erläutert.

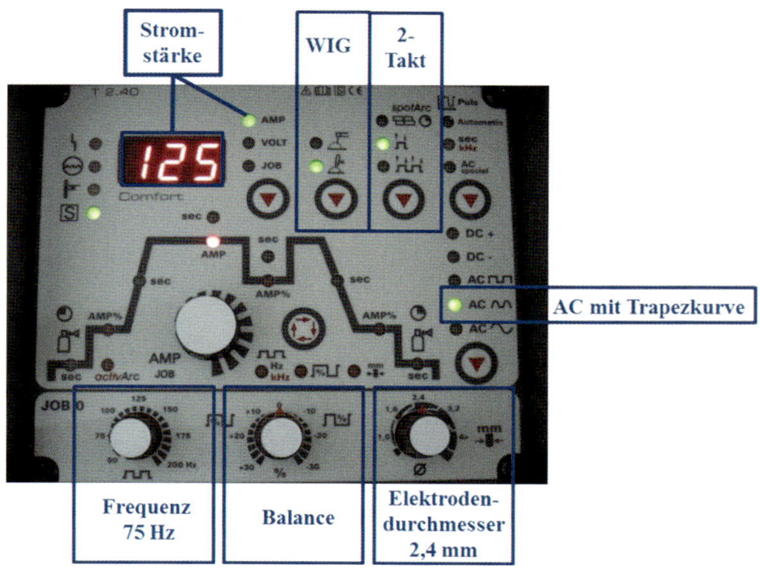

Bild 3.4-23: Die Einstellungen für unsere erste Aluminium-Schweißung an einer EWM. Bei anderen Fabrikaten wird die Anordnung abweichen, aber das Prinzip ist dasselbe.

Legen Sie die Bleche nebeneinander, zunächst ohne Spalt, und schrubben Sie den Schweißbereich mit einer Edelstahl-Bürste, um die Oxidschicht aufzubrechen. Die bildet sich zwar sofort wieder neu, aber sie ist dann wesentlich dünner. Bei manchen (eher preiswerten) WIG-Maschinen müssen Sie das sogar auf jeden Fall machen, damit der Lichtbogen überhaupt zündet. Fixieren Sie zumindest eines der Bleche mit einer Gripzange oder Schraubzwinge, sonst kann es gerade bei Aluminium Kontaktprobleme und damit verbundene Zündprobleme geben!

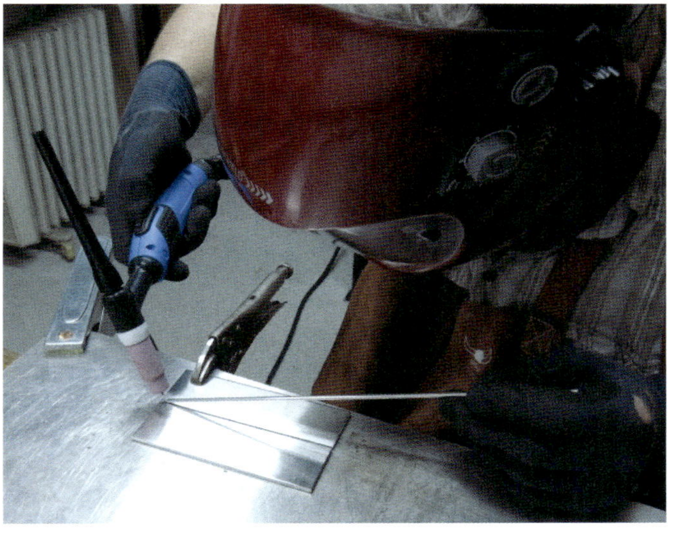

Bild 3.4-24: Beginn Aluminium-Schweißen mit Zusatzwerkstoff.

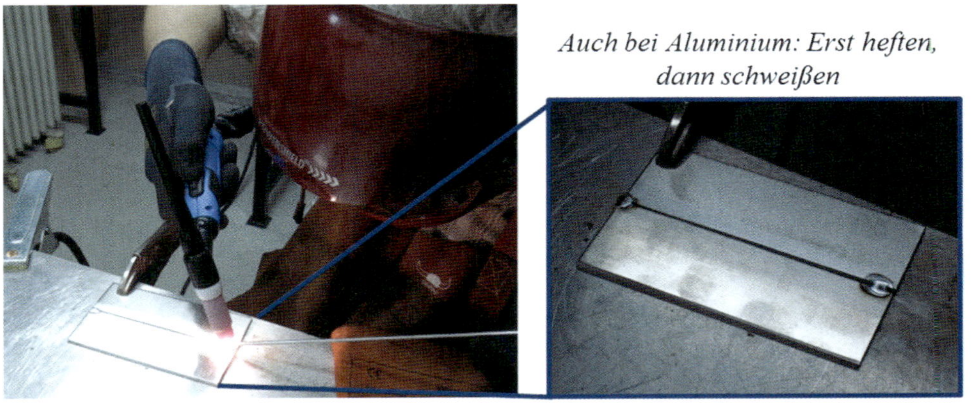

Bild 3.4-25: Heften.

Sie werden feststellen, dass Sie ziemlich schnell schweißen müssen und dass der Zusatzwerkstoff mit recht hoher Geschwindigkeit nachgeführt werden muss. Die Profis schaffen es, den Zusatzwerkstoff zwischen den Finger ständig nachzufördern. Ich kann das nicht, bei mir bewegt sich halt die ganze Hand. Daher schneide ich die Zusatzstäbe, die normalerweise 1000 mm lang sind, in der Mitte durch und arbeite nur mit ca. 500 mm langen Stäben. Die verbrauchen sich dann relativ schnell – macht überhaupt nichts, stoppen Sie einfach den Prozess, schieben Sie den Stab in der Hand nach oder nehmen einen frischen und machen Sie einfach nach dieser kleinen Pause weiter. Je nach Schweißmaschine müssen Sie das Nahtende wieder kurz mit der Edelstahlbürste schrubben, damit der Lichtboden wieder zuverlässig zündet.

Bild 3.4-26: Während des Aluminiumschweißens nach einer Pause, kurz vorm erneuten Zünden.

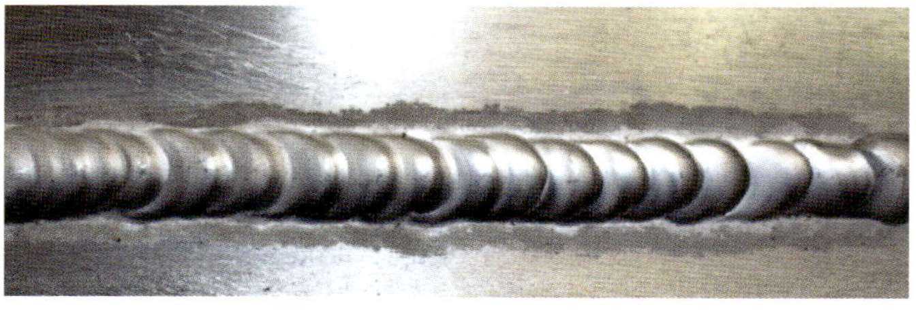

Bild 3.4-27: Fertige Aluminium-WIG-Naht; nicht zu schlecht für einen Amateur.

Wenn Sie solche Übungsstücke problemlos hinbekommen, dann könnten Sie aus diesen aus jeweils zwei Blechen zusammen geschweißten Stücken eine ganze Aluminiumkiste schweißen; da können Sie auch schön Ecknähte üben und haben zum Teil auch etwas größere Spalte.

Die nächste Übung wären Aluminium-Profilstäbe, die oft aus der Legierung AlMgSi0,5 bestehen. Als Zusatzwerkstoff können Sie wieder den AlMg5 (3.3556 bzw. S AL 5356) nehmen, der dafür sehr geeignet ist; oder den AlMg3 (3.3536 bzw. S Al 5754). Lassen Sie sich via Internet ein paar dickwandige Rohre und Flachmaterial kommen und üben Sie damit.

Bild 3.4-28: Zur Übung könnten Sie einmal eine Kiste aus Ihren vorher zusammengeschweißten Alublechen zusammensetzen; rechts oben schaut ein Stück Kehlnaht heraus.

3.4.5 Aluminiumguss-Schweißen mit WIG

Was gerade die Auto- und Motorradfreaks interessiert: Kann man Aluminium-Motorgehäuse und Getriebekästen schweißen, wenn sie z.B. gerissen sind? Hier ist die Antwort ja und nein: Es hängt vollkommen von der verwendeten Legierung ab. Gerade früher wurden teilweise Gusssorten verwendet, die mit allem möglichen dubiosen Zeug legiert wurden, besonders bei englischen Fahrzeugen, und die Schweißeignung ist oft nicht vorhanden. Sie müssen ohnehin herausfinden, ob es sich überhaupt um eine Aluminiumlegierung handelt: Vergaser sind sehr häufig aus Zinkspritzguss, der fast genauso wie Aluguss aussieht, aber praktisch nicht schweißbar ist; jedenfalls nicht mit Alu-Zusatzstäben. Da hilft alles nichts, Sie müssen an irgendeiner Ecke, die nicht wichtig ist, einmal eine Probeschweißung probieren. Vorher sollten Sie solche Teile, besonders wenn sie jahrzehntelang unter Öl oder Benzin standen, in einer heißen Lauge aus Geschirrspülmittel oder Textil-

Waschmittel kochen, u.U. sogar mehrfach. „Entfetten" mit Dieselöl oder Benzin oder einer Mischung aus beiden (übrigens ein Geheimtipp: Halb Benzin, halb Diesel ist nicht nur gut für Molotowcocktails, sondern fantastisch zum Säubern von Motorenteilen) bringt's nicht wirklich, weil das Leichtöle sind. Besser wären Chlorothene oder Aceton, aber die sind nicht so leicht zu beschaffen, eine gute Alternative ist Bremsenreiniger.

Dann sollten Sie mit einer Fächerscheibe die Umgebung des Risses schön sauber schleifen; besonders bei japanischen Motorradmotoren ist das sehr wichtig, weil die fast immer mit einem unsichtbaren Klarlack überzogen sind. Anschließend schrubben Sie die Nahtumgebung mit einer V2A-Stahlbürste (keine normale Stahlbürste!) und dann könne Sie losschweißen. Modernere Gusslegierungen sind fast immer mit Silizium legiert; der Anteil liegt häufig zwischen 5 und 14%. Ist der Siliziumanteil genau 12%, handelt es sich um das Eutektikum: Es gibt nur flüssige und feste Phasen, aber keine teigigen – was für das Schweißen natürlich nicht so ganz das Wahre ist. Als Zusatzwerkstoff würde ich mit einem AlSi5 (3.2245 bzw. S Al 4043A) arbeiten.

Bild 3.4-29: Aluminiumguss-Schweißnähte an einem Kupplungsdeckel eines Honda-Motorrad-Motors.

Wir haben jetzt mit WIG schon sehr schön Aluminium geschweißt, und zwar mit Wechselstrom – warum eigentlich mit Wechselstrom? Das hängt mit der Oxidschicht zusammen, mit der sich Aluminium sofort an der Luft überzieht. Einerseits ist diese Oxidschicht ein hervorragender Korrosionsschutz, auf der anderen Seite stört diese Oxidschicht erheblich beim Schweißen. Während der Schmelzpunkt von

Aluminium je nach Legierungsanteilen bei rund 660°C liegt, schmilzt diese Oxidschicht, genau genommen Aluminiumoxid Al_2O_3, erst bei über 2.000°C. Würde nun diese Oxidschicht auf dem Aluminium verbleiben, dann würde man das Bad nicht richtig beobachten können und die Oxidschicht wäre noch fest, während darunter bereits das Aluminium wegläuft. Die Aluminiumoxidschicht muss also während des Schweißens aufgebrochen werden. Am einfachsten geht das, indem man den WIG-Brenner nicht wie üblich an den Minuspol legt, sondern an den Pluspol. Jetzt passiert folgendes: Wenn die Elektrode am Pluspol legt, dann fließen zwar die Elektronen von der Schweißnaht zu Elektrode, aber die viel schwereren Ionen fließen von der Elektrode zum Schweißgut. Dort prallen die Ionen auf die Werkstückoberfläche und zerschießen regelrecht die Aluminiumoxidschicht. Man kann das sogar je nach Schweißparametern und Blickwinkel sehr schön beobachten, wie die Oxidschicht regelrecht in Fetzen davon fliegt. Leider hat diese ganze Sache einen ganz erheblichen Nachteil: Der Pluspol wird beim WIG-Schweißen wesentlich heißer als der Minuspol. Dadurch ist die Strombelastbarkeit der Elektrode sehr schnell erreicht. Das bedeutet: Schweißen mit positiv gepoltem Brenner funktioniert eigentlich nur für sehr kleine Wandstärken bis vielleicht 2 mm. Selbst dann ist die Elektrode schon kurz vorm Verglühen. Damit Sie einmal eine Idee bekommen: Während Sie eine 2,4 mm Wolfram-Elektrode Typ „Gold“ oder „Grau“ bis 250 A belasten können, wenn sie an Minuspol hängt, können Sie der gleichen Elektrode nur bis zu 30 A zumuten, wenn sie plusgepolt ist. Damit wird sofort deutlich, dass das Aluminiumschweißen mit plusgepolter Elektrode nur in Ausnahmefällen Erfolg verspricht. Um die Reinigungswirkung der positiv gepolten Elektrode zu nutzen, macht man nun einfach folgendes: Man beaufschlagt die Elektrode mit einem Wechselstrom. Jetzt wird die Elektrode in schneller Folge immer wieder Minuspol und Pluspol; während sie plus gepolt ist, zerschießt sie die Oxidschicht bei gleichzeitig sehr hoher Strombelastung, ist sie dann gleich wieder negativ gepolt, kann die Elektrode wieder abkühlen.

Die gleiche 2,4 mm Elektrode von vorhin kann nun mit Wechselstrom wesentlich höher belastet werden als mit plus gepoltem Gleichstrom, aber wenn man kurz logisch drüber nachdenkt, kann man nicht dieselben Stromstärken erzielen wie mit minus gepoltem Gleichstrom. Konkret heißt es für unsere Elektrode eine maximale Strombelastbarkeit von ungefähr 210 A. Die Reinigungswirkung der mit Wechselstrom beaufschlagten Elektrode kann teilweise verbessert werden: Mit steigender

Frequenz des Wechselstroms steigt auch die Reinigungswirkung, moderne Schweißmaschinen bieten hier Frequenzen zwischen 50 und 300 Hz. Ich arbeite bei Aluminium gern mit 75 ~ 100 Hz, aber wenn man die Leistungsfähigkeit der Schweißmaschine einmal voll ausnutzen will, dann kann man auch auf die maximal einstellbare Frequenz gehen, weil sich mit steigender Frequenz auch die Tiefenwirkung des Lichtbogens erhöht.

Nun wurde durch Versuche festgestellt, dass man nicht immer gleiche Anteile von positiven und negativen Halbwellen braucht. Da die Strombelastung der Elektrode bei der positiven Halbwelle viel größer ist wie bei der negativen, kann es in vielen Fällen vollkommen ausreichen, nicht die ganze positive Halbwelle, sondern nur 20 oder 30 % davon zu benutzen. Dort ist der Anteil der negativen Halbwelle wesentlich größer, und die Elektrode kann besser abkühlen. Ich arbeite meistens mit der Balance Null, d.h. gleiche Anteile von positiver und negativer Halbwelle. Das sollten Sie zunächst auch machen, aber später kann Sie niemand daran hindern, damit zu experimentieren. Ein höherer Anteil der positiven Halbwelle bedeutet bessere Reinigungswirkung, aber höhere Strombelastung der Elektrode, ein höherer Anteil negativer Halbwellen lässt die Elektrode kühler laufen.

Nun kann man aber trotzdem Aluminium mit Gleichstrom schweißen, und zwar, wie es sich gehört, mit negativ gepolter Elektrode: Das WIG-Schweißen mit Gleichstrom bei Aluminium und negativ gepolter Elektrode funktioniert vollkommen problemlos, wenn man das richtige Schutzgas verwendet: die Firma Zeppelin Systeme, Friedrichshafen, hat dieses spezielle Gleichstrom-Schweißverfahren entwickelt, bei dem man ein Mischgas mit 90 % Helium und 10 % Argon verwendet. Das Helium sorgt für einen wesentlich heißeren und intensiveren Lichtbogen, der die Oxidschicht zwar nicht aufbricht, aber verflüssigt. Dann kann man problemlos schweißen. Der Argon- Anteil dient zum Zünden des Lichtbogens. Ich habe dieses von Hugo Gehring erfundene und der Firma Zeppelin in Lizenz verwendete Verfahren intensiv ausprobiert und kann nur Gutes darüber berichten. Das einzige Problem, was für den Hobbyschlosser auftritt, ist die Beschaffung dieses Mischgases. Zwar haben die großen Gashersteller *Linde* und *Messer* dieses Mischgas standardmäßig im Programm, aber blöderweise nur in 50 l Flaschen. Bei *Linde* heißt dieses Gas VARIGON He 90; die großen Gashändler können Ihnen aber dieses Mischgas selbst mischen, wie ich z.B. von der Firma *Riessner Gase, Lichtenfels*, weiß. Natürlich ist dieses Mischgas, besonders in Kleinmengen von 10 oder 20 Liter-Flaschen, wesentlich teurer als normales Argon 4.6., aber wer nur ein WIG-DC-Gerät hat und nur ab und zu Aluminium schweißen will, für den kann diese Variante eine Alternative sein. Da Helium aber eine geringere Dichte als Argon hat, müssen Sie 20 ~ 24 Liter/Minute Gasdurchsatz gegenüber den üblichen 8 ~ 10 Liter/Minute bei Argon einstellen; dafür brauchen Sie im Gegenzug wesentlich geringere Stromstärken, weil der Heliumanteil dem Lichtbogen viel mehr Power als Argon gibt. Man muss daher noch schneller schweißen als mit Wechselstrom und Argon: Hier geht's richtig zur Sache!

Bild 3.4-30: Zwei je 3 mm dicke Aluminiumbleche AlMg3 mit DC geschweißt: 100 A, 20 Liter/Minute Mischgas (90 % Helium, 10 % Argon), Zusatzwerkstoff AlMg5.

3.4.6 Nichtrostender Edelstahl mit WIG

Dieses Material lässt sich an sich recht gut mit *Gleichstrom* verschweißen, als Zusatzstäbe haben sich die Werkstoffe 1.4370 = W 18 8 Mn Si und 1.4316 = W 19 9 L Si bewährt. Der erste ist außer für 1.4301, d.h. X5CrNi18-10, auch geeignet für Werkzeugstähle, Federstähle, Manganhartstähle, Einsatzstähle und Schwarz-Weißverbindungen (das sind Verbindungen zwischen normalem Kohlestoffstahl „schwarz“ und nichtrostendem Edelstahl „weiß“) [C-18]. Die zweite Sorte ist nach [C-19] für diese Werkstoffe vorgesehen:

1.4301 = X5CrNi18-10,

1.4303 = X4CrNi18-12,

1.4306 = X2CrNi19-11,

1.4308 = GX5CrNi19-10 Stahlguss,

1.4310 = X10CrNi18-8 Federbandstahl,

1.4311 = X2CrNi18-10 für die chemische und Nahrungsmittelindustrie,

1.4319 = X5CrNi17-8,

1.4541 = X6CrNiTi18-10 keine interkristalline Korrosion im geschweißten Zustand,

1.4550 = X6CrNiNb18-10 für die Nahrungsmittelindustrie,

1.4552 = GX5CrNiNb19-11 Stahlguss

Nach meiner Beobachtung nimmt man eher 30 A pro Millimeter Wandstärke anstelle der sonst üblichen 40 A. Aber man muss da etwas probieren, bis man bestmögliche Ergebnisse erzielt. Außerdem sind diese Stähle verzugsempfindlicher als normale Stähle. Ich habe den Eindruck, dass das WIG-Schweißen dieser Stähle mit Gaslinse und den entsprechenden Gasdüsen etwas besser funktioniert als ohne, aber das ist vermutlich Geschmackssache.

Bild 3.4-31: Verschiedene WIG- und Autogen (Au)- Schweißstäbe.

Beim Schweißen dieser hochlegierten nichtrostenden Edelstähle treten mehr oder weniger starke Verfärbungen und Verzunderungen auf, die man nach dem Schweißen durch Bürsten mit Stahlbürsten, Polieren mit entsprechenden Scheiben und Winkelschleifer sowie durch chemische Behandlung (Beizen) entfernen sollte, damit hier keine Korrosion auftritt.

Beim Schweißen solcher Edelstahlsorten wird gerne das sog. *Formieren* empfohlen. Hier wird unter die Nahtwurzel ein Formiergas, das kann Argon oder ein Argon-Wasserstoff-Gemisch sein, geleitet, um die Verzunderung zu unterbinden. Verzunderungen besonders an der Nahtwurzel sorge für erhöhte Korrosionsgefahr, außerdem kann der Zunder abplatzen und in Rohrleitungen für Ungemach sorgen. Damit wird auch klar, wann man formiert und wann nicht: Bei Hydraulik- und

Schmierstoffrohren leitet man während des Schweißens in das eine Rohrende Formiergas ein, das am anderen Rohrende wieder ausströmt. Baut man hingegen einen Gitterrohrrahmen für ein Fahrzeug oder baut man ein Edelstahlgeländer, wird man sich den Aufwand des Formierens sparen.

Insgesamt betrachtet, lässt sich nichtrostender Edelstahl ganz besonders gut mit WIG schweißen; nach meiner Erfahrung sind MIG/MAG und E-Hand ganz gut, aber gegenüber WIG 2. Wahl. Autogenschweißen ist beim nichtrostenden Edelstahl nicht üblich.

Dieselbe Kehlnaht, gebürstet

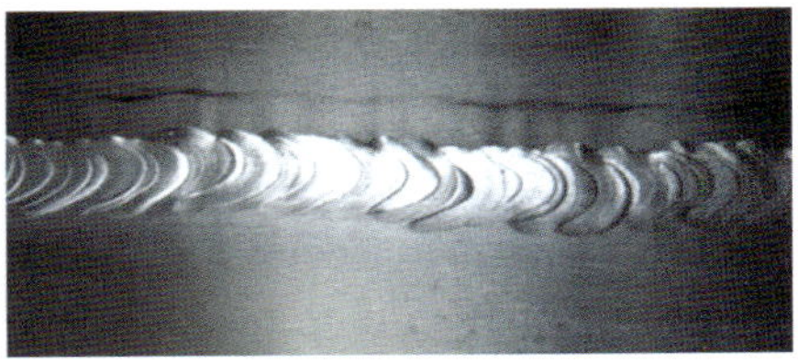

Bild 3.4-32: Eine Kehlnaht bei zwei 5 mm dicken Edelstahl- Flachstäben

Bild 3.4-33: Rohre heftet man an vier Stellen über Kreuz (links) und die fertige Schweißnaht, gebürstet (rechts).

Derartige Kehlnähte an Rohren schweißt man am besten in 1 cm langen Abschnitten

Die fertig geschweißte Konstruktion, Nähte noch unbehandelt

Die fertig geschweißte Konstruktion, Nähte gebürstet

Bild 3.4-34: Kehlnähte an Rohren

Bild 3.4-35: Edelstahl-Beizpaste.

3.5 Autogenschweißen

3.5.1 Allgemeines

Das Autogenverfahren ist das älteste und klassischste Schmelzschweiß-Verfahren: Es wird mit einer Acetylen-Sauerstoff-Flamme gearbeitet, der Zusatzwerkstoff wird separat – wie beim WIG-Verfahren – zugegeben. Das Verfahren ist das universellste aller Schweißverfahren, denn es können damit nicht nur an und für sich praktisch alle Metalle geschweißt werden, sondern ein besonderer und zusätzlicher Pluspunkt ist, dass man mit dieser Ausrüstung, die neu rund einen Tausender kostet, auch hartlöten kann. Ferner kann man mit der sehr heißen Flamme auch sehr schön Profile zum Richten erwärmen, und man kann auch prima damit Werkzeugschneiden härten. Das autogene Brennschneiden von Stahl ist alternativlos und wird in Kapitel 4.2 ausführlich beschrieben.

Das klassische Autogenverfahren arbeitet immer mit Acetylen und Sauerstoff. Für untergeordnete Zwecke, z.B. zum Brennschneiden, kann man als Brenngas auch Propan oder Wasserstoff nehmen, aber Acetylen hat den überragenden Vorteil gegenüber anderen Brenngasen, dass es erstens zusammen mit Sauerstoff die höchste Flammentemperatur, nämlich rund 3200 °C, erreicht, und, was genauso wichtig ist, zweitens die höchste Flammenenergie abgibt. Was muss man über die beiden Gase Acetylen und Sauerstoff wissen?

In allen möglichen Internetforen, aber auch Büchern, ist immer wieder zu lesen, dass der Umgang mit Sauerstoff- und Acetylenflaschen sehr gefährlich und nichts für den Hobbyanwender sei. Diese Meinung ist absolut dummes Zeug: Wenn man mit diesen Gasen richtig umgeht, ist das nicht gefährlicher als Autofahren oder Kaffeetrinken. Daher werden diese Sicherheitshinweise nun gleich zu Beginn gegeben. Für den gewerblichen Bereich gibt es sehr umfangreiche Vorschriften der Berufsgenossenschaft Holz und Metall, die Sie als Privatanwender an sich nicht interessieren brauchen; dennoch kann deren Lektüre nicht schaden: BGR 500 [C-20].

Acetylen ist ein farbloses brennbares Gas, das erst 1836 entdeckt wurde. In der Natur kommt es, soweit bekannt, nicht vor, sondern es muss technisch erzeugt werden. Dies kann erfolgen durch Pyrolyse von Erdöl oder über die Reaktion von Kalziumkarbid und Wasser. Für die Werkstatt gab es früher spezielle Werkstattentwickler, in denen Kalziumkarbid dosiert mit Wasser versetzt wurde, und man nannte sie Acetylenentwickler. So etwas ist heute völlig aus der Mode geraten und hat, wenn man einen solchen Entwickler noch gebraucht beschaffen kann, in einer Hobbywerkstatt aus Sicherheitsgründen nichts verloren. Heutzutage wird Acetylen in Form von Druckgasflaschen geliefert und zwar in Stahlflaschen zu 10 l, 20 l, 40 l und 50 l. Acetylen hat die Eigenschaft, dass es bei einem Druck von mehr als 2 bar und gleichzeitigen Erhitzen explosionsartig in seine Bestandteile Kohlenstoff und Wasserstoff zerfällt. Daher kann man es nicht wie Sauerstoff mit 200 bar in Stahlflaschen pressen. Man bedient sich dabei eines Tricks: Die Acetylenflaschen werden mit einer schwammartigen Masse aus Calciumsilikathydrat gefüllt, in die Aceton gegeben wird. Aceton kann Acetylen in größeren Mengen lösen und zwar löst 1 l Aceton bei Raumtemperatur je bar 25 l Acetylen. Das bedeutet, dass eine volle Acetylenflasche mit 40 l bei 19 bar Druck und 13 l Acetonfüllung gut 6.000 l Acetylen enthält (13 l Aceton x 25 l/bar x 19 bar = 6.175 l). Damit ist auch folgende Sicherheitsregel klar: Acetylenflaschen dürfen nur stehend oder schräg liegend verwendet werden, damit während der Gasentnahme kein Aceton mit herausgerissen wird.

Bild 3.5-1: Eine Autogen-Anlage mit 10 l Flaschen für Acetylen und Sauerstoff. Die Schläuche hängt man, wie hier, nicht über die Flaschen, sondern z.B. über einen Schlauchhalter. Flaschen immer schön sichern gegen Umfallen.

Ebenso ist auch damit verständlich, dass bei den großen 40 l bzw. 50 l Acetylenflaschen nicht mehr als 1.000 l Acetylen pro Stunde (bei kleinen Flaschen entsprechend weniger) entnommen werden dürfen, weil sonst auch wieder die Gefahr der Aceton-Mitnahme gegeben ist. Aber diese Vorschrift ist eher theoretisch und dürfte für den Hobbyschlosser aufgrund des doch eher geringen Verbrauchs kaum in Betracht kommen. Nur damit Sie es wissen: Technisch wird das derart gelöst, dass bei Gasentnahmen über 1.000 l/h einfach mehrere Acetylenflaschen zu einer sogenannten Flaschenbatterie zusammengeschlossen werden. Aber das haben nur Industriefirmen, die große Schweiß- und Schneidanlagen betreiben.

Damit Sie die richtige Acetylenflasche für Ihre Werkstatt besorgen, hier einige Abmessungen, die den Spezifikationen des berühmten Gaslieferanten *Linde* entnommen sind [C-21]:

Tabelle 3.5-1: Flaschengrößen für verdichtete Gase.

Flaschen-größe	Inhalt Acetylen [kg]	Fülldruck [bar]	Gesamt-gewicht [kg]	Außendur. [mm]	Länge [mm]
10 l	1,6	19	25	140	1.000
20 l	3,2	19	45	204	970
40 l	8	19	72	204	1.630
50 l	10	19	75	204	1.630

Wie Sie daran sehen, lassen sich 10 l Flaschen recht problemlos in den Keller transportieren – und die reichen auch für den Hobbyschlosser –während es bei 20 l und gar den großen 40 l und 50 l Flaschen schon recht eng wird und eher zwei Personen zum Transport – schon aus Sicherheitsgründen – braucht. Dass man Gasflaschen immer gegen Umfallen sichert, dürfte wohl klar sein; ich mache solche Flaschen entweder mit Kabelbindern an den Regalen fest oder die beiden Flaschen der Autogenanlage kommen gleich in einen ordentlichen Flaschenwagen, in dem sie wiederum mit Ketten und Kabelbindern gesichert werden.

Stichwort Keller: Acetylen ist leichter als Luft und verschwindet daher von selbst, wenn Sie irgendwo im Keller ein Fenster offen lassen oder eine sonstige Lüftung haben. Ganz im Gegensatz zum vermeintlich „ungefährlicheren" Propangas, was

Hundertausende von Hobbygrillern gerne verwenden, das nämlich schwerer als Luft ist und sich in Schwaden auf dem Boden ablagert.

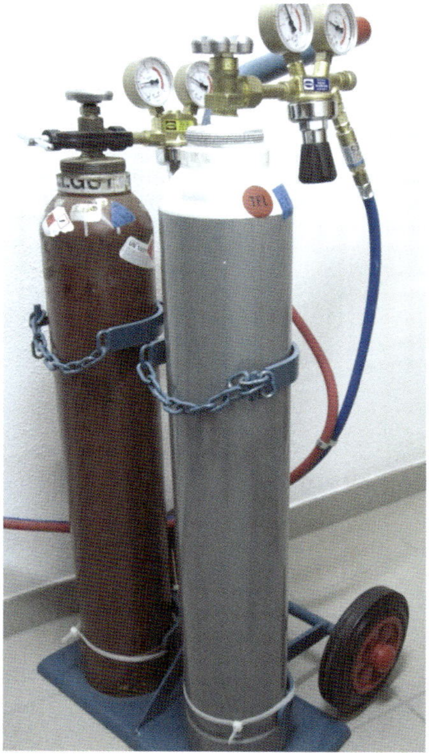

Bild 3.5-2: Sicherung der Flaschen mit Ketten und Kabelbindern.

Wehe, wenn Sie dann einmal auf dem Boden herumkriechen, weil Sie etwas suchen und Propan ausgelaufen ist. Wenn der Stand des Propans hoch genug ist, ersticken Sie, ohne dass Sie es merken! Daher kommen die BG-Vorschriften, Gasflaschen nicht unter Erdgleiche zu lagern. Aber mit Acetylen kann Ihnen da nichts passieren – es hat obendrein einen derart stechenden Knoblauchgeruch, dass Sie sofort merken, wenn Acetylen ungewollt ausströmt. Und das tut es nicht, wenn Sie nach Gebrauch die Flasche schön zudrehen – übrigens mit einer Hand und bloß ohne Werkzeuge wie Zangen und dgl. Falls Sie mal eine frisch gefüllte Acetylen- oder Sauerstoffflasche nicht mit normaler Handkraft aufbekommen, dann bringen Sie sie zurück zum Gashändler. Falls Sie meinen, hier mit der Rohrzange drangehen zu müssen, könnte es sein, das dies die letzte Aktion in Ihrem Leben war: Wenn ein Flaschenventil einer Druckgasflasche durch solche Aktionen oder auch durch

Umfallen abreißt, dann werden Sie sehr schnell feststellen, dass die Panzerfaust 3 der Bundeswehr dagegen eine langweilige Angelegenheit ist. Solche derart losgelassenen Gasflaschen – besonders Sauerstoffflaschen – durchschlagen problemlos Betonwände! Damit ist klar, dass man Druckgasflaschen *immer* mit den aufgeschraubten Sicherheitskappen transportiert. Stichwort Zudrehen: Man dreht die beiden Brennerventile zu, dann die beiden Druckmindererventile, man schraubt die Einstellschrauben der Druckminderer ganz heraus (dann kann beim besten Willen nichts mehr ausströmen) und man dreht die beiden Flaschenventile handfest zu. Das war's, und dann ist Ihre Autogenanlage nicht gefährlicher wie ein Fernseher oder sonstiges technisches Gerät, wie mir mein autorisierter Versicherungsagent schriftlich mitteilte. Lassen Sie sich das im Zweifelsfall ebenfalls von Ihrer Versicherung bescheinigen. Es passiert wirklich nichts, wenn Sie diese wenigen Sicherheitsmaßnahmen befolgen.

Bild 3.5-3: Bügelanschluss bei Acetylen – einzigartig, hat keine andere Druckgasflasche

Worauf man ebenfalls achten muss, ist, dass an Acetylenanlagen kein Kupfer oder Kupferlegierungen mit mehr als 65 % Kupfer für Armaturen, Leitungen und Dichtungen verwendet werden dürfen, weil durch die chemische Reaktion von Acetylen mit Kupfer dann *Kupfer-Acetylid* entsteht, dass gegen Schlag, Stoß und Reibung sehr empfindlich ist und sehr schnell explodiert. Dieses lustige Kupfer-

Acetylid ist ein Initialsprengstoff, mit dem man Hauptladungen von Sprengstoffen zündet! Daraus kann man sofort schließen, dass an Acetylenflaschen nur speziell dafür vorgesehene Druckminderer verwendet werden dürfen. Diese Druckminderer werden immer mit einem Bügelverschluss an die Acetylenflasche gegeben, damit man niemals die Armaturen verwechseln kann. Dann kommt heute direkt hinter dem Druckminderer eine sog. Sicherheitsvorlage, die Flammenrückschläge verhindert. Sonst kann die Flamme beim „Knallen" des Brenners bis in die Flasche zurückwandern, und das wäre ganz schlecht.

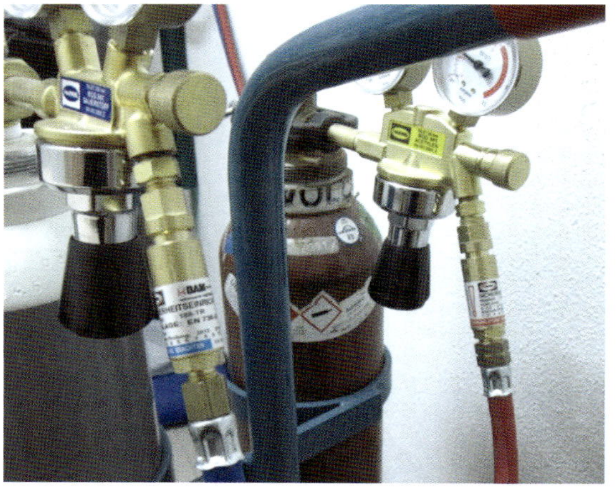

Bild 3.5-4: Unmittelbar an die Druckminderer werden die Sicherheitsvorlagen angeschlossen, die Flammenrückschläge in die Flaschen verhindern. Niemals weglassen!

Wenn die ganze Acetylen-Sauerstoff-Anlage in Ordnung ist, können solche Flammenrückschläge eigentlich überhaupt nicht auftreten. Sollte dies doch einmal theoretisch passieren, dann müssen Sie das Flaschenventil sofort schließen; daher rührt auch die Empfehlung, das Flaschenventil bei einer Acetylenflasche nur etwa eine halbe Umdrehung zu öffnen, damit man es sehr schnell wieder schließen kann. Wenn jetzt die Flasche mehr als handwarm wird, sollten Sie sie so schnell wie möglich ins Freie schaffen und dann entweder mehrere Stunden mit dem Gartenschlauch und Wasser kühlen oder noch besser die Feuerwehr rufen. Aber das sind alles sehr theoretische Ratschläge; ich habe sowas in meiner jahrzehntelangen Praxis als Ingenieur nicht einmal erlebt.

Nach der Sicherheitsvorlage kommt der eigentliche Gasschlauch, der für Acetylen immer die Farbe Rot hat, damit er sich vom blauen Sauerstoffschlauch klar unterscheidet. Bei den Acetylenflaschen selbst ist es so, dass nach heutiger Norm die Acetylenflaschen eine kastanienbraune Farbe haben, wohingegen früher die Flaschen gelb waren. Im Internet werden noch oft diese alten gelben Acetylenflaschen angeboten; ob Sie die noch umlackiert und gefüllt bekommen – ich wäre da vorsichtig. Wie Sie wissen, müssen Druckgasflaschen regelmäßig zum TÜV, wenn Sie diese von mir empfohlenen Tauschflaschen haben, kann Ihnen das egal sein – beim nächsten Füllen kümmert sich der Gashändler darum, während Sie eine andere, gefüllte Flasche mitnehmen. Übrigens kann man Flaschen mit abgelaufenem TÜV noch verwenden, bis sie leer sind (das würde ich aber nicht mit Flaschen aus dem Internet machen, bei denen der TÜV seit 20 Jahren abgelaufen ist!); erst beim nächsten Füllen kommt der TÜV ins Spiel.

Ehe wir weiter in die Materie einsteigen, dürfte Ihnen eines gedämmert sein: Autogenanlagen sind Profitools, an denen man nicht ahnungslos herumfummelt. Gasschläuche flickt man nicht mit Isolierband, an Druckminderern repariert man nicht selbst, wenn man noch länger auf diesem Planeten weilen will. Wenn Sie mir folgen, dann gehen Sie zum nächsten Schweißfachhändler Ihres Vertrauens und kaufen dort eine komplette neue Anlage für rund einen Tausender einschließlich der beiden Tauschflaschen für Acetylen und Sauerstoff. Bewährte Lieferanten für Brennergarnituren und Druckminderer sind *Harris*, *Rhöna, Kayser* und *Hornung (Pego),* früher auch *Messer-Griesheim.* Lassen Sie sich in die Montage der Komponenten einweisen, und dann sind Sie auf der sicheren Seite. Nun werden Autogenanlagen recht häufig im Internet für mitunter Spottpreise angeboten – häufig, weil die Leute damit nicht umgehen können oder keine Verwendung dafür haben; prinzipiell kann das okay sein, denn es werden mitunter sehr hochwertige und kaum gebrauchte Garnituren angeboten, aber ich würde eine solche günstig geschossenen Anlage unbedingt von Ihrem Schweißfachhändler überprüfen lassen, auch wenn der berechtigterweise dafür einen Hunderter nimmt: Ihr Leib und Leben sollte Ihnen das wert sein. Wenn nicht – ich habe Sie zumindest gewarnt!

Nun zu den Sauerstoffflaschen: Ihr Flaschendruck beträgt üblicherweise 200 bar, und irgendwelche speziellen Tricks wie bei den Acetylenfalschen, so mit Aceton und dgl. sind hier nicht nötig. Aber hier gibt es auch eine speziellen Sicherheitshinweis: Niemals an den Sauerstoff führenden Leitungen und Armaturen z.B. die Gewinde mit Öl oder Fett schmieren – es sei denn, Sie wollen sich die Radieschen von unten anschauen! Mit Fett oder Öl „behandelte“ Sauerstofflaschen gehen ab wie eine Rakete! Niemals!

Welche Drücke stellen Sie ein? Sie wissen, wie das geht? Erst den Druck grob einstellen, dann das jeweilige Brennerventil öffnen und den Druck endgültig einstellen: Bei Acetylen als Richtwert 0,5 bar, das kann je nach Brenner und Anwendung zwischen 0,2 und 0,5 bar variieren und bei Sauerstoff 2,5 bar, beim Brennschneiden als Daumenwert 5 bar.

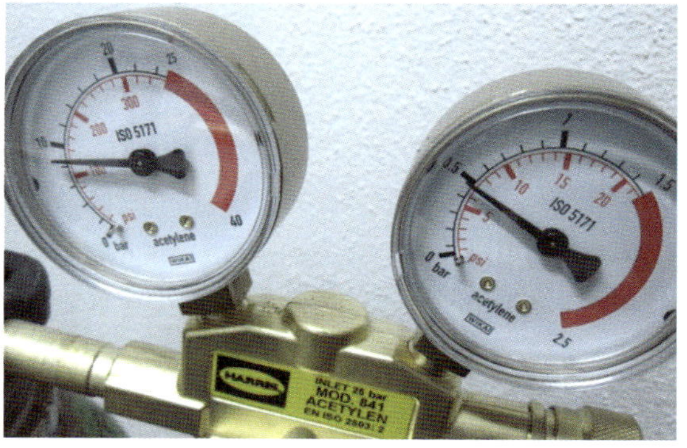

Bild 3.5-5: Azetylen-Arbeitsdruck 0,5 bar. Die Flasche ist halb voll, denn der Flaschendruck ist von ca. 19 bar bereits auf etwa 9 bar gesunken.

Bild 3.5-6: Sauerstoff-Arbeitsdruck 2,5 bar. Die Flasche ist noch dreiviertel voll, denn der Flaschendruck ist von ca. 200 bar bereits auf etwa 150 bar gesunken.

Sauerstoff selbst ist unbrennbar, aber er wirkt extrem brandbeschleunigend. Blasen Sie daher niemals Ihre staubigen Klamotten mit reinem Sauerstoff aus – der allerkleinste Funke reicht, und Sie brennen wie eine Silvesterrakete, weil sich der Sauerstoff im Stoff anlagert. Es hat immer wieder Fälle gegeben, dass sich Arbeiter im Sommer zwecks Kühlung mit Sauerstoff angeblasen haben oder eben den Staub wegblasen wollten; bei Entzündung kam jede Hilfe zu spät! Wenn Sie diesen erwähnten Unfug unterlassen, sind Sie absolut sicher!

3.5.2 Brenner und Flamme

Ansonsten ist alles im grünen Bereich und Sie können endlich mal losschweißen: Natürlich brauchen Sie auch eine Brennergarnitur. Sie enthält die Schweißbrenner für die verschiedenen Blechdicken sowie üblicherweise einen Schneidbrenner (dazu später mehr). Im Allgemeinen verwendet man heute sog. Saugbrenner, d.h. der Sauerstoffstrom saugt das Brenngas Acetylen an. Die alten Gleichdruck- und Hochdruckbrenner sind heute out. Daher zündet man diese Saugbrenner wie folgt: Sauerstoffventil voll aufdrehen – bei kleinen Brennern, d.h. Größe 1 oder 2, nur ein wenig aufdrehen – Acetylenventil etwas aufdrehen und anzünden. Als Anzünder sind eigentlich die uralten Bügelanzünder am besten geeignet; Sie sollten kein Feuerzeug oder dgl. nehmen. Dann die Flamme einstellen durch Regulieren des Acetylenstroms:

- mit Acetylenüberschuss: nur zum Hartlöten und Gusseisenschweißen
- neutral: üblich
- mit Sauerstoffüberschuss: eigentlich nie, höchstens für Messingschweißen und verzinkte Bleche

Und das machen Sie so: Nachdem die Flamme brennt, drehen Sie das Acetylen immer weiter auf, bis eine eindeutig zu weiche Flamme, d.h. eine mit Acetylenüberschuss nach Bild 3.5-11 links brennt. Dann drehen Sie das Acetylen soweit zu, dass gerade die äußere Überschussflamme weg ist: Bild 3.5-11 Mitte. Das ist die richtige Einstellung zum Schweißen. An den Bildern in Abbildung 3.5-11, die alle mit der gleichen Fotoeinstellung dem gleichen Maßstab aufgenommen wurden, kann man das schön sehen.

Praktiker zünden die Brenner oft so, dass sie erst nur das Acetylen aufdrehen und dann anzünden. Das geht natürlich, weil das Acetylen unter 0,2~0,5 bar ausströmt. Das hat den Nachteil, dass die hellorange leuchtende Flamme noch ohne Sauerstoff Unmengen an Ruß produziert, und Sie werden sich wundern, wie schnell sich dieser Ruß in Ihrer kleinen Werkstatt ablagert. Dann wird erst der Sauerstoff aufgedreht. Dieses Vorgehen ist aus sicherheitstechnischen Gründen für Acetylen nicht okay, wird aber trotzdem gerne gemacht und ist sogar der Normalfall, wenn man mit Wasserstoff oder Erdgas als Brenngas arbeitet.

Tabelle 3.5-2: Brennergrößen vs. Blechdicken

Brenner Nr.	Blechdicke [mm]
1	0,5 ~ 1
2	1 ~ 2
3	2 ~ 4
4	4 ~ 6
5	6 ~ 9

Wählen Sie gemäß der zu verschweißenden Blechdicke den passenden Brennereinsatz, setzen Sie ihn in das Griffstück und ziehen Sie ihn fest.

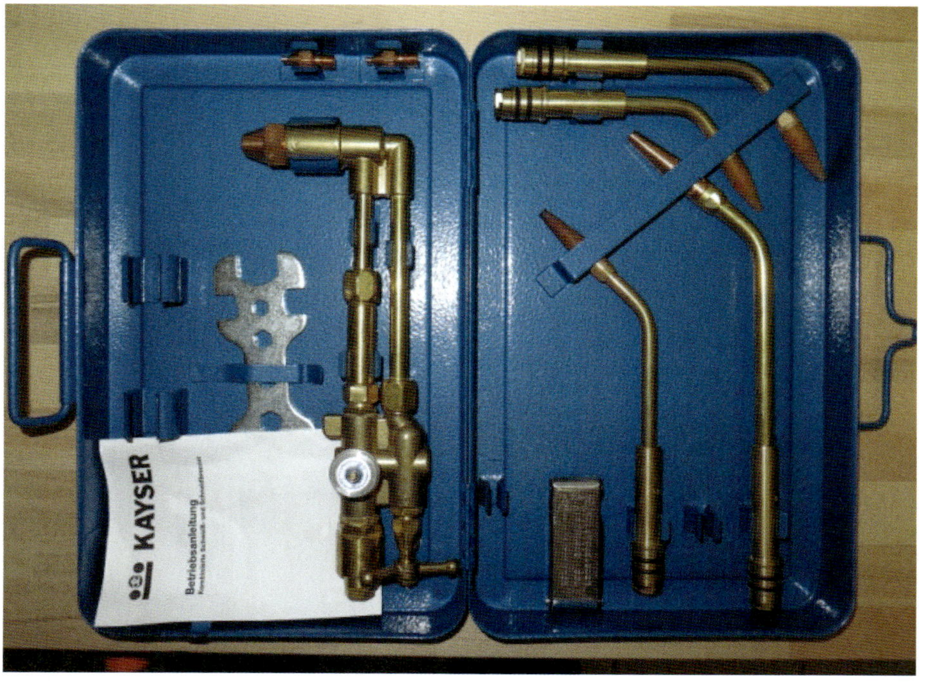

Bild 3.5-7: Brennergarnitur KEK der Fa. Kayser. Links der Schneidbrenner, rechts die Schweißbrenner. Es fehlt der Einsatz 4A.

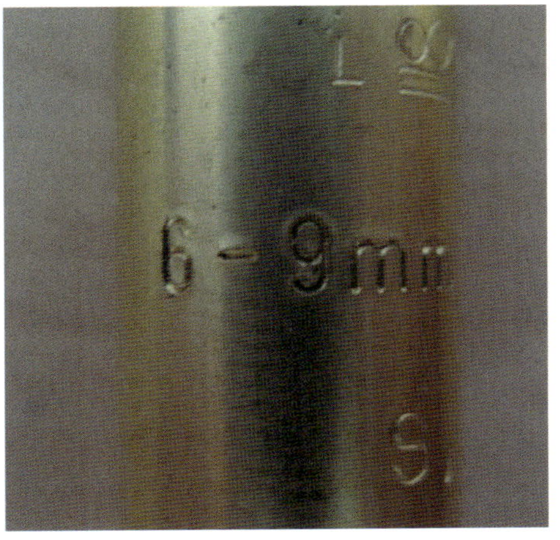

Bild 3.5-8: Alle Schweißbrenner sind hinsichtlich der Blechdicke gekennzeichnet. Hier der Einsatz 5A, der für Bleche der Dicke 6~9 mm vorgesehen ist.

Bild 3.5-9: Der arbeitsbereite Schweißbrenner: Das Griffstück mit einem passenden Brennereinsatz.

Bild 3.5-10: Der klassische Bügelanzünder. Auch heute noch ideal zum Zünden von Autogenbrennern.

Bild 3.5-11: Links: Flamme mit Acetylenüberschuss. Der Ton ist eher ein Rauschen als ein Zischen. Mitte: Flamme neutral. So muss es sein zum Schweißen. Die heißeste Zone ist übrigens 2 ~4 mm vor dem inneren hellen Flammenkegel, d.h. der scharf begrenzte Innenkegel berührt nicht das Werkstück. Der Ton ist ein relativ sanftes Zischen. Rechts: Flamme mit Sauerstoffüberschuss. Der Ton ist ein scharfes Zischen.

Ehe Sie beginnen, sollten Sie Ihre persönliche Schutzausrüstung anlegen: Lederschürze, Schweißer-Handschuhe, Sicherheitsschuhe oder Schweißgamaschen. Dann natürlich die Autogen-Schweißbrille der Stärke DIN 5, und eine Mütze gegen fliegende Funken ist auch nicht schlecht.

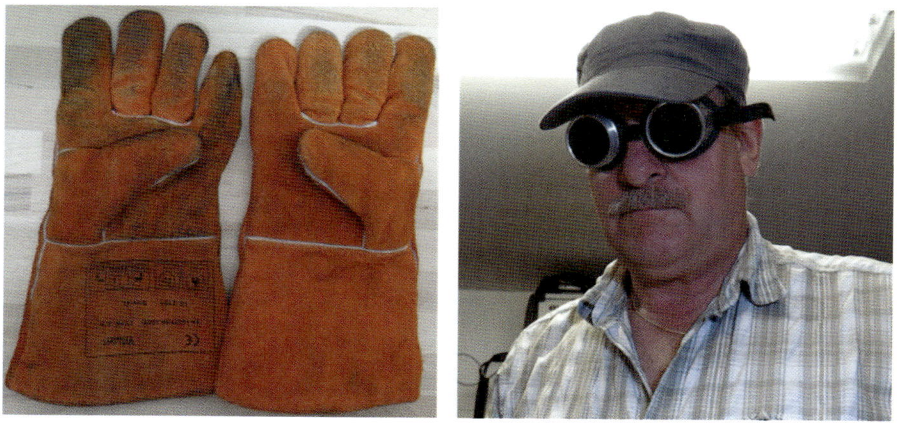

Bild 3.5-12: Schweißer-Handschuhe sind bei Autogenbrennern ab Größe 3A nicht schlecht, weil sie gut die Wärme abhalten (links). Autogen-Schweißbrille der Stärke DIN 5. Diese Brille niemals zum Elektroschweißen nehmen! Mütze gegen fliegende Funken (rechts).

3.5.3 Übungen

Jetzt könne Sie endlich einmal mit der leichtesten Übung beginnen: Nehmen Sie Stahlbleche etwa 100 ~ 120 mm lang und 40 ~ 50 mm breit und der Dicke 2 mm – nichts anderes! – Güte S235JR oder ähnlich, und legen Sie sie ohne Spalt auf einen Schamottestein oder eine Aluplatte nebeneinander. Setzen Sie den Brenner Nr. 2 ein und zünden Sie die Flamme. Halten Sie den Brenner mit der rechten Hand und unterstützen Sie die rechte Hand mit der linken. Arbeiten Sie ohne Zusatzwerkstoff. Heften Sie links und rechts mit einer leicht kreisenden Bewegung und beginnen Sie dann von rechts nach links zu schweißen, indem Sie den Brenner schön gleichmäßig mit einer leicht pendelnden Bewegung führen. Dabei soll der innere Flammenkegel etwa 1 ~ 2 mm Abstand zum Schmelzbad haben, denn dort ist bei diesem kleinen Brenner die heißeste Zone.

Bild 3.5-13: Autogenschweißen von rechts nach links ohne Zusatzwerkstoff. Blechdicke 2 mm.

Das üben Sie, bis Sie problemlos eine Naht gemäß Bild 3.5-14 hinbekommen. Vorher hat es keinen Sinn, mit dickeren oder gar dünneren Blechen und mit Zusatzwerkstoff zu arbeiten. Wenn Sie an irgendeiner Stelle ein Loch 'reinbrennen – macht nichts, das gehört am Anfang dazu – dann machen Sie einfach einen Zentimeter daneben weiter. Das ist das *Nach-Links-Schweißen*, und wahrscheinlich werden Sie dabei einige Bleche verbrauchen, bis es einigermaßen klappt. Aber auch hier zahlt sich Geduld aus – ohne die geht's beim Schweißen nicht!

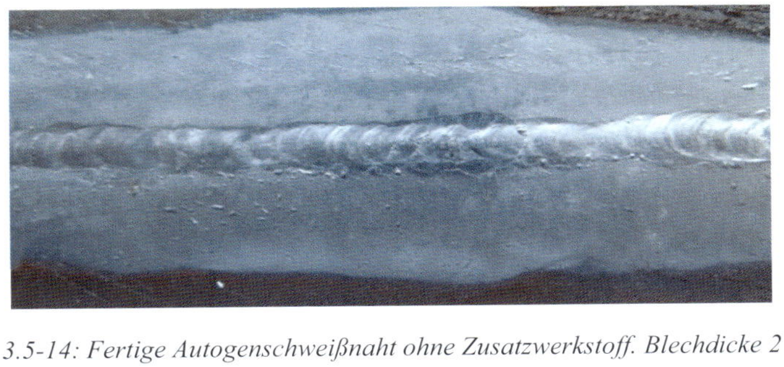

Bild 3.5-14: Fertige Autogenschweißnaht ohne Zusatzwerkstoff. Blechdicke 2 mm.

Als nächstes üben wir das *Nach-Rechts-Schweißen*: Nehmen Sie wieder Flachstähle 120 x 50 x 5 mm der Güte S235JR wie bereits beim Elektroschweißen und einen Zusatzstab 2 oder 3 mm. Als Unterlage ist unsere Aluplatte nicht geeignet, denn Autogenschweißen macht sehr gut warm! Als Unterlage für diese Flachstähle sind Schamottesteine aus dem Baumarkt sehr geeignet, die Sie vorsichtig in den Schraubstock spannen; dem Schraubstock macht diese Wärme nichts aus.

Heften Sie die Flachstähle links und rechts, indem Sie mit dem Brenner die Enden anwärmen. Sobald sie zu schmelzen beginnen, was Sie sehr gut sehen werden, geben Sie mit einen tupfenden Bewegung etwas Zusatzwerkstoff dazu:

Bei Autogen-Schweißstäben gibt es typischerweise vier Güten, nehmen Sie die Güte O III / G3; sie ist besonders gut für weniger geübte Schweißer und Anfänger geeignet. Sie können prinzipiell auch WIG-Stäbe nehmen – aber nicht umgekehrt.

Tabelle 3.5-3: Eigenschaften von Autogen-Schweißstäben. Nach Angaben der Fa. Oerlikon.

Name	O I / G1	O II / G2	O III / G3	O IV / G4
Werkstoff-Nr.	1.0324	1.0349	1.6215	1.5424
für	S235	S235, S275	S235, S275, P235GH, P265GH	S235~S355, P235~P295
Schmelzbad	dünnflüssig, starke Spritzerbildung	zähflüssig, weniger starke Spritzerbildung	zähflüssig	zähflüssig
Streckgrenze	260 N/mm²	300 N/mm²	310 N/mm²	260 N/mm²
Zugfestigkeit	360~410 N/mm²	390~440 N/mm²	400~460 N/mm²	440~490 N/mm²
Anwendung	allg. Verbindungs-schweißen	Rohrleitungsbau, Behälterbau, höhere Anforderungen	Rohrleitungsbau, Dichtschweißungen, hohe Anforderun-gen	warmfeste Stähle bis 530 °C im Kessel,-Behälter- und Rohrleitungsbau

Bild 3.5-15: Zwei Flachstählen 120 x 50 x 5 mm S235JR auf Schamottesteinen. Der Spalt beträgt ca. 3 mm (links). Heften der beiden Flachstähle (rechts).

Wir haben bereits die beiden Bewegungsrichtungen beim Autogenschweißen kennengelernt; alle folgenden Ausführungen sind auf Rechtshänder bezogen:

- *Bleche bis 3 mm Dicke* schweißt man von rechts nach links, d.h. der Brenner in der rechten Hand bewegt sich von rechts nach links mit einer leicht pendelnden Bewegung, und mit der linken Hand wird ggf. Zusatzwerkstoff mit einer tupfenden Bewegung hinzugegeben – also genauso wie beim WIG-Schweißen. Damit läuft die Wärme der Schweißstelle voraus. Man nennt das *Nach-Links-Schweißen*.
- *Bleche über 3 mm Dicke* schweißt man von links nach rechts, d.h. der Brenner in der rechten Hand bewegt sich von links nach rechts ohne eine pendelnde Bewegung, und mit der linken Hand wird Zusatzwerkstoff mit einer rührenden, kreisenden Bewegung hinzugegeben. Hier wird die Wärme auf das Schmelzbad konzentriert. Man nennt das *Nach-Rechts-Schweißen*.

Sie sollten nun mit einer I-Naht beginnen. Eigentlich müsste man bei dieser Blechdicke die beiden Stoßstellen anfasen, damit eine V-Naht vorliegt, aber zum Üben ist das okay. Obwohl das mit 5 mm Blechdicke zunächst schwierig aussieht und es Ihnen recht warm werden wird, ist das zum Üben in Wahrheit einfacher als mit dünnen Blechen zu arbeiten. Sie können sehr schön das Nach-Rechts-Schweißen üben: Den Brenner sauber führen und mit dem Schweißdraht eine rührende Bewegung ausführen, während er abschmilzt. Dabei müssen Sie sowohl die Flamme, die beiden Bleche als auch den Zusatzwerkstoff-Stab beobachten und entsprechend reagieren, d.h. den Brennerabstand etwas verändern, schneller oder langsamer den Brenner bewegen und dabei schön mit dem Schweißstab rühren – das ist das eigentlich Schwierige beim Autogenschweißen, gerade beim Nach-Rechts-Schweißen. Aber es ist reine Übungssache, und wie Sie an den Bildern sehen, kriegt das auch ein Amateur hin.

Bild 3.5-16: Nach-Rechts-Schweißen (da über 3 mm Dicke) der beiden Flachstähle 120 x 50 x 5 mm S235JR. Der innere Flammenkegel ist etwa 2 ~ 4 mm vom eigentlichen Schweißbad entfernt.

Dass das alles ein Berufsschweißer viel besser kann, ist ganz klar (sonst wäre er sein Geld nicht wert), aber hier geht es ja darum, dass diese Dinge auch ein Hobbyschlosser mit ein wenig Übung machen kann, wenngleich die Nähte nicht ganz so schön werden.

Bild 3.5-17: Die fertige Autogen-I-Naht. Eigentlich müsste man bei 5 mm Blechdicke die Bleche anfasen, damit eine V-Naht entsteht. Aber zum Üben tut es das.

Die nächste Übung wäre eine Kehlnaht: Stellen Sie zwei Flachstähle der Stärke 5 mm zueinander im 90° Winkel, indem Sie sie mit zwei Schweißmagneten (Baumarkt) festhalten, heften Sie links und rechts und bringen Sie das geheftete Bauteil in Wannenlage. Nehmen Sie die Schweißmagnete weg, sonst verbrutzeln die beim richtigen Schweißen. Jetzt lässt es sich schön bequem schweißen.

Bild 3.5-18: Eine Autogen-Kehlnaht mit zwei Flachstählen 120 x 50 x 5 mm.

Sie können nun das Bauteil umdrehen und eine Ecknaht anbringen. Das geht leicht und stressfrei. Natürlich würde man heute solche Flachstähle mit 5 mm Dicke in der Praxis mit Elektroden oder per MAG schweißen, aber hier sollen Sie ja das Autogenschweißen üben.

Bild 3.5-19: Eine Autogen-Ecknaht mit zwei Flachstählen 120 x 50 x 5 mm.

Zum Schluss kommt die schwierigste Übung: Dünnes Blech der Stärke 1 mm mit und ohne Zusatzwerkstoff. Wenn Sie am Anfang mehr Löcher als Nähte produzieren – einfach weiter üben.

Bild 3.5-20: Eine Autogennaht ohne Zusatzwerkstoff, vergrößert. Blechdicke 1 mm.

Bild 3.5-21: Eine Autogennaht mit Zusatzwerkstoff. Blechdicke 1 mm.

Wenn Sie ein wenig üben, werden Sie feststellen, dass Karosseriebleche, Auspuffe und Auspuffrohre fantastisch autogen schweißbar sind. Es ist die klassische Technik gerade für diese sehr dünnen Bleche, und mit einer Autogen-Ausrüstung können Sie gerade an z.B. Oldtimern Wunderdinge vollbringen, von denen Sie mit einer heute gängigen MAG-Anlage nur träumen können! Aber es geht noch weiter:

3.5.4 Aluminium-Schweißen mit Acetylen-Sauerstoff

Lange bevor man die MIG/MAG- und die WIG-Technik kannte, konnte man schon Aluminium-Bauteile mit der Acetylen-Sauerstoff-Flamme verschweißen. Es funktioniert sinngemäß ganz ähnlich wie das WIG-Schweißen: Mit irgendetwas müssen wir die hoch schmelzende Oxidschicht auf dem Aluminium knacken – und das macht man bei der Autogentechnik ähnlich wie beim Hartlöten mit einem Flussmittel.

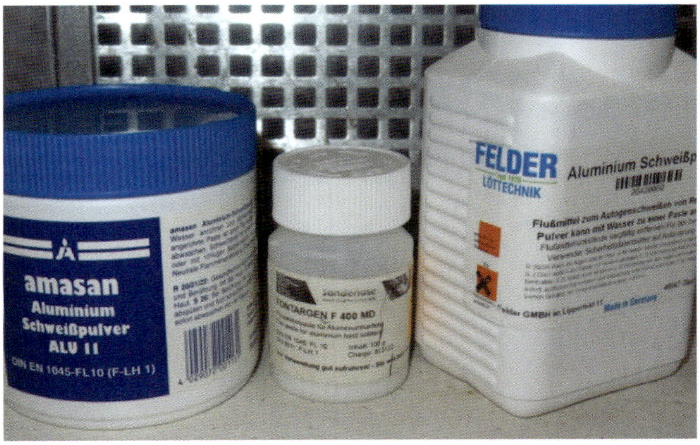

Bild 3.5-22: Verschiedene Flussmittel zum Aluminium-Autogenschweißen: Armasan Aluminium Schweißpulver Alu II, Fontargen F 400 MD (eigentlich ein Lötflussmittel, geht aber trotzdem sehr schön) und Felder Aluminium Schweißpulver.

Gehen Sie wie folgt vor: Nehmen Sie Bleche AlMg3 der Stärke 3 mm, vielleicht 120 x 50 und schrubben Sie den Bereich der Schweißkanten mit einer Edelstahlbürste. Dann streichen Sie die Kanten nicht zu sparsam mit dem Flussmittel ein, das Sie im Falle von *Armasan* oder *Felder* mit Wasser zu einer Paste angerührt haben oder die fertige Paste von *Fontargen*, z.B. F 400 MD. Alle diese Flussmittel können Sie problemlos aus dem Internet beziehen.

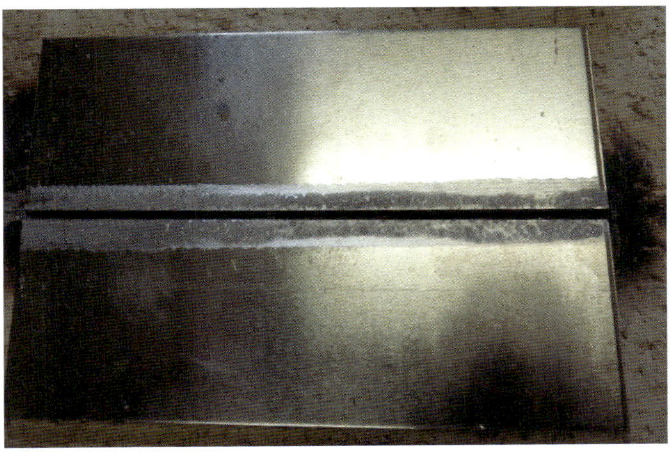

Bild 3.5-23: Die Schweißkanten sind vorbereitet: Geschrubbt mit Edelstahlbürste und dann mit Flussmittel eingestrichen.

Nicht schlecht ist es auch, wenn Sie den Schweißstab – für Bleche AlMg3 am besten Zusatz AlMg5 – ebenfalls mit Schmirgelleinen aufrauen und dann mit Flussmittel einstreichen. Dann wählen Sie denselben Brennereinsatz, den Sie auch bei Stahl genommen hätten, also bei 3 mm Alublech den Brenner Nr. 3 und stellen die Flamme schön neutral ein. An und für sich wäre eine weiche Flamme mit Acetylenüberschuss besser, aber dann sehen Sie noch schlechter, als Sie es jetzt gleich merken werden: Das eigentlich Blöde beim Aluminiumschweißen ist, dass es praktisch keine Anlass- und Glühfarben und keinen teigigen Bereich wie beim Stahl gibt. Eben war Ihr Alublech noch fest, und in der nächsten Sekunde fließt es Ihnen weg. Die Problematik haben Sie auch beim WIG-Schweißen, nur sieht man da viel besser. Bei Aluminium-Autogenschweißen sehen Sie, auch durch das Flussmittel bedingt, eine recht orange Flamme, welche die Schweißnaht fast völlig einhüllt. Sie gehen daher wie folgt vor:

Ich würde generell, wie bei WIG, von rechts nach links schweißen, weil Sie andernfalls gar nichts mehr außer dem Brenner sehen, und außerdem kommt uns gerade bei Aluminium die vorauseilende Wärme des Nach-Links-Schweißens gerade recht. Zunächst mit dem Brenner die Enden links und rechts heften; solange mit dem Brenner draufhalten, bis die Ecken beginnen wegzuschmelzen – nun sofort den Zusatzwerkstoff, der sich bereits in Brennernähe befand, zugeben. Jetzt ist geheftet, und Sie können nun von rechts nach links schweißen. Der Zusatzstab sollte die Dicke des Blechs haben, denn Sie müssen sehr schnell viel Zusatzwerkstoff zugeben. Sobald ein Schweißbad entsteht, den Zusatzwerkstoff regelrecht hineinschieben mit einer tupfenden Bewegung und am besten nach ca. 10 mm Naht den Brenner ganz kurz wegnehmen und die Naht betrachten, ob man noch richtig liegt. Dann gleich wieder weitermachen und die nächsten 10 mm schweißen.

Da die Wärme die zu verschweißende Bereiche schön anwärmt, müssen Sie immer schneller arbeiten, je weiter Sie nach links kommen. Wenn jetzt das Material regelrecht wegfließt, machen Sie einfach eine kleine Pause und machen dann wieder weiter. Ich will nicht verhehlen, dass das nicht ganz einfach ist, aber mit Übung geht das ziemlich gut. Wenn ich heute Aluminium schweiße, ist für mich allererste Wahl das WIG-Verfahren mit AC; DC geht, wie besprochen, auch sehr schön, aber es ähnelt mehr dem Autogenschweißen wegen der enormen Wärmeeinbringung durch den Helium-Lichtbogen. Dann käme für mich das MIG-Verfahren und dann das Autogenverfahren. Aluschweißen ist halt tricky! Aber jeder kann es lernen - nicht verzagen!

Bild 3.5- 24: Die fertige Aluschweißnaht muss nun noch unter fließendem Wasser von den Flussmittelresten gesäubert werden.

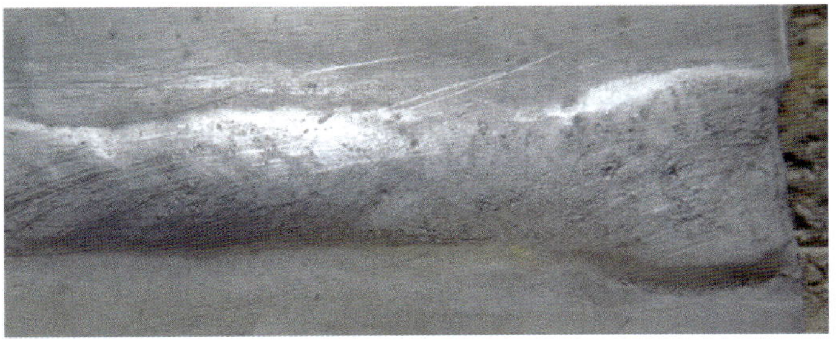

Bild 3.5-25: Eine Autogen-Aluschweißnaht, gereinigt und vergrößert.

KAPITEL 4 Flammlöten und Brennschneiden

4.1 Flammlöten

Beim Löten verbindet man gleich- oder auch verschiedenartige Metalle mit einem Lot; dabei schmilzt nur das Lot, während die zu verbindenden Bauteile unterhalb der Schmelztemperatur bleiben. Das Lot bildet an den Übergangstellen zu den Bauteilen intermetallische Phasen, also eine Oberflächenlegierung. Man unterscheidet Weichlöten: unter 450°C Arbeitstemperatur und Hartlöten: über 450°C Arbeitstemperatur. Für rein industrielle Zwecke kennt man ab 900°C das Hochtemperaturlöten, das ohne Flussmittel in Lötöfen unter Schutzgas erfolgt. Das Lot hat fast immer eine geringere Festigkeit als die zu verbindenden Bauteile; so lötet man z.B. Baustahl mit Silberlot oder Messinglot hart. Richtig ausgeführt, kann eine sauber konstruierte und gefertigte Hartlötverbindung es schon fast mit einer vergleichbaren Schweißverbindung aufnehmen. Da ordentliche Hartlötverbindungen immer auf großer Fläche (s.u.) tragen, sind sie wenig kerbspannungsempfindlich und relativ elastisch, und daher hat man früher sehr gerne Fahrrad- und Motorradrahmen hartgelötet. Aber dabei muss man beachten: Eine Lötverbindung hat nur dann vernünftige Festigkeit, wenn die Verbindung als *Überlappstoß* oder als *gemuffte* Verbindung ausgebildet ist: Dann zieht sich das flüssige Lot durch die Kapillarwirkung des Lötspalts von selbst zwischen die Bauteile.

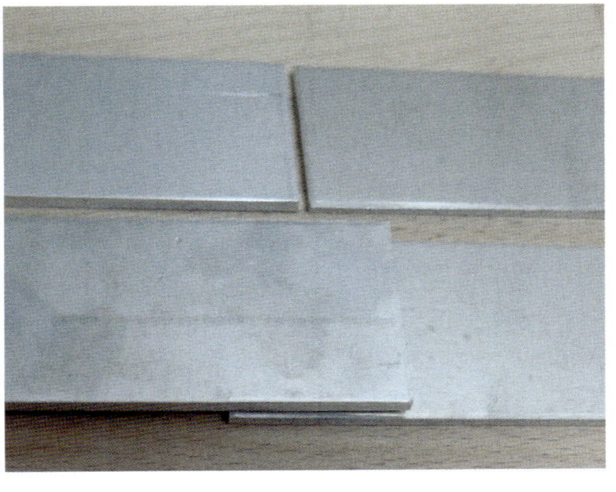

Bild 4.1-1: Oben Stumpfstoß – typisch fürs Schweißen, aber niemals fürs Löten. Unten Überlappstoß – typisch fürs Löten, aber Schweißen ginge auch.

Stumpfstöße, die beim Schweißen vollkommen okay sind, sind beim Löten Pfusch – und nichts anderes! Der Lötspalt sollte beim *Spaltlöten* zwischen 0,05 und 0,5 mm betragen. Über 0,5 mm Lötspalt spricht man vom *Fugenlöten*. Sind die Spalte zu groß, leidet durch den weicheren Lotwerkstoff die Gesamtfestigkeit der Verbindung.

4.1.1 Hartlöten von Stahl, Edelstahl, Gusseisen, Messing, Nickel

Man kann zwei Bauteile aus Stahl miteinander durch Löten verbinden, aber auch verschiedene Metalle, z.B. bei Drehmeißeln mit aufgelöteter Hartmetallschneide. Aber auch nichtrostender Edelstahl lässt sich mit Silberlot gut hartlöten, Messing und Kupfer (für Rohrleitungen) gehen sowieso und Gusseisen kann mit Neusilberlegierungen hartgelötet werden – für den Erfolg möchte ich aber nicht garantieren, weil Gusseisen in Bezug auf Schweißen und Löten ein Teufelszeug ist. Als Wärmequelle nehmen Sie einen Schweißbrenner mit weich eingestellter Flamme. Für recht kleine Teile kann auch ein Propangasbrenner, der mit Luft arbeitet, ausreichen – solche Propanbrenner bekommen Sie im Gegensatz zu den Profitools Acetylen-Sauerstoff-Schweißbrenner in jedem Baumarkt. Ein Brenner mit separater Propanflasche nach Bild 4.1-10 hat spürbar mehr Power als ein sog. Kartuschenbrenner, außerdem sind mir diese Brenner, die direkt auf eine Druckgasflasche ähnlich einer Spraydose aus recht dünnem Blech geschraubt werden, aus Sicherheitsgründen etwas suspekt.

Wie auch immer, Sie brauchen zunächst eine gründliche Lötvorbereitung:

- Die zu lötenden Oberflächen müssen sauber, fettfrei und metallisch blank sein.
- Der Lötspalt soll zwischen 0,05 und 0,5 mm liegen. Bei zu großen Lötspalten entsteht keine Kapillarwirkung, die das Lot in den Spalt zieht, und die ganze Verbindung ist Murks.
- Die zu lötenden Oberflächen werden mit einem Flussmittel bestrichen oder bestreut oder es werden flussmittelummantelte Lötstäbe verwendet.
- Es müssen Lötstäbe und Flussmittel sorgfältig für die zu verlötenden Werkstoffe ausgewählt werden.

Bild 4.1-2: Zwei Stahlrohre sollen als Muffenverbindung flammgelötet werden (links). Die Rohre sind ineinander gesteckt (gemufft) und mit Flussmittel versehen (rechts). Die Lötfuge hat einen Durchmesser von 25 mm, eine Länge von 16 mm, der Lötspalt beträgt 0,1 mm.

Für normale Hartlöt-Aufgaben für Stahl, Messing und Kupfer bekommen Sie Lot und Flussmittel in jedem Baumarkt; wenn's einmal etwas Besonderes sein soll, dann werden Sie entweder bei Ihrem Schweißfachhändler oder im Internet fündig, [C-35] hat nicht nur eine recht große Auswahl, sondern liefert Hartlotstangen auch in Kleinmengen.

Nachdem Sie die vorbereitenden Arbeiten gemacht haben, erwärmen Sie Ihre bereits positionierten Bauteile mit Schweißbrenner oder Propangasbrenner auf dunkle Rotglut – auf keinen Fall hellrot oder gar gelb glühend, und Schmelzen ist ein absolutes *No-Go* beim Löten! Dann tupfen Sie die Lotstange auf eine rotglühende Stelle, u.U. müssen Sie mit dem Brenner etwas nachhelfen, damit das Lot zu schmelzen beginnt. Wenn Flussmittel, Temperatur und Lot passen, dann werden Sie jetzt beobachten, wie das Lot regelrecht gierig in den Lötspalt gezogen wird und wärmen Sie weiter vorsichtig. Wenn der Lötspalt schön gefüllt ist, was man dummerweise nicht immer gescheit sehen kann, nehmen Sie die Flamme weg und lassen das Ganze schön langsam abkühlen. Die Bilder 4.1-5 und 4.1-6 zeigen, wie es gemacht wird. Anschließend entfernen Sie die Flussmittelreste durch Abwaschen, Abbürsten oder was die Anleitung des Flussmittels empfiehlt. Nehmen Sie das ernst, denn manche Flussmittel sind recht aggressiv und ätzen Ihnen später ganz unbemerkt Ihre halbe Lötverbindung weg. Die Bilder 4.1-7 und 4.1-8 zeigen Ihnen, wie eine perfekte Hartlotverbindung aussehen soll. Wenn Sie erste Gehversuche mit dem Hartlöten machen, probieren Sie auch hier das Arbeiten mit einigen Probestücken und sägen Sie hinterher diese Hartlotverbindungen einmal durch, um zu sehen, ob Sie ordentlich gearbeitet haben.

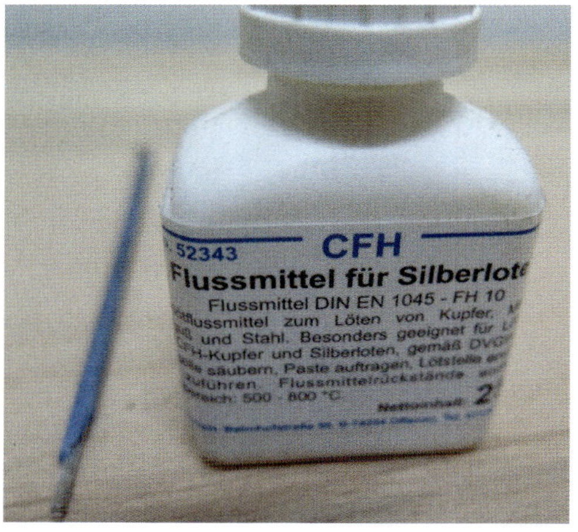

Bild 4.1-3: Ein ummantelter Silberlötstab L-Ag34Sn für Stahl, Kupfer und Nickelverbindungen, Löttemperatur 710 °C und ein dazu passendes Flussmittel.

Bild 4.1-4: Ummantelte Messinglötstäbe L-Cu60Zn für Stahl, Gusseisen, Temperguss, Kupfer, Nickel. Löttemperatur 900 °C.

Bild 4.1-5: Die richtige Löttemperatur für Silberlot ist erreicht.

Bild 4.1-6: Flammlöten der Muffenverbindung mit Silberlot.

Im Übrigen schadet es überhaupt nicht, wenn Sie die Bauteile vorher mit Flussmittel bestreichen und dann beim Löten einen flussmittelummantelten Lötstab nehmen, hier hilft viel auch viel. Die Oxidation muss unbedingt verhindert werden und eine gute Benetzung mit Lot muss sichergestellt werden – das ist das ganze Geheimnis beim Hartlöten.

Bild 4.1-7: Das Lot ist durch die Kapillarwirkung auf der vollen Spaltlänge von 16 mm geflossen! Diese Verbindung ist genauso fest wie eine Schweißverbindung.

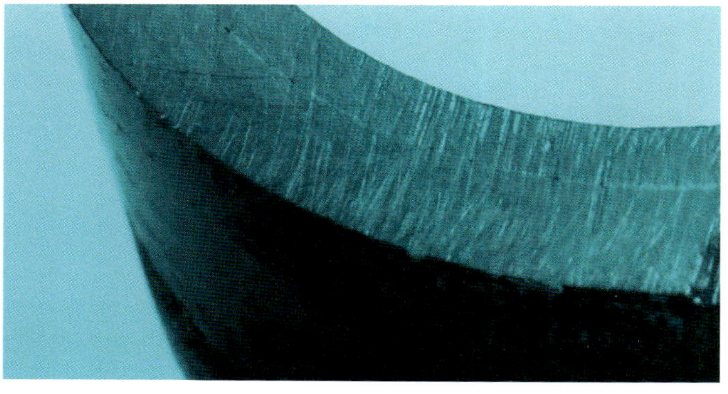

Bild 4.1-8: Blick auf die durchgeschnittene Lötverbindung, vergrößert und eingefärbt. So muss eine ordentliche Flammlötung aussehen.

Tabelle 4.1-1: Eine Auswahl von Hartloten, vgl. [C-35]. Legende: Ag= Silber (lat. Argentum), Cu= Kupfer (lat. Cuprum), Zn= Zink (lat. Zicum), Sn= Zinn (lat. Stannum).

Typ	Bestandteile	Temperatur °C	Verwendung
Messinghartlot	60% Cu, 40% Zn	900	Stahl, Kupfer, Nickel
Neusilberhartlot	48% Cu,42% Zn, 10% Ni	910	Stahl, Temperguss, Gusseisen, Nickellegierungen
Silberhartlot L-Ag34Sn	34%Ag, 36%Cu, 27% Zn, 3% Sn	710	Stahl, Kupfer, Nickel
Silberhartlot L-Ag55Sn	56%Ag, 22%Cu, 17% Zn, 5% Sn	650	Stahl, Kupfer, Nickel, Edelstahl

4.1.2 Hartlöten von Aluminium

Prinzipiell geht das, aber die Schwierigkeit besteht darin, dass die Schmelztemperaturen des Lots und des Grundwerkstoffs sehr nahe beieinander liegen. Das Hartlöten von Aluminium wird industriell im großen Stil für die Rohranschlüsse von Aluminium-Wärmetauschern, z.B. für Klimaanlagen, genutzt. Mit Hartlöten ist hier das echte Hartlöten, also oberhalb von 450°C und mit durch Kapillarwirkung einfließenden Loten gemeint, nicht mit irgendwelchen Reibeloten, die per Reißnadel oder Schraubenzieher „einmassiert" werden müssen – das ist unprofessioneller Mumpitz, kein ordentlicher Handwerksbetrieb oder gar eine Industriefirma wird sich damit abgeben.

Hier soll einmal beispielhaft die Kombination aus

- Lot *Fontargen A 407 L* [Bezugsquelle: C-22]: L-AlSi12, Werkstoff-Nr. 3.2285, Schmelztemperatur 575°C~585°C, Arbeitstemperatur 590°C,
- Flussmittel *Fontargen F 400 MD* [Bezugsquelle: C-22],
- Aluminiumblech AlMg3, 3mm Dicke, Schmelzintervall 600°C~645°C,

betrachtet werden. Zum Erwärmen ist eine gute Propanflamme ausreichend, also mit ordentlichem Brenner und Gasflasche, keine kleinen Kartuschenbrenner. Eine klare Schutzbrille genügt, dunkle Gläser sind nicht nötig. Die Bleche werden vorher wie beim Schweißen an den Überlappstellen mit einer Bürste aus nichtrostendem Stahl gebürstet, dann mit dem Flussmittel eingestrichen und nach Fixieren erwärmt. Das Lösemittel im Flussmittel verdampft während der Erwärmung, das Flussmittel trocknet und wird weiß. Kurz vor Erreichen der Löttemperatur wird das Flussmittel wieder flüssig. Nun gibt man das Lot an die Lötstelle, und wenn die Temperatur stimmt, wird das Lot ganz wie aus dem Bilderbuch durch die Kapillarwirkung des Spalts in den Spalt gezogen. Mit ein wenig Übung klappt das sehr schön.

Bild 4.1-9: Aluminium-Hartlöten zweier Bleche AlMg3, 3mm Dicke. Das Flussmittel Fontargen F 400 MD ist bereits aufgebracht.

Bild 4.1-10: Alu-Hartlöten kann man mit der Propan-Flamme – aber es sollte schon ein Gerät mit Power sein, kein Kartuschengerät.

Bild 4.1-11: Das Aluminium-Hartlot Fontargen A 407 L hat sich durch Kapillarwirkung sauber in den Lötspalt gezogen – so soll es sein!

4.2 Brennschneiden

Das autogene Brennschneiden ist auch heute noch das wichtigste thermische Trennverfahren für dickere Stahlbleche - dagegen haben Plasma und Laser keine Chance. Beginnend ab 3 mm Blechstärke oder auch darunter können Stahlbleche bis zu 300 mm Dicke, im Extremfall auch bis 2.000 mm (!) Dicke problemlos getrennt werden! In der heutigen Form kennt man das Brennschneiden seit 1904; erst durch die Erfindung der Luftverflüssigung durch *Carl v. Linde* konnte man Sauerstoff im industriellen Maßstab erzeugen [15].

Man verwendet das autogene Brennschneiden zum Trennen von unlegierten und niedriglegierten Stählen, wobei der Kohlenstoffgehalt in jedem Fall unter 1,6 % bleiben sollte. Aber auch andere Legierungselemente dürfen nur im beschränkten Maße vorhanden sein, z.B. Chrom nur bis 1,5 %, vgl. [15]. Der Stahl wird zunächst mit einer Heizflamme bis auf die sogenannte Zündtemperatur erwärmt – das sind etwa 1200° – und dabei glüht der Stahl hellrot. Wenn diese Zündtemperatur erreicht ist, wird das Schneid-Sauerstoffventil am Brenner geöffnet, und es strömt ein gebündelter Sauerstoffstrahl auf die erwärmte Zone. Der Stahl verbrennt jetzt regelrecht in dem reinen Sauerstoff, und der Schneid-Sauerstoffstrahl bläst die dabei durch die Verbrennung entstehende Schlacke aus der Fuge nach unten heraus. Man kann dieses Verfahren sehr gut auch als Hobbyschlosser einsetzen, allerdings sollte man es im Freien tun. Denn es steht entsteht ein derartiger Funkenregen durch die Schneidschlacke, den man nicht in einer im Allgemeinen doch beengten Hobbywerkstatt haben will.

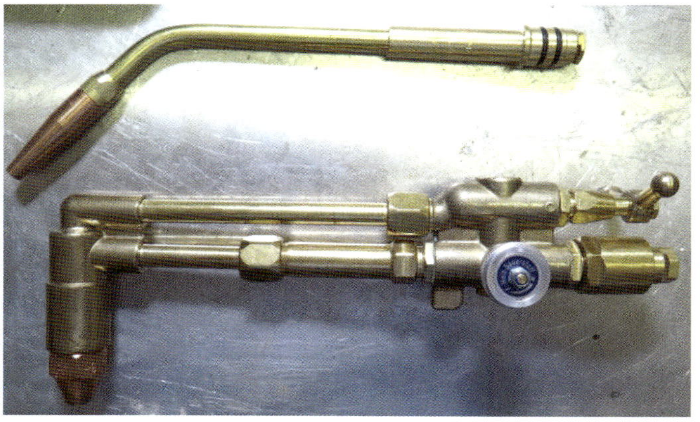

Bild 4.2-1: Schweißbrenner-Einsatz und Schneidbrenner-Einsatz (unten) zum Vergleich.

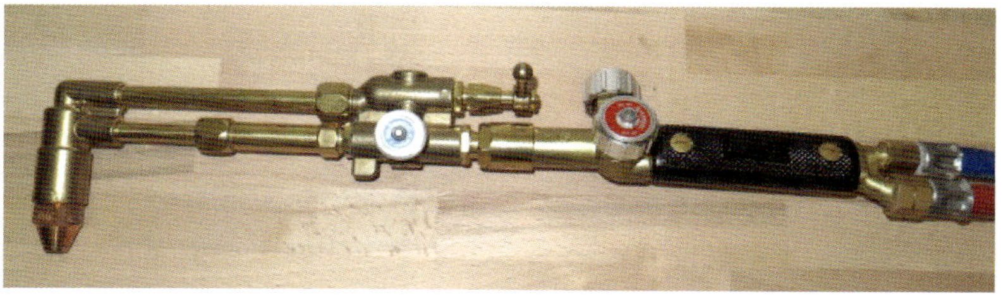

Bild 4.2-2: Schneidbrenner und Griffstück, montiert.

Nicht jeder Werkstoff kann autogen brenngeschnitten werden. Nach [15] müssen drei Voraussetzungen erfüllt sein:

- Der Werkstoff muss im warmen Zustand im Sauerstoffstrahl brennen und dabei ein dünnflüssiges Oxid bilden. Dieses Oxid wird vom Sauerstoffstrahl aus der Schnittfuge herausgeblasen. Alle Werkstoffe, die dickflüssige Oxide bilden, z.B. stark chromlegierte Stähle, sind für das Brennschneiden ungeeignet. Dazu zählt besonders der übliche nichtrostende Edelstahl mit etwa 18 % Chrom, z.B. *Cromargan* mit 18 % Chrom und 10 % Nickel. Ferritische Chromstähle wie der X12Cr13 funktionieren natürlich ebenso nicht.
- Die sog. Zündtemperatur des Werkstoffs im Sauerstoffstrahl muss unterhalb der Schmelztemperatur liegen; dies ist z.B. bei Gusseisen nicht der Fall.

- Der Werkstoff muss viel Verbrennungswärme bei gleichzeitig geringer Wärmeleitfähigkeit liefern – Aluminium und Kupfer sind daher ungeeignet, Titan hingegen ist brenngeeignet.

Ansonsten enthält jede übliche Schweißbrennergarnitur auch im Allgemeinen immer einen Schneidbrenner, andernfalls kann er problemlos nachträglich erworben werden; Hauptsache, er passt zum Griffstück – Ihr Schweißfachhändler wird Sie beraten. Wie beim Schweißen wird mit einem Acetylendruck von ungefähr 0,5 bar gearbeitet, der Sauerstoffdruck hängt allerdings von der jeweiligen Schneid-Sauerstoffdüse ab. Bei der kleinsten Düse S0, die für Schnitttiefen von 3-12 mm geeignet ist, beträgt der Schneid-Sauerstoffdruck ca. 4 bar, und er geht hoch bis auf über 10 bar bei den Düsen, die 300 mm Dicke oder auch mehr bewältigen. Je nach Schnittdicke werden die passenden Heiz- und Schneiddüsen in den Schneidbrenner montiert, Bilder 4.2-3 und 4.2-4. Je nach Aufdruck auf der Schneiddüse wird der Sauerstoffdruck am Flaschen-Druckminderer eingestellt.

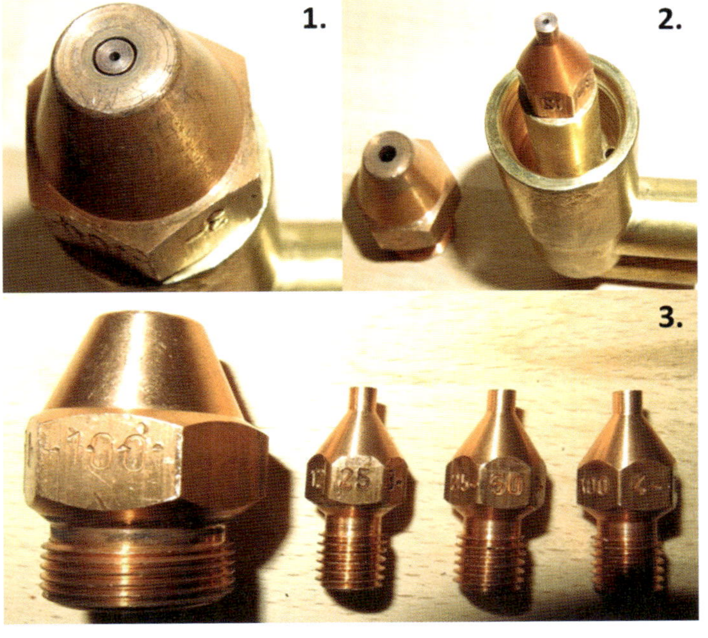

Bild 4.2-3: 1:Schneidbrenner-Mundstück mit der ringförmigen Heizdüse und der zentralen Schneiddüse, aus der der Schneid-Sauerstoff schießt.
2: Schneiddüse (links) und Heizdüse (rechts).
3: Heizdüse H1 und Schneiddüsen S1, S2 und S3 für KE17-Brenner der Fa. Kayser.

RINGDÜSE KE17 - ACETYLEN

Art.-Nr.	Typ	Bez.	Schneidbereich
61000	Heizdüse	H 1	3 - 100 mm
61005	Heizdüse	H 2	100 - 300 mm
61006	Schneiddüse	S 0	3 - 12 mm
61007	Schneiddüse	S 1	12 - 25 mm
61008	Schneiddüse	S 2	25 - 50 mm
61009	Schneiddüse	S 3	50 - 100 mm
61010	Schneiddüse	S 4	100 - 200 mm
61011	Schneiddüse	S 5	200 - 300 mm

Bild 4.2-4: Heizdüsen und Schneiddüsen für KE17-Brenner der Fa. Kayser.

Für das autogene Brennschneiden muss es als Brenngas nicht unbedingt Acetylen sein – obwohl es von allen Gasen die höchste Flammenenergie und –temperatur hat; Propan, Wasserstoff und Erdgas sind durchaus möglich und werden industriell und auf Schrottplätzen gern wegen der geringeren Kosten gegenüber dem Acetylen verwendet. Dabei ist das Mischungsverhältnis Brenngas zu Sauerstoff bei Acetylen/Sauerstoff rund 1:1, bei Erdgas/Sauerstoff 1:1,6 und bei Propan/Sauerstoff 1:4!

Näheres zu Sauerstoff und Acetylen, chemische Formel C_2H_2, findet der Leser im Kapitel 3.5, hier einige Angaben zu den möglichen Brenngasen Propan und Erdgas: Propan ist ein Nebenprodukt der Erdölverarbeitung und kann bei Raumtemperatur und etwas höherem Druck leicht verflüssigt werden; dadurch kann man es leicht in die bekannten Propangasflaschen geben, die es in jedem Baumarkt gibt. Da Propan, chemische Formel C_3H_8, zwar ungiftig, aber schwerer als Luft ist, ist sein Einsatz in Kellerräumen nicht unbedenklich, wenn man allzu sorglos vorgeht. Es bildet beim „Auslaufen" einen regelrechten See am Boden, in dem man, wenn man auf dem Boden herumkriecht, leicht ersticken kann. Ich lagere daher meine Propanflasche draußen in der Garage und hole sie nur zum unmittelbaren Arbeiten in den Keller. Propan hat eine merklich geringere Flammenenergie und –temperatur als Acetylen, daher ist es zum autogenen Schweißen nur recht eingeschränkt verwendbar. Erdgas ist aus Sicht der Verbrennung ähnlich dem Propan. Es besteht hauptsächlich aus Methan CH_4 und wird entweder zusammen mit dem Erdöl oder aus separaten Gasminen gefördert und per Pipeline zu den Verbrauchern transportiert. Es kann aber auch in Druckgasflaschen mit ca. 150 ~ 200 bar geliefert werden.

Bild 4.2-5: Brennen eines 10 mm dicken Stahlblechs – im Freien wegen der Brennschlacke und des Funkenflugs.

Die üblichen Schneidbrenner arbeiten wie die Schweißbrenner als sog. *Injektorbrenner*: Der unter höherem Druck stehende Sauerstoffstrahl tritt in die Mischkammer und reißt dort das unter niedrigem Druck stehende Brenngas mit. Daher sind Schneidbrenner und Schweißbrenner bzw. deren Einsätze immer entweder für Acetylen oder für langsam brennende Gase vorgesehen – nicht verwechseln!

Das Zünden und Einstellen der Flamme geht wie folgt vor sich [16]:

- Sauerstoffventil am Griffstück voll öffnen, Heizsauerstoffventil am Schneidbrenner wenig öffnen.
- Brenngasventil am Griffstück wenig öffnen.
- Flamme zünden und eine neutrale Flamme mittels Heizsauerstoff- und Brenngasventil einstellen.
- Schneidsauerstoffventil voll öffnen, ggf. den Sauerstoffdruck nachregulieren und dann Flamme wieder neutral einstellen. Schneidsauerstoffventil wieder schließen.

Brennen: Mit der Heizflamme wird das Werkstück örtlich auf Zündtemperatur gebracht, dabei nicht aufschmelzen. Das Werkstück glüht an der Anwärmstelle hellrot. Nun das Schneidsauerstoffventil voll öffnen und brennen. Die richtige Brenngeschwindigkeit ist am senkrechten Funkenregen zu erkennen; das brenngeschnittene Werkstück zeigt senkrechte Schnittriefen – bei schrägen oder gekrümmten Schnittriefen ist die Schnittgeschwindigkeit zu hoch. Ein Führungswagen wie in Bild 4.2-6 ist nicht unbedingt nötig, aber erleichtert spürbar die Arbeit, wenn halbwegs saubere Schnitte erzielt werden sollen, weil damit der Abstand Brenner – Werkstück schön konstant bleibt. Es gibt auch regelrechte Zirkel in Verbindung mit diesen Führungswagen für Rundschnitte. Falls Sie bei Ihrem Schrottauto die Radbolzen wie die Herren vom Recyclinggewerbe durch Abbrennen „abschrauben" wollen – dafür braucht's keinen Führungswagen.

Bild 4.2-6: Während des Brennschnitts.

Abschließend sei erwähnt, dass es regelrechte Dünnblechbrenner für feine Arbeiten gibt. Industriell werden Brennschneidmaschinen mit Maschinenbrennern genutzt, die früher mit einer Art Lichtschranke die damaligen Werkstückzeichnungen aus Tusche abfuhren. Heute wird das natürlich per Computer gesteuert. Es gibt Lohnbrennereien, die u.U. für Sie komplizierte oder auch nur öfter wiederkehrende Werkstücke aus Blech ausbrennen können, wobei Blech für den Techniker und Ingenieur auch 20 oder 100 mm dick sein kann. Das an Ihren Auto ist sog. Dünnblech. Eine (industrielle) Alternative bei dünnen Blechen ist Wasserstrahlschneiden und Laserschneiden. Für den Heimgebrauch gibt es inzwischen erschwingliche Plasmabrenner, die mit Lichtstrom und Druckluft arbeiten, falls Sie keine Sauerstoff- und Acetylenflaschen zu Hause haben wollen. Es gibt dahingehend preiswerte Kombigeräte, die WIG, E-Hand und Plasma, vielleicht obendrein noch MIG/MAG in einem Gerät vereinen – ich kann dazu keinen Rat geben, weil ich ganz generell kein Fan von Kombi- oder Universalgeräten bin. Aber auch die Plasmabrenner machen eine tüchtige Sauerei und nicht wenig Lärm, sodass das nichts für den Kellerverschlag im Mietshaus ist.

Bild 4.2-7: Kurz vor Ende des Brennschnitts. Der Funkenregen tritt schön senkrecht nach unten aus.

KAPITEL 5 Schweißen an Fahrzeugen

5.1 Allgemeines

Zunächst sage ich Ihnen drei verblüffende Tatsachen, die im scharfen Kontrast zu Aussagen im Internet, aber auch der volkstümlichen Fahrzeug- und Oldtimerliteratur und den entsprechenden Zeitschriften stehen. Ich stütze mich dabei auf gültige Unterlagen des *TÜV* [19, 20] und des *DVS Deutscher Verband für Schweißen und verwandte Verfahren* [21, 22]. Ferner wurde ich vom Leiter des TÜV Bayreuth beraten.

1. Es gibt *kein* vorgeschriebenes Verfahren für Schweißungen an Fahrzeugen! Sie dürfen MIG/MAG, WIG, E-Hand und Autogen schweißen – soweit es jeweils passt und der Fahrzeughersteller keine speziellen Angaben macht.

2. *Rein vom Gesetz* her dürfen *Sie* an Fahrzeugen schweißen, und Sie brauchen keinen Befähigungsnachweis! Es müssen keine Fachwerkstatt und kein geprüfter Schweißer schweißen. Gleichwohl empfiehlt dies der VdTÜV [20].

3. Sie dürfen Ihren eigenen Motorradrahmen, Ihr eigenes Autochassis oder Anhängeraufbau selbst entwerfen und bauen!

Natürlich müssen alle Arbeiten fach- und sachgerecht ausgeführt sein, die DVS 2501 [21] sagt: „Schweißarbeiten erfordern besondere Fachkenntnis und dürfen nur von entsprechend geschultem Personal ausgeführt werden“. Das ist eine juristisch sehr weit auslegbare Formulierung; fragen Sie am besten bei Ihrem zuständigen TÜV nach, wie das dort gesehen wird. Und wenn es bumst, weil Sie nicht fachgerecht gearbeitet haben, sind Sie ohnehin dran. Der TÜV kann – und wird mit großer Wahrscheinlichkeit – von Ihnen einen rechnerischen Festigkeitsnachweis und/oder Versuchsnachweise von Ihnen verlangen, wenn Sie Ihr eigenes Fahrzeug kreieren oder erhebliche Umbauarbeiten machen. Bei Fahrzeugen geht es um Leib und Leben, und da kann nicht jeder Dussel, der einmal in der Handwerkskammer während einiger Tage einen Schweißkurs gemacht (wenn überhaupt) und der von Festigkeit, Metallurgie und Kerbwirkung keine Ahnung hat, mit eigenen, mitunter sehr abenteuerlichen Basteleien ankommen. Ich habe über viele Jahre die Beobachtung gemacht, dass man immer mit den TÜV-Leuten reden kann, aber man muss es *vorher* tun und der TÜV-Mann muss natürlich die Überzeugung haben, dass Sie halbwegs Ahnung haben. Wenn Sie Ihre Vorhaben, egal, ob nur umfangreiche Schweißarbeiten an Ihrem Oldtimer oder Fahrzeugumbauten bis hin zu eigenen Entwürfen, vorher gründlich – und wenn es sein muss, auch mehrfach – mit dem TÜV-Ingenieur durchsprechen, dann wird sehr vieles möglich sein! Beweis: Wir haben eine serienmäßige BMW auf bivalenten Betrieb mit Erdgas und Benzin erweitert; dazu waren sehr umfangreiche Umbauten auch des Rahmens nötig, weil es nicht gebastelt, sondern richtig schick werden sollte – die ganze Gemischaufbereitung bis hin zum TÜV-Abgasgutachten war ebenfalls sehr aufwendig. Die Maschine hat nun *reguläre* Straßenzulassung – das geht alles ohne Probleme, wenn man den TÜV ein solches Projekt regelrecht begleiten lässt. Das macht den dortigen Ingenieuren und Meistern doch selbst Spaß, wenn ihr Fachwissen und Können einmal richtig gefordert wird! Also – wenn Sie an Ihr Motorrad einen Seitenwagen anbauen oder ein *Trike* oder einen *Threewheeler* bauen wollen – prinzipiell steht dem nichts entgegen, allerdings sollten Sie mindestens Kraftfahrzeug-Meister oder Diplom-Ingenieur sein – wegen der halt vorausgesetzten Fachkenntnisse. Aber wenn Ihnen diese fachlichen Voraussetzungen fehlen, Sie aber trotzdem gute Ideen haben, dann können Sie sich an eine Fachhochschule, Hochschule für Angewandte Wissenschaften oder Universität wenden: Dort gibt es entsprechende Fachleute oder – gerade an Universitäten – ganze Lehrstühle und Institute, die sich mit Fahrzeug-, Material- und Festigkeitsfragen genauestens auskennen und die Ihnen durchaus weiterhelfen können. Die richtigen Anlaufstellen sind dort die Professoren bzw. Lehrstühle für Maschinenelemente oder Konstruktionslehre oder Fahrzeugtechnik. Bedenken Sie dabei, dass aufgrund des EU-Wettbewerbsrechts staatliche Einrichtungen wie Fachhochschulen und Universitäten Leistungen nicht billiger als Firmen oder Ingenieurbüros oder gar kostenlos anbieten dürfen. Auch die jeweiligen Rechnungshöfe der Bundesländer werden da schnell hellhörig. Aber bei gutem Willen auf beiden Seiten lassen sich da fast immer tragbare und rechtlich saubere Arrangements finden.

5.2 Schweißen an Oldtimern und älteren Fahrzeugen

Die Trennung in ältere und neuere Fahrzeuge kommt dadurch zustande, dass bis etwa 1994 nur unlegierte Stähle mit max. 0,22% C verwendet wurden. Wie wir aus Kapitel 1.2 wissen, sind diese Stähle sehr gut schweißbar und unkritisch.

Bei Instandsetzungsarbeiten muss die volle ursprüngliche Funktionsfähigkeit wieder hergestellt werden, und dazu gehört auch das vom Hersteller des Fahrzeugs vorgesehene Verhalten bei Unfällen: Das bedeutet, dass beispielsweise das Crashverhalten nicht verändert werden darf [20]. Daraus ist wieder zu schließen, dass – wenn immer möglich – die Original-Reparaturbleche der Hersteller zu verwenden sind. Auf keinen Fall darf die Karosserie durch die Reparatur *steifer* als bisher werden, und das ist das genaue Gegenteil von dem, was der Laie annimmt. Sollten solche Reparaturbleche nicht mehr erhältlich sein, dann sind unlegierte Stahlsorten mit höchstens 0,22% C zu verwenden, um Härterisse zu vermeiden. Die Lebensdauerverkürzung des Fahrzeugs durch die örtliche Wärmeeinwirkung auf die Stahlbleche durch das Schweißen wird in [20] übrigens als unkritisch eingestuft.

Generell gilt aber, dass Bauteile, an die *besondere Anforderungen hinsichtlich der Verkehrssicherheit* gestellt werden, nur vom Hersteller – entweder des Fahrzeugs oder des Bauteils – geschweißt werden dürfen. Diese besonderen Teile sind nach der StVZO: *Bremsen, Felgen, Federn, Lenkung* und *Fahrwerksteile*, außerdem *Anhängerkupplungen* [20]. Derartige sicherheitsrelevante Bauteile werden in der Regel durch Neuteile ersetzt.

Hinweis zu Begutachtungen gem. §§19(2) und 21 StVZO (Änderungsabnahmen am Fahrzeug ohne gültiges Teilegutachten): Diese Begutachtungen dürfen nur Mitarbeiter einer „technischen Prüfstelle“ durchführen. Das sind die amtlich anerkannten Sachverständigen der technischen Überwachungsvereine in den alten Bundesländern (TÜV Süd, TÜV Nord,...) und der DEKRA in den neuen Bundesländern.

Bei Lastwagen, „richtigen“ Geländewagen und vielen Vorkriegsautos (und nicht wenigen US-Nachkriegsautos) ist es so, dass diese Fahrzeuge einen regelrechten Rahmen aus ziemlich dicken Stahlprofilen haben, und der Aufbau ist nur aufgeschraubt. Ein berühmtes Beispiel dafür ist der *VW Käfer*, der aus einem sehr starken Zentralrohr im Unterboden bestand, an dem alle Komponenten wie Motor, Getriebe, Achsen usw. aufgehängt waren. Die eigentlich Karosserie war mit rund 30 Schrauben am Unterboden befestigt; das ist der Grund, warum es viele Abwandlungen des VW Käfer mit zum Teil völlig anderen Karosserien gab, sehr bekannt dürfte der *Karmann Ghia* sein. Bei einer modernen Autokarosserie ist es dagegen so, dass kein separater Rahmen mehr existiert, vielmehr tragen eigentlich *alle* eingeschweißten oder festverschraubten Komponenten mehr oder weniger mit – ganz besonders auch das Dach – selbst die Kotflügel bis hin zur eingeklebten Windschutzscheibe. Man spricht von einer *selbsttragenden* Karosserie. Der erste „Geländewagen", der keinen Rahmen mehr hatte, sondern eine selbsttragende Karosserie, war der *Lada Niva*, dann der *Toyota RAV4*, der damit das beliebte Segment der SUV, der *Sports Uitility Vehicles*, begründete.

Was sind *tragende* Teile eigentlich genau? Man unterscheidet von der Schadenswertigkeit von Karosserieteilen in sog. Schadenseinheiten E, und Bauteile mit 6 E oder 8 E dürfen nur nach den Anweisungen des Herstellers bzw. den anerkannten Regeln der Technik durch eine Fachwerkstatt repariert werden, *wenn sie ihre Funktionsfähigkeit ganz verloren haben.* Was ist, wenn die o.g. Bauteile ihre Funktionsfähigkeit nur zum Teil verloren haben? Dann kann je nach Schadenswert auch mit Ausschnitten aus Original bzw. Reparaturersatzteil gearbeitet werden; Näheres siehe [20]. Folgende 6 E bzw. 8 E Teile sind besonders kritisch [20]:

- Haupt-Längsträger und Haupt-Querträger
- Federbeinbefestigung und Achsbefestigung
- Schubstreben
- Lenkgetriebe-Befestigung
- Motor-Befestigung und Getriebe-Befestigung
- Hauptzylinder-Befestigung und Bremspedal-Lagerung
- Türsäule, Türschloss-Befestigung und Türscharniere
- Befestigungsbasis für die Anhängerkupplung

Neben den Herstellerangaben gelten u.a. folgende DVS-Merkblätter als verbindliche Regeln der Technik; dies ist dann sehr wichtig, wenn keine Herstellerangaben (mehr) existieren:

- DVS 2501 ~ DVS 2505: Fahrzeuge aus unlegierten Stählen bis Baujahr 1994
- DVS 2508: Richten und Schweißen an Stahl-Motorradrahmen
- DVS 2513: Fahrzeuge aus verzinkten Feinblechen
- DVS 2514: Fahrzeuge aus Aluminium

- DVS 2517: Fahrzeuge aus hoch- und höchstfesten Stählen, Tailored Blanks und Tailored Tubes (das sind innen-hochdruck-umgeformte Bauteile)

Nebenbei sei bemerkt, dass bei Fahrzeugen bis Baujahr 1994 geschweißt wird. Löten, Hartlöten, Schrauben, Nieten und Kleben sind ungeeignet; es sei denn, der Hersteller hat es ausdrücklich freigegeben. Das bedeutet, dass Sie Reparaturbleche nicht mit Blindnieten, wie das Ahnungslose gerne machen, einsetzen dürfen. Verzinkte Bleche können an und für sich genauso wie unverzinkte Bleche verschweißt werden; bei WIG-Schweißen empfiehlt [20], die Zinkschicht im Nahtbereich zu entfernen.

Es gibt folgende Instandsetzungsregeln [20, 21]:

- Schweißverfahren und Schweißzusatz müssen zum zu reparierenden Blech passen. Zu vermeiden sind auf jeden Fall z.B. Einbrandkerben, schroffe Nahtübergänge und nichtmetallische Einschlüsse.
- Keine festigkeitsmindernden Schweißnähte wie Flanken- und Stirnkehlnähte. Wenn überhaupt, dann nur in der neutralen Zone.
- Keine Schweißnahtkreuzungen.
- Keine Schweißnähte in der Zugzone von Biegeträgern.
- Offene Profile, z.B. U-Profile, müssen offen bleiben. Sie dürfen nicht durch Verstärkungen zu einem geschlossenen Profil werden.
- Schroffe Querschnittsübergänge vermeiden.

Risse, die durch Überbeanspruchung, nicht durch Korrosion, in Bauteilen entstanden, können durchaus geschweißt werden, hierzu sind aber einige Besonderheiten zu beachten; Näheres siehe [20].

Es gibt zum Thema Reparatur folgende gesetzliche Grundlagen, die hier wörtlich zitiert seien:

„Es gibt keine gesetzliche Vorschrift, dass an einem Personenkraftwagen nur der Fahrzeughersteller oder eine von ihm beauftragte Person Instandsetzungsschweißungen durchführen darf.“ [20, 21]. Außer den oben erwähnten bauartgenehmigungspflichtigen Bauteilen wie Anhängerkupplungen.

„Es gibt auch noch keine Vorschrift, die einem Personenkraftwagenhalter nach einer größeren Instandsetzung an der Karosserie bzw. an dem Rahmen verpflichtet, sein Fahrzeug auf die wiederhergestellte Verkehrssicherheit prüfen zu lassen.“ [20, 21]. Also können Sie bis zum nächsten regulären TÜV-Termin warten – ob das klug ist, steht woanders.

Nun sind das keine Freibriefe, dass Sie einfach drauflos brutzeln können; immer gelten die übergeordneten Gesetze wie die §§ 30 und 31 der StVZO, der § 23 der StVO und schlimmstenfalls der §1 der StVO. Im Klartext: Sie dürfen ein Fahrzeug nicht in Betrieb nehmen, wenn es sich nicht in vorschriftsmäßigem Zustand befindet. Ein vorschriftsmäßiger Zustand liegt aber vor, wenn die vom Hersteller vorgesehenen Instandsetzungsarbeiten oder nach dem Stand der Technik ebenfalls anerkannte Reparaturmaßnahmen ordnungsgemäß und zweifelsfrei ausgeführt wurden, vgl. [20].

[20] *empfiehlt* zwar, dass Schweißungen von ausreichend qualifiziertem Fachpersonal, z.B. von geprüften Schweißern oder besonders schweißtechnisch qualifizierten Metallbauern, Fachrichtung Karosserie- und Fahrzeugbaumechaniker, ausgeführt werden sollen, aber gesetzlich vorgeschrieben ist das nicht. Hinsichtlich der (wünschenswerten) Qualifikation des Personals, das Schweißnähte fertigt bzw. beaufsichtigt, gibt DVS 2501 [21] Auskunft.

Ein strittiger Punkt ist, ob Sie Schweißnähte nach dem Schweißen mit Anstrichen oder Unterbodenschutzen versehen können. Der TÜV muss Ihre Schweißnaht beurteilen können, und man kann Ihnen zur Auflage machen, für die Vorführung des Fahrzeugs lediglich einen dünnen oder transparenten Rostschutzanstrich anzubringen. Ich würde vorher mit den TÜV-Ingenieuren bzw. TÜV-Meistern sprechen.

Nun zu den Schweißverfahren: DVS 2503 [21] führt folgende „Fügeverfahren bei der Instandsetzung“ an:

- Hartlöten
- Lichtbogenhandschweißen (kurz E-Hand)
- Schutzgasschweißen: WIG, MIG, MAG
- Widerstandspunktschweißen

Es werden alle diese Verfahren ausführlich beschrieben; es kann also keine Rede davon sein, dass, was man immer wieder hört, nur MAG zulässig ist, das ist Unfug! Es werden zum Teil sehr detaillierte Angaben über Nähte, Punktabstände und dgl. gemacht, wer das genau wissen will, besorgt sich die DVS-Merkblätter 2501-2505, 2514, das ist eine Art Sammelband [21], der nicht teuer ist. Vielleicht sollte man als Leitgedanken dies im Kopf haben: *Der TÜV schreibt keine Reparaturschweißungen vor, er toleriert sie lediglich!* Im Zweifelsfall wäre die richtige Reparaturnaht wieder das Original, und das wäre meistens eine Widerstandspunktnaht, wie sie einmal ursprünglich in der Autofabrik gemacht wurde. Solche Punktschweißzangen gibt es natürlich zu kaufen, und wenn Sie wirklich wiederholt professionell arbeiten wollen, dann kommen Sie um eine derartige Maschine kaum herum. Hier haben wir es mit Stromstärken von mehreren tausend Ampere zu tun, die durch die beiden zusammen gepressten Bleche geschickt werden, und daher ist ein solches Profitool auch nicht ganz billig. Eine vom TÜV halt eben *tolerierte* Variante ist z.B. eine MAG-Lochpunktschweißung, weil sie der original Widerstandspunktschweißung irgendwo relativ nahe kommt.

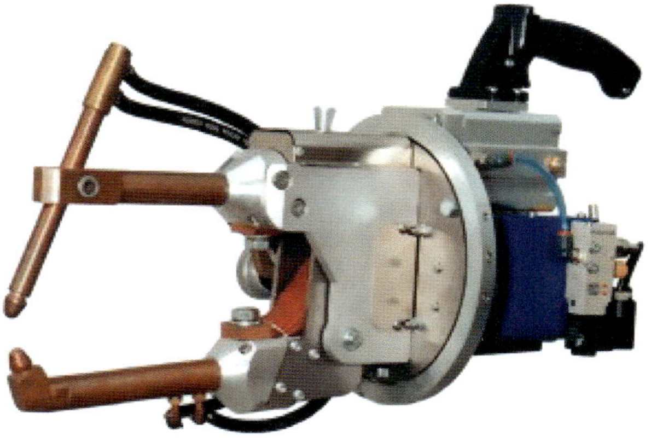

Bild 7.2-1: Punktschweißzange [C-38]

Übrigens geht sowas auch mit WIG, und es gibt spezielle WIG-Punkt-Schweißbrenner, die das noch besser als MAG-Punktschweißen können, allerdings nur auf sehr sauberem Blech!

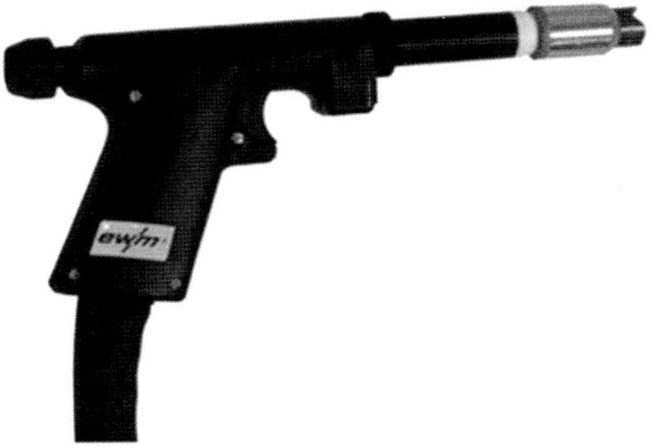

Bild 7.2-2: WIG-Punkt-Schweißbrenner Spotarc von EWM [C-39].

Ansonsten können Sie – immer in Abstimmung mit dem TÜV – an und für sich mit jedem beliebigen der in DVS 2503 [21] genannten Verfahren schweißen. Einen mehrere Millimeter dicken LKW-Rahmen kann man durchaus vorteilhaft per E-Hand schweißen; Bleche unter einem Millimeter Dicke können nur vernünftig per Autogen, MAG oder WIG geschweißt werden – oder gleich bei Widerstandspunktschweißen. Speziell für *Motorradrahmen aus Stahl* gibt es das DVS Merkblatt 2508 [22], und hier werden als geeignete Schweißverfahren Autogen, WIG und MAG genannt. Speziell bei MAG erwähnt [22]: „Im Gegensatz zur möglichen Abschnittsinstandsetzung werden an Kraftradrahmen ausschließlich durch Unfalleinwirkung beschädigte Schweißverbindungen wiederhergestellt. Dies erfordert eine sorgfältige und fachgerechte Vorbereitung und Behandlung der Schweißstelle, wie zum Beispiel das Entfernen alten Schweißguts und Beseitigung von Farbe, Rost und Öl durch mechanische Bearbeitung (z.B.: Schleifen).“ Ferner sind Quernähte am Rohr zu vermeiden, und Kehlnähte sollen, wenn zugänglich, von beiden Seiten geschweißt werden. Wie für Personenkraftwagen (vgl. DVS 2503 [21]) werden als Drahtelektroden-Werkstoffe G2Si1, G3Si1 und G4Si1, als Drahtelektroden-Durchmesser 0,8 mm und 1,0 mm, und als Schutzgase M21 (82% Ar, 18% CO_2) oder C1 (100% CO_2) empfohlen. Also alles im gewohnten Rahmen ohne Besonderheiten.

Für Instandsetzungsschweißungen an der Fahrzeugkarosserie macht DVS 2505 [21] sehr detaillierte Vorschläge bzw. Vorschriften, und die Karosserie wird in acht verschiedene Instandsetzungsgruppen eingeteilt:

Gruppe I : Längsträger

Gruppe II : Querträger vorn, Abschlussblech hinten

Gruppe III : Radhaus vorn, Radhaus hinten

Gruppe IV : A- und B-Säulen

Gruppe V : Dach- und Fensterrahmen

Gruppe VI : Bodenblech

Gruppe VII : Türschweller

Gruppe VIII : Seitenteil hinten

Es werden dann sehr präzise Angaben über die jeweiligen Reparaturmaßnahmen je nach Bauweise gemacht, und jeder, der ordentlich und fachgerecht schweißen will, möge sich dringend [20] oder [21] besorgen; es sind dermaßen viele Angaben, dass sie hier nicht wiedergegeben werden können.

5.3 Schweißen an neueren Fahrzeugen

Prinzipiell gelten die gleichen Aussagen und Regeln des Kapitels 5.2, aber bei Fahrzeugen ab 1994 ist es möglich – wenn auch nicht in jedem Fall gegeben – dass höher- bzw. höchstfeste Stahlbleche verwendet werden, die aufgrund ihrer Zusammensetzung nicht ohne weiteres schweißgeeignet sind. Dazu zählen auch die sog. *Tailored Blanks*, das sind Fahrzeugbleche, die aus Blechen unterschiedlicher Dicke per Laser verschweißt und dann erst umgeformt wurden und die sog. *Tailored Tubes*, das sind hohlkörperförmige Bauteile, die per Innenhochdruckumformen hergestellt wurden. Es werden in der Fabrik neben den klassischen Schweißverfahren wie Widerstandsschweißen und Schutzgasschweißen zum Teil recht neuartige und im Maschinenbau eher ungewöhnliche Fügeverfahren wie Laserstrahlschweißen, MIG-Löten, Laser-Löten, Stanznieten, Durchsetzfügen, Kleben und sogar kombinierte Fügeverfahren wie Punktschweißkleben, mechanisches Fügen/Kleben und Schrauben/Kleben genutzt. Das macht eine Reparatur generell schwierig, und für solche Fahrzeuge gilt grundsätzlich:

- Weist ein unfallgeschädigtes Bauteil aus hochfestem Stahl scharfkantige Knicke auf, muss es erneuert werden, weil ein Rückformen aus Festigkeitsgründen nicht erlaubt ist.
- Um das ursprüngliche Deformationsverhalten bei Unfällen beibehalten zu können, müssen stark deformierte oder korrodierte Teile im Strukturbereich

ausgetauscht oder durch vom Hersteller freigegebenen Teilersatz repariert werden.

Es versteht sich, dass in der Fabrik lasergeschweißte Verbindungen mangels sehr teurer Gerätetechnik nicht im Reparaturbereich eingesetzt werden können. Die Hersteller haben Ersatzverfahren erarbeitet bzw. erprobt; diese sind dann anzuwenden. Hochfeste Bleche können meist per Widerstandspunktschweißen gefügt werden, und verzinkte Bleche werden z.B. MIG-gelötet, weil durch die viel geringeren Temperaturen der Zinkabbrand kleiner und die thermische Belastung der Bauteile geringer ist. Bei bestimmten neueren Opel-Modellen darf nur noch MIG-gelötet werden. Inzwischen gibt es eine Reihe von erschwinglichen MIG/MAG-Maschinen, mit denen man MIG-Löten kann, z.B. die Maschine aus Bild 3.3-2.

Schlussendlich gibt es Aluminium-Karosserien. Hier sind die Instandsetzungs-Vorschriften der Fahrzeughersteller zu beachten; ansonsten gibt DVS 2514 [21] entsprechende Hinweise. Allerdings kann das Widerstandspunktschweißen bei Aluminium nicht angewendet werden, es bleiben die „üblichen Verdächtigen" WIG und MIG, wofür dieselben Regeln gelten, die wir schon in den Kapiteln 3.3.7, 3.4.4 und 3.4.5 kennengelernt haben. Sehr schön ist in DVS 2514 ein recht umfangreicher Fehlerkatalog für Aluminium-Schweißnähte, den man auch ansonsten gut brauchen kann.

KAPITEL 6 Anwendungen und Beispiele

In diesem Kapitel werden in loser Folge einige verschiedene Schweißkonstruktionen gezeigt mit Empfehlungen von mir, wie man das wohl schweißen könnte. Selbstverständlich gibt es hier keine absolute Wahrheit, und der eine oder andere Leser oder Fachmann wird den jeweiligen Fall durchaus anders lösen, d.h. mit einem anderen Schweißverfahren oder aber alternativ auch einem Lötverfahren oder einer Schrauben- oder Nietverbindung. Es sollen also nur einige Anregungen für zugehörige Arbeiten gegeben werden.

6.1 Schweißtisch

Zum Schweißen von Bauteilen gibt es professionelle Schweißtische, damit man die zu verbindenden Teile sauber anordnen, ausrichten und fixieren kann. Natürlich sind derartige Profitische sehr teuer und lohnen sich für den Hobbyschlosser auch nicht wirklich. In Kapitel 1.1 habe ich eine provisorische Lösung mit einer Aluminiumplatte und einer mobilen Werkbank gezeigt. Hier schlage ich eine etwas robustere Lösung vor. Ausgangspunkt ist eine 10 mm dicke Platte aus Baustahl der Abmessungen vielleicht 500 x 400, der vier Beine aus Vierkant-Stahlrohr 30 x 30 x 3 mm angeschweißt werden.

Bild 6.1-1: Ein einfacher Schweißtisch (links) und Detail des Schweißtischs (rechts). Alle MAG-Nähte wurden übrigens schleppend geschweißt.

Die Stahlplatte habe ich aus dem Schrott gefischt; von einer früheren Verwendung stammen die Löcher und der Ausschnitt – die stören aber gar nicht; solche Löcher und Ausschnitte kann man gut zum Festspannen nutzen. Einen derartigen Tisch aus Stahl wird man entweder per E-Hand oder MAG schweißen – das ist kein Fall für WIG oder Autogen. Die Schweißparameter waren: Draht SG2 0,8 mm, 22,6 V, 140 A, 10 l/min M21, alle Nähte *schleppend* geschweißt, weil die Sicht gut war. Bei E-Hand würde ich 2 mm RR-Elektroden bei 80 A nehmen. Anschließend wurden die Beine und die Unterseite der Platte mit *Flüssigkunststoff* gestrichen; die Oberseite natürlich nicht wegen der Kontaktgabe.

6.2 Untergestell für Drehmaschine

Die Genauigkeit einer Drehmaschine hängt sehr vom Fundament ab: Für große Maschinen in den Fabriken werden Fundamente extra aus Beton gegossen; anschließend wird die Maschine penibel horizontal und spannungsfrei ausgerichtet. Kleine Tischmaschinen stellt man auch nicht einfach auf die Werkbank, sondern man spendiert ihnen ein spezielles Untergestell, das man natürlich auch fertig kaufen kann. Aber sowas ist mit einfachen Mitteln schnell selbst gefertigt: Stahlrohre 30 x 30 x 3 mm bilden den eigentlichen Rahmen, und als Platte kann man eine recht teure professionelle Buchenplatte nehmen; ich habe einfach drei je 20 mm dicke Buchensperrholzplatten miteinander verleimt. Das wird dann schön eben; hier kann man mit gutem Gewissen die Drehmaschine mit Durchgangs-schrauben festschrauben. Dieses Maschinen-Untergestell wird man mit E-Hand oder MAG schweißen; da hier aber nur Rohre miteinander verschweißt werden, wäre auch WIG und Autogen denkbar – und wenn's nur zur Übung ist! Das Gestell wurde übrigens mit einem 100 Euro Billig-Inverter aus dem Baumarkt mit 80 A (das war das Maximum, was diese NoName-Maschine hergab) und 2 mm *Oerlikon Fincord* Elektroden geschweißt; das klappte vollkommen problemlos. Natürlich dreht man den Rahmen immer so, dass man in Wannenlage PA schweißen kann; aufgrund des geringen Gewichts und der begrenzten Abmessungen war das kein Problem.

Bild 6.2-1: Untergestell für eine Drehmaschine (links) und Detail E-Hand-Schweißnaht am Drehmaschinen-Untergestell (rechts).

6.3 Wandkonsole für Doppelschleifbock

Ich habe in meiner Werkstatt zwei Doppelschleifer: Eine Drehstrom-Maschine mit 200er Scheiben für das Schleifen von Drehmeißeln, Bohrern usw. und eine „normale“ Maschine mit 150er Scheiben, speziell für das Anschleifen von WIG-Elektroden. Damit man in kommoder Höhe arbeiten kann, wurde der kleine Doppelschleifer mit einer kleinen Konsole an der Wand befestigt. Diese Konsole wurde aus Flach- und Winkeleisen geschweißt; hier nur aus Spaß per WIG. Elektrode 2,4 mm „Gold“, 8 l/min Argon 4.6, 120 A.

Bild 6.3-1: WIG-geschweißte Wandkonsole für einen Doppelschleifbock.

6.4 Tellerrad mit Keilwelle verschweißt

Bei den älteren BMW-Zweizylindern aus den 70er und 80er Jahren sind im Hinterradantrieb Tellerrad und die Mitnehmerverbindung zum Hinterrad verschweißt, damit man bei Verschleiß der Mitnehmerverbindung diese gegenüber dem (sehr teuren) Tellerrad auswechseln kann.

Das Original-BMW-Reparaturhandbuch macht hier keine näheren Angaben über den Schweißprozess. Eine solche Reparatur stelle ich mir in einer heutigen Kfz-Werkstatt, egal ob Auto- oder Motorradwerkstatt, sehr spannend vor. Wenn ich es zu machen hätte, würde ich die alte Verbindung durch vorsichtiges Abdrehen der Schweißnaht auf der Drehmaschine lösen und die neue Schweißverbindung in jedem Fall WIG-schweißen, da hat man das meiste Gefühl.

Die nächste Alternative wäre für mich dann E-Hand, aber sicher nicht MAG oder Autogen; hier wäre mir die Gefahr von unkontrolliert hoher Wärmeeinbringung zu hoch. Ferner würde ich über Kreuz an vier Stellen heften und dann über Kreuz jeweils vielleicht 10 mm lange Abschnitte schweißen. Wahrscheinlich kommt man ohne Zusatz aus; ein sauberes Verschmelzen von Tellerrad und Mitnehmerverbindung ist damit sogar eher sichergestellt.

In der Fabrik wurde das sicher per Roboter geschweißt, zumindest auf einem Drehteller.

Bild 6.4-1: Geschweißte Verbindung von Tellerrad und Hinterrad-Mitnehmer an einer 1000 cm^3 BMW aus 1982 (Schweißnaht von BMW- nicht vom Verfasser).

6.5 Gartenplastik aus nichtrostendem Stahl

Besonders Frauen mögen Metallplastiken im Garten. In den Gartencentern, Blumengeschäften bis hin zu den Baumärkten findet man derartige Plastiken, die sicher zum großen Teil aus Fernost kommen und oftmals laser- oder wasserstrahlgeschnitten sind. Mit Kunst oder Handwerk hat das nicht mehr allzu viel zu tun – warum überraschen Sie Ihre Frau nicht einmal mit eigenen Kreationen?

Hier ein Entwurf von mir namens *„Starlight vs. Moonglow"*. Mit einer solchen Arbeit können Sie sich gleich als Künstler fühlen, und wenn Sie jetzt einen großen Namen hätten, dann würden alle möglichen selbsternannten Kunstexperten und -liebhaber mit wallenden Mähnen und Künstlerschals bei einem Glas Champagner darum herum stehen und stirnrunzelnd darüber sinnieren, was Sie sich wohl dabei gedacht haben.

Das Material ist normaler nichtrostender Edelstahl, die Gesichter aus 1,5 mm dickem Inox-Blech wurden nach Uraltsitte per Bohren, Meißeln und Feilen hergestellt - nichtrostender Edelstahl ist unglaublich zäh und schwer spanend zu bearbeiten.

Bild 6.5-1: Eine Gartenplastik (links) und Details der Gartenplastik (rechts)

6.6 Reparatur eines Aluminium-Fahrradrahmens

An einem Fahrrad aus Aluminium eines Freundes war der Lenkkopf gerissen; so etwas lässt sich recht gut WIG-Schweißen mit AC. Vorher muss man natürlich den Lack entfernen und die Stelle schön freilegen.

Ich würde auch hinterher die Schweißnaht lassen, wie sie ist; jedes Abschleifen bringt nur unnötige Schwächungen. Die Lagerschalen blieben übrigens eingebaut, wenn man immer nur einen Zentimeter schweißt und dann das Ganze wieder abkühlen lässt, hat man keine Anlasseffekte für die Stahl-Lagerschalen zu befürchten.

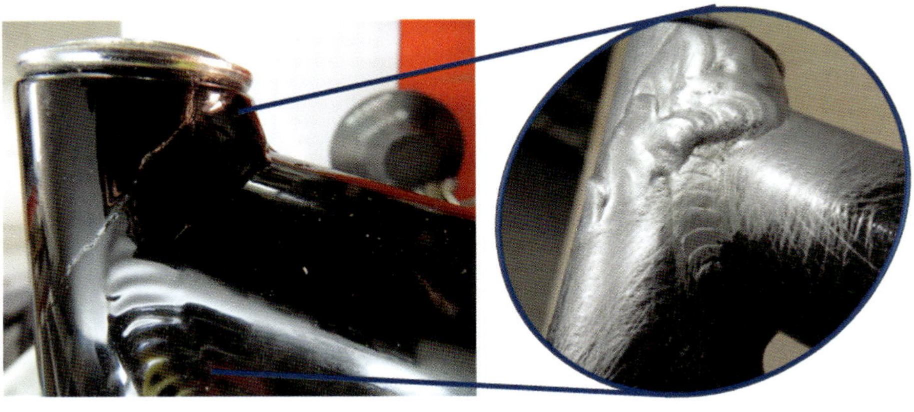

Bild 6.6-1: Riss am Lenkkopf eines Aluminium-Fahrradrahmens (links) und der WIG-geschweißte Riss am Lenkkopf eines Aluminium-Fahrradrahmens (rechts).

6.7 Adventskranz aus nichtrostendem Edelstahl und Aluminium

Adventskränze aus Tannenzweigen sind out – warum bauen Sie nicht einmal einen richtig nachhaltigen, weil immer wieder zu verwendeten Adventskranz aus nichtrostenden Edelstahl?

Die Vierkantrohre 30 x 30 x 2 sowie ein Stück Rundrohr Ø 30 x 2 lassen Sie sich aus dem Internet kommen, ebenso eine Tafel 500 x 500 x 3 Aluminiumblech AlMg3 für die Figuren.

Die Figuren lassen sich sehr schön mit einer Dekupiersäge aussägen, vgl. Bild 2.2-7, die kleinen Bohrungen machen Sie mit einer kleinen schnelllaufenden Bohrmaschine wie in Bild 2.3-1 unten.

Bild 6.7-1: Ein alternativer und nachhaltiger Adventskranz.

6.8 Schweißrauch-Absaugung

Schweißrauche, wie sie besonders beim MIG/MAG- und E-Hand-Schweißen entstehen, sind nicht wirklich gesund. Selbstverständlich gibt es fix und fertige professionelle Abzüge für diese Zwecke zu kaufen, allerdings muss man selbst in der billigsten Ausführung einen Tausender auf den Tisch legen. Wenn Ihre Werkstatt ein Fenster, und sei es im Keller hat, hätte ich hier eine Preiswert-Alternative: Sie besorgen sich im Internet einen sog. Axialventilator.

Bild 6.8-1: Axialventilator. Werkbild Rosenberg.

An Ihrem Fenster bringen Sie eine Aluplatte an, die einen genügend großen Durchlass für die Ablauft nach draußen hat. Dann müssen Sie am Axialventilator vorn und hinten einen selbstgebogenen Blechring anschweißen – ein Paar Schweißpunkte reichen, den Rest dichten Sie mit Panzertape ab – damit Sie ihn einerseits mit der Aluplatte am Fenster verbinden können und andererseits vorne eine Blechplatte mit einem Loch Ø 100, 125 oder 150 (das sind die Standard-Durchmesser für Dunstabzugshauben-Bauteile) anbringen können. Für die Schweißarbeiten eignen sich besonders gut WIG und Autogen, wenn Sie 1 mm dicke Stahlbleche verwenden.

In diese vordere dünne Blechplatte setzen Sie per Silikon-Fugenkit einen Plastikstutzen ein, diese Anbauteile gibt es im Baumarkt in der Sektion Dunstabzugshauben, ebenso wie den flexiblen Schlauch. Als Abzugstrichter habe ich eine Plastikschüssel mit herausgeschnittenem Boden und einem eingekitteten Stutzen verwendet – nicht sehr schön, aber funktionell. Den „Abzugstrichter" hängen Sie an ein paar Fäden an die Decke, am besten bringen Sie gleich ein paar Haken für verschiedene Stellungen an.

Wenn Sie jetzt noch einen Drehzahl- und Leistungsregler für einen Fünfziger in der Nähe des Abzugs anbringen, könne Sie auch noch die Saugleistung variieren. Sie werden staunen, was ein solcher selbstgebauter Abzug für eine Power hat – der zieht Ihnen die Tür Ihrer Werkstatt zu, wenn die mit einem Spalt von ein paar Zentimeter offen ist!

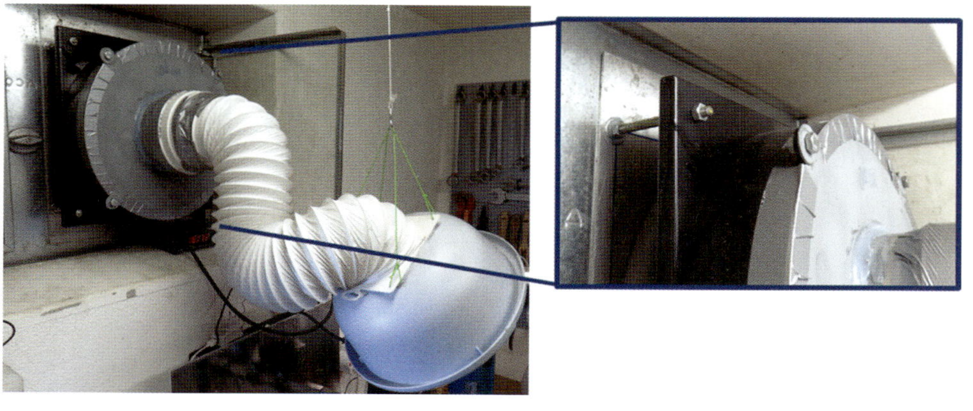

Bild 6.8-2: Ein einfacher, aber wirkungsvoller Eigenbau-Abzug (links) und Befestigung des Abzugs am Mäusegitter mit Stehbolzen; auf der Rückseite des Gitters ist ein Flacheisen mit Gewindebohrungen befestigt (rechts).

Bild 6.8-3: So verdreckt ist der Abzugsschlauch nach nur einer Stunde MIG/MAG-Schweißen!

6.9 Pleuel einer größeren Model-Zwillingsdampfmaschine

Es soll eines der beiden Pleuel, Länge jeweils 160 mm, einer Zwillingsdampfmaschine hergestellt werden, und zwar als *vollständige Schweißkonstruktion*. Alternativen wären aus dem Vollen fräsen (sehr aufwendig) oder gießen, was für den Hobbyschlosser bei Stahl vollkommen ausgeschlossen ist. Also wurden die Pleuel aus Stahlringen (in denen Nadellager sitzen) für oberes und unteres Pleuelauge sowie Flachstählen, die als T-Profil den Pleuelschaft bilden, zusammengeschweißt, und zwar per E-Hand mit 2 mm Elektroden. Wenn man die Schweißnähte im Bereich des T-Profils mit einem Geradschleifer, vgl. Bild 2.4-4, und einem kugelförmigen Schleifstift sauber ausschleift, dann kann das recht schick aussehen. Um Kritiken vorzubeugen: Die Zwillingsmaschine aus Bild 6.9-1 (sie dürfte ca. 1 PS bei 10 bar Dampfdruck abgeben) habe ich mit 18 Jahren – noch vor dem Maschinenbaustudium – selbst konstruiert und gebaut. Heute würde ich das besser machen.

Bild 6.9-1: Links eine größere selbstentworfene Zwillingsdampfmaschine des Autors, rechts im Bild zum Größenvergleich eine selbstgefertigte Stuart 10 H (links) und Detail des geschweißtes Pleuels einer Modell-Zwillingsdampfmaschine (rechts).

6.10 Spezialwerkzeuge für die Reparatur älterer BWM-Motorräder

Ältere BMW-Motorräder der Baujahre 1969 ~ 1996 sind, wenn sie richtig gewartet und überholt werden, an Komfort und Dauerhaftigkeit nicht zu überbieten. Blöderweise braucht man für die Überholung bzw. Reparatur eine unglaubliche Menge an Spezialwerkzeugen, die BMW nicht an Endkunden abgibt. Zum Vergleich: Jede *Honda CB 750 Four* und jede 1000er *Kawasaki* aus den 70er Jahren lässt sich vollkommen problemlos mit einem Satz Baumarktwerkzeuge zerlegen – ich habe es bei meinen Maschinen schon praktiziert. Also dann für die BMW selbst fertigen; dazu gehören u.v.a. ein Spezialschlüssel für die Schwingenlagerung und ein Schlüssel zum drehmoment-gesteuerten Anziehen der Kardangelenkschrauben. Man besorgt sich im ersten Fall im Baumarkt eine Stecknuss SW 27 und schweißt ein Rohr als Griff an, weil man durch den jetzt offenen Vierkant in der Nuss mit einem Inbusschlüssel das Vorspannmoment von 10 Nm aufbringen kann. Für die Kardangelenkschrauben besorgt man sich einen Ringschlüssel SW 10 Zwölfkant und schweißt im Auge SW 11 eine Stecknuss mit 3/8“ Anschluss ein. Nun kann man in den 3/8“ Anschluss einen passenden Drehmomentschlüssel geben, weil diese Kardangelenkschrauben mit 40 Nm angezogen werden müssen – übrigens muss ein geringeres Drehmoment am Schlüssel eingestellt werden, vgl. [23] – Technische Mechanik pur. Einen ähnlichen Schlüssel fertigt man sich für die vier Zwölfkantmuttern (47 Nm) an, welche den Hinterachsantrieb mit der Schwinge verbinden.

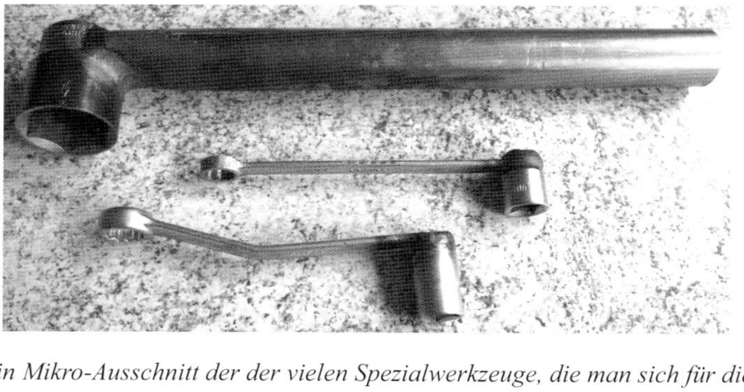

Bild 6.10-1: Ein Mikro-Ausschnitt der der vielen Spezialwerkzeuge, die man sich für die Überholung einer älteren BMW fertigen muss.

Hier sind robuste Schweißnähte gefragt: Funktionieren werden wohl alle hier beschriebenen Verfahren, aber gerade solche etwas kniffeligen Verbindungen an Werkzeugstählen sind für WIG prädestiniert. Als zweite Wahl käme für mich E-

Hand in Frage, was ich übrigens früher bei solchen Werkzeugen angewandt habe. Ohne Schweißen ist man beim Selbstfertigen von Kfz-Sonderwerkzeugen aufgeschmissen.

Bild 6.10-2: Eine 3/8" Stecknuss an einem 12er Zwölfkant-Schlüssel per WIG angeschweißt (links). Auf diesen modifizierten Schlüssel kann nun ein Drehmomentschlüssel aufgesteckt werden (rechts).

6.11 Auspuffrohr an einem Notstromaggregat

Notstromaggregate besonders älterer Provenienz machen meist einen Höllenradau, daher soll am Originaldämpfer ein flexibles Auspuffrohr angebracht werden, das dann zu einem richtigen Dämpfer führt. Hier handelt es sich um ein fast 40 Jahre altes Drehstrom-Aggregat von Knurz-Kirsch, das mit einem knapp 300 ccm großen Briggs & Stratton-Motor versehen ist.

Diese alten Briggs & Stratton-Motoren hatten einen Auspuffdämpfer, der ein besserer Witz war: Eine Blechkiste mit einer Reihe von 2 mm großen Löchern, die dann die Abgase samt Lärm ins Freie entlassen.

Also musste erst einmal eine Art Sammler angeschweißt werden, der über diese Dutzende von kleinen Löchern reicht und dann in ein Anschlussrohr mündet. Dann kommt ein flexibles Auspuffrohr, das zu einem End-Schalldämpfer von einem VW-Polo führt.

Bild 6.11-1: Blick von oben auf den Briggs & Stratton-Motor des Notstromaggregats.

Bild 6.11-2: Sammler und Anschlussrohr am Briggs & Stratton Auspuff.

Das ist der klassische Einsatzfall für das Autogenschweißen: Mit keinem anderen Verfahren können Sie mit derartiger fast chirurgischer Präzision Schweißverbindungen an solchen dünnen Blechen machen. WIG würde prinzipiell gehen, aber der Auspufftopf war verdreckt und teilweise fast durchgerostet – nichts für das saubere WIG-Verfahren.

Der ganze Erfolg der Aktion war übrigens recht mäßig: Diese Billigmotoren rappeln in allen Ecken und geben einen derartigen Körperschall ab, dass man eigentlich das ganze Aggregat in eine lärmdämmende Kiste packen müsste – aber dann wird es dem Motor und vielleicht auch dem Generator zu warm.

6.12 Kranöse für Kettenzug in der Garage

Gerade bei der Oldtimer-Überholung, egal ob Auto oder Motorrad, kann man einen Kettenzug in der Garage sehr gut brauchen, um das Auto oder Motorrad anzuheben oder ganze Motoren herauszuheben. Dazu braucht man nur ein stabiles Flacheisen, ein paar Schwerlastanker und eine Kranöse – und natürlich einen Kettenzug. Das bekommen Sie alles im Baumarkt. Die Kranöse schweißen Sie an das Flacheisen, das Sie mit Bohrungen für die Schwerlastanker versehen haben. Ich habe diese Öse mit 3,2 mm Elektroden bei 140 A verschweißt, da können Sie einen LKW dranhängen. Und bezüglich der Schwerlastanker schlägt jetzt die Stunde Ihres Bohrhammers – eine Schlagbohrmaschine können Sie bei dem eisenarmierten Beton einer Fertiggarage vollkommen vergessen!

Seien Sie aber vorsichtig: Unter eine solche Eigenbau-Hebevorrichtung würde ich mich nur nach gründlichen Belastungstests legen – besser, das Auto zusätzlich mit Böcken abstützen.

Bild 6.12-1: Kranöse für Kettenzug in der Garage (links) und Schweißnaht an der Kranöse (rechts).

KAPITEL 7 High-End Schweißprozesse

In diesem Buch wurden vier klassische und „biedere“ Schweißverfahren besprochen, wie sie für den Hobbyschlosser und Oldtimerfan in Frage kommen. Die Industrie dagegen gibt sich mit diesen seit Jahrzehnten bekannten Verfahren nicht mehr zufrieden: Es werden immer kürzere Prozesszeiten bei gleichzeitig immer besserer metallurgischer Durchdringung gefordert, und es werden Schweißverfahren entwickelt, die Nahtgeometrien aufweisen, die mit den klassischen Verfahren einfach nicht beherrschbar sind. Der Trend geht besonders im Automobilbau zu immer höherfesteren Stählen, die dann aber möglichst geringe Wärmeeinbringung verlangen. Auch das Löten erlebt wieder eine Renaissance, Stichwort MIG-Löten.

Selbst wenn Sie sich eine MIG/MAG-Maschine für 1.000 oder 1.500 € kaufen und nun glauben, Sie wären damit an der technologischen Spitze: Vergessen Sie's. Sie haben damit eine sehr ordentliche und brave Maschine, die im Rahmen Ihrer Hobbyanwendung treue Dienste leisten wird, aber mehr auch nicht.

Ich hatte im Rahmen der Recherchen für die kommende Auflage des bekannten Lehrbuchs „Decker: Maschinenelemente“ Gelegenheit, einen ganzen Tag lang die neuesten schweißtechnischen Entwicklungen im Technologiezentrum der EWM AG kennen zu lernen. Es ist ganz erstaunlich, welchen finanziellen und personellen Aufwand beispielsweise die Firma EWM (die Mitbewerber werden das sicher auch tun) in die Neu- und Weiterentwicklung moderner Schweißverfahren steckt, und ich konnte aus den intensiven Gesprächen mehrere Zukunftstrends klar erkennen:

1. Die Zukunft gehört dem Inverter – und zwar auf ganz breiter Front! Zwar wird es auch in Zukunft weiterhin wohl klassische stufengeschaltete MIG/MAG-Geräte geben, einfach, weil manche Kunden das haben wollen, aber nur mit einem Inverter können die modernen Schweißtechnologien verwirklicht werden. Dazu gehört z.B. das von EWM entwickelte *rootArc*-Verfahren: Dies ist ein Kurzlichtbogen-Schweißverfahren, mit dem sich auch enorm breite Spalte schließen lassen und das obendrein als *Fallnähte*, Bild 7-1. Klassisch wird das mit Autogen mit Weh und Ach gehen, aber versuchen Sie das einmal mit einer stufengeschaltete MIG/MAG-Maschine.

Bild 7-1: Stahlbleche 2 mm, Spalt 3,5 mm, vom Verfasser ohne vorheriges Üben bei EWM MAG-geschweißt mit rootArc als Fallnaht ohne Badsicherung!

2. Viele der seit Jahrzehnten aufgestellten Normen und Verfahrensanweisungen werden neu geschrieben werden müssen: Wo man bisher bei V-Nähten Öffnungswinkel von 60° forderte, können die Öffnungswinkel bei Einsatz moderner Schweißtechnologien auf Inverter-Basis auf 30° und weniger reduziert werden. Das bedingt viel weniger Nähte bei damit einhergehender drastischer Reduzierung der Schweißzeiten, Bild 7-2.

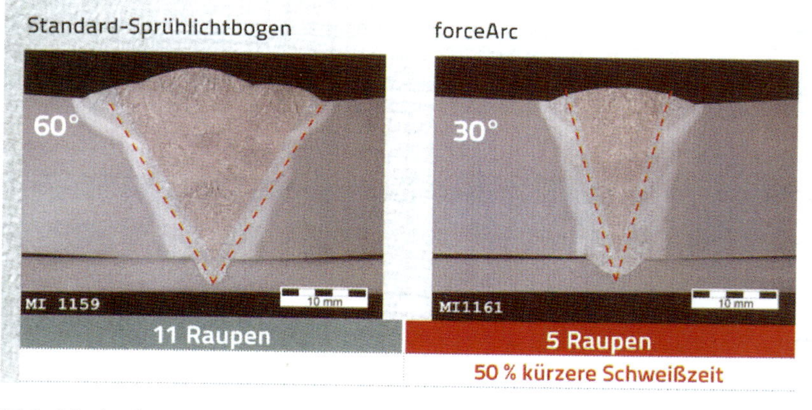

Bild 7-2: Mit der forceArc-Technologie lassen sich die Flankenwinkel spürbar verkleinern; das resultiert in wesentlich weniger Raupen und viel geringeren Schweißzeiten. Werkbild EWM AG [27].

3. Auch für die Konstrukteure selbst wird sich einiges ändern: Während man bisher bei Steganschlüssen Kehlnähte links und rechts bzw. K-Nähte forderte, die damit ein Zugänglichkeit von beiden Seiten bedingte, sind mit moderner Schweißtechnologien auf Inverter-Basis Nähte möglich, die nur noch von einer Seite her aufgebaut werden, Bild 7-3. Das eröffnet ganz neue konstruktive Möglichkeiten.

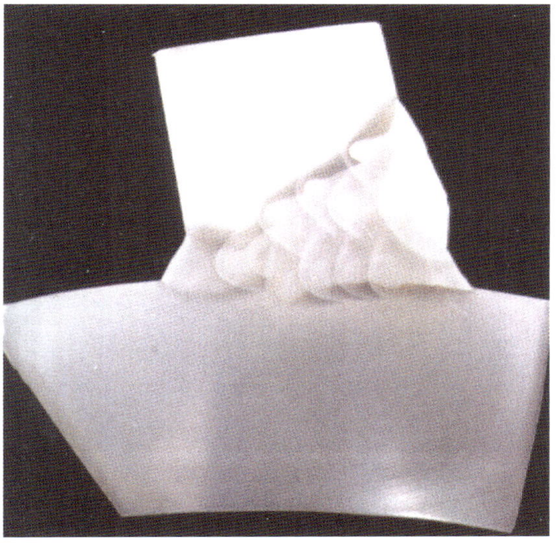

Bild 7-3: Blech S355, 30 mm dick. 11 Raupen wurden mit Schutzgas M21 und Draht G4Si1, 1,2 mm dick ohne Badsicherung geschweißt. Der Öffnungswinkel betrug 25°. Die Besonderheit: Es wurde einseitig geschweißt, also nur von der rechten Seite, Positionen PA und PB. Werkbild EWM AG [27].

4. Die Regel, dass Schweißnähte die Konstruktion schwächen, gilt nicht mehr uneingeschränkt: Mit modernen Schweißtechnologien auf Inverter-Basis können Nähte erzeugt werden, die eine regelrechte Vergütung, also eine Materialverbesserung der gesamten Schweißzone ermöglichen [28].

5. Es ist heute möglich, ganz verschiedenen Materialien mit einander durch Schweißprozesse zu verbinden: Im Automobilbereich ist es bereits realisiert, Aluminiumbleche mit Stahlblechen mit einer Aluminiumlegierung als Zusatzwerkstoff zu verbinden. Für das Alublech ist dies ein Schweißen, für das Stahlblech ein Löten.

Wenn man den Schweißern mit diesen neuesten MIG/MAG- und WIG-Maschinen zuschaut, dann hat man fast das Gefühl, dass diese Maschinen irgendwann ganz von selbst schweißen; und natürlich machen sie es dem Schweißer viel leichter als die traditionellen Geräte. Nun ist es so, dass Schweißmaschinen, die zu derartigen Kunststücken befähigt sind, natürlich nicht ganz billig sind – verständlich, denn es müssen nicht nur die eigentlichen Hard- und Softwarekomponenten, sondern auch die ganze Verfahrensentwicklung, also das Know-How, das in solchen High-End-Maschinen steckt, bezahlt werden. Wir sprechen hier von Gerätekosten, die bei 4.000 bis 5.000 € starten und schnell auch 10.000 € erreichen können. Das wird wohl außerhalb des Budgets auch eines großzügigen Hobbyanwenders liegen – obwohl … wenn Sie vielleicht irgendwann einen ganz abgedrehten Alu- oder Stahlrahmen für ein Motorradgespann bauen, Ihre eigenen Möbelentwürfe aus Edelstahl bauen oder einen Jaguar E-Type restaurieren wollen, an dem Ihr ganzes Herzblut hängt, dann wäre es aus meiner Sicht durchaus überlegenswert, sich eine solche High-End-Maschine zu leisten, denn Sie werden damit Dinge realisieren können, die Sie mit einem Einfach-Gerät oder gar einem Billigheimer aus Fernost einfach nur knicken können.

Von daher lohnt sich auch für den Hobbyschlosser und Oldtimerfan der Blick über den Zaun, der die Schlichtmaschinen von den High-End-Maschinen trennt. Inwieweit diese Profi-Technologien in Zukunft auch in preiswertere Maschinenkategorien für Hobbyanwender, kleine Schlossereien und Autowerkstätten einziehen werden, bleibt abzuwarten. Fest steht: Auch beim Schweißen hat die Zukunft bereits begonnen!

KAPITEL 8 Quellenverzeichnis und weiterführende Literatur:

8.1 Bücher und Druckschriften:

[1] Decker: Maschinenelemente. 19. Auflage. Carl Hanser Verlag. München: 2014.

[2] Merkel, M.; Thomas, K.H.: Taschenbuch der Werkstoffe. 6. Auflage. Fachbuchverlag Leipzig im Carl Hanser Verlag. München: 2003.

[3] Kammer, K.; Läpple, V.: Werkstoffkunde für Praktiker. 6. Auflage. Verlag Europa-Lehrmittel. Haan-Gruiten: 2009.

[4] Matthes, K.J.; Schneider, W. (Hrsg.): Schweißtechnik. 5. Auflage. Fachbuchverlag Leipzig im Carl Hanser Verlag. München: 2012.

[5] Schoer, H.: Schweißen und Hartlöten von Aluminiumwerkstoffen. 2. Auflage. DVS-Verlag. Düsseldorf: 2002.

[6] Fachkunde Metall. 55. Auflage. Verlag Europa-Lehrmittel. Haan-Gruiten: 2007.

[7] Jung, H. et al.: Fachpraxis Metall. 6. Auflage. Cornelsen Verlag. Berlin: 1999.

[8] Agricola, G.: De Re Metallica Libri XII. VDI-Verlag. Düsseldorf: 1978.

[9] Graf von Klinckowstroem, C.: Geschichte der Technik. Droemersche Verlagsanstalt. München, Zürich: 1959.

[10] Scheipers, P. (Hrsg.): Handbuch der Metallbearbeitung. 4. Auflage. Verlag Europa-Lehrmittel. Haan-Gruiten: 2007.

[11] EWM AG, Mündersbach: WIG-Schnellstart-Anleitung 099-QG0002 EWM20 von 10/2013

[12] Killing, R.: Handbuch der Schweißverfahren. Teil 1: Lichtbogenschweißverfahren. 3. Auflage. DVS-Verlag. Düsseldorf: 1999.

[13] EWM AG, Mündersbach Druckschrift 099-005084-EW500 22.09.2011: Betriebsanleitung Mira-Geräteserie.

[14] REHM GmbH u. Co. KG Schweißtechnik, Uhingen: DIN EN 1090 WPQR/WPS-Paket, 2014.

[15] Gabel, H.; Hermann, F.-D.: Der Brennschneider. DVS-Verlag. Düsseldorf: 1998.

[16] Betriebsanleitung der Fa. Kayser für kombinierte Schweiß- und Schneidbrenner, Serie KE 17. Ohne nähere bibliografische Angaben.

[17] Fachkunde für metallverarbeitende Berufe. 35. Auflage. Verlag Europa-Lehrmittel. Wuppertal-Barmen: 1949.

[18] Rieg, F.; Hackenschmidt, R.; Alber-Laukant, B.: Finite Elemente Analyse für Ingenieure. 5. Auflage. Carl Hanser Verlag. München, Wien: 2014.

[19] Donath, E.; Staebler, R.: Korrosion am Fahrzeug und deren sachgerechte Instandsetzung. 3. Auflage. TÜV Süddeutschland Holding AG-Verlag. München: 2004.

[20] VdTüv-Merkblatt Fahrzeug 728: Beurteilung von Korrosionsschäden und deren Reparatur an Personenwagen. Herausgegeben vom Verband der TÜV e.V. TÜV Media. Köln: 2009.

[21] Fachbuchreihe Schweißtechnik Band 134: Instandsetzungsschweißen an Personenkraftwagen. DVS-Merkblätter 2501-2505,2514. DVS-Verlag. Düsseldorf: 1997.

[22] DVS-Merkblatt 2508: Richten und Schweißarbeiten an Stahl-Kraftradrahmen. Schweißverfahren an Kraftradrahmen. DVS-Verlag. Düsseldorf: 1999.

[23] Heusler, H.: BMW-Boxer. BMW-Zweiventiler von 1969 bis 1996. Band 3. 2. Auflage. Bodensteiner Verlag. Wallmoden: 2013.

[24] Bergmann, W.: Werkstofftechnik 2: Werkstoffherstellung – Werkstoffverarbeitung – Werkstoffanwendung. 3. Auflage. Carl Hanser Verlag. München, Wien: 2002.

[25] Schulze, G.: Die Metallurgie des Schweißens. 3. Auflage. Springer-Verlag. Berlin, Heidelberg, New York: 2004.

[26] Mündliche Mitteilung von D. Kocab am 17.2.2015 im Technologie-Zentrum der EWM AG in Mündersbach.

[27] EWM AG, Mündersbach: Gerätekatalog 2014.

8.2 Internetseiten und Internetgraphiken:

[C-1] http://www.tf.uni-kiel.de/matwis/amat/mw1_ge/kap_3/backbone/r3_3_1.html

[C-2] „Ferritgefüge“ von Eisenbeisser - Eigenes Werk. Lizenziert unter Creative Commons Attribution-Share Alike 3.0 über Wikimedia Commons http://commons.wikimedia.org/wiki/File:Ferritgef%C3%BCge.JPG#mediaviewer/Datei:Ferritgef%C3%BCge.JPG

[C-3] „Primaerzementit“ von Eisenbeisser - Eigenes Werk. Lizenziert unter Creative Commons Attribution-Share Alike 3.0 über Wikimedia Commons http://commons.wikimedia.org/wiki/File:Primaerzementit.jpg#mediaviewer/Datei:Primaerzementit.jpg

[C-4] „Ferrit-perlit 500x“ von Samson00 - Eigenes Werk. Lizenziert unter Creative Commons Attribution-Share Alike 3.0-2.5-2.0-1.0 über Wikimedia Commons–http://commons.wikimedia.org/wiki/File:Ferrit-perlit_500x.jpg#mediaviewer/Datei:Ferrit-perlit_500x.jpg

[C-5] „Ledeburit2“ von Eisenbeisser - Eigenes Werk. Lizenziert unter Creative Commons Attribution-Share Alike 3.0 über Wikimedia Commons – http://commons.wikimedia.org/wiki/File:Ledeburit2.jpg#mediaviewer/Datei:Ledeburit2.jpg

[C-6] „Steel 035 water quenched“ von Original uploader was Unbound at en.wikipedia - Transfered from en.wikipedia Transfer was stated to be made by User:Metallos.. Lizenziert unter Public domain über Wikimedia Commons - http://commons.wikimedia.org/wiki/File:Steel_035_water_quenched.png#mediaviewer/Datei:Steel_035_water_quenched.png

[C-7] „Brunn Herrenhaus Front Altan Gusseisen“ von Horst-schlaemma - Eigenes Werk. Lizenziert unter Public domain über Wikimedia Commons - http://commons.wikimedia.org/wiki/File:Brunn_Herrenhaus_Front_Altan_Gusseisen.JPG#mediaviewer/Datei:Brunn_Herrenhaus_Front_Altan_Gusseisen.JPG

[C-8] http://de.wikipedia.org/wiki/Gusseisen_mit_Kugelgraphit

[C-9] http://www.bet-bremshey.de/temperguss.html

[C-10] http://www.dgv.de/Werkstoffhinweise/I-W009.pdf

[C-11] http://www.tbi-industries.com/german

[C-12] www.bgbau-medien.de

[C-13] http://www.oerlikon-welding.de

[C-14] http://www.oerlikon-online.de/Handbuch/

[C-15] Wikipedia: Offizielles Bild der US Navy – Schweißarbeiten am Flugzeugträger USS Ronald Reagan.

[C-16] Wikipedia: Bundesarchiv B 145 Bild-F078960-0029, Stuttgart-Untertürkheim, Mercedes Autowerk.

[C-17] http://www.zeppelin-systeme.de/unternehmen.htm

[C-18] www.ewm-sales.com/product/view/4788

[C-19] www.ewm-sales.com/product/view/4789

[C-20] http://www.bghm.de/arbeitsschuetzer/dokumentenbibliothek/schweissen/

[C-21] http://produkte.linde-gase.de/db_neu/acetylen_in_aceton_geloest.pdf

[C-22] www.sonderlote.de. Ralf Tschöpe, Fontargen-Handelsvertretung, Eisenberg.

[C-23] http://www.messergroup.com/de/Produkte_und_Loesungen/gase/ schweissgase/Produkte/index.html

[C-24] http://produkte.linde-gase.de/schweissschutzgase_nach_din_en_iso_14175

[C-25] http://www.binzel-abicor.com/DE/deu/produkte/migmag-schweissbrenner/schweissbrenner-mb/

[C-26] https://www.ewm-sales.com/Massivdrahtelektrode-unlegiert

[C-27] https://www.ewm-sales.com/Massivdrahtelektrode-hochlegiert

[C-28] https://www.ewm-sales.com/MIG-Drahtelektroden-Aluminium

[C-29] http://www.munk-online.de/media/hpa/info/mig_mag-fibel.pdf

[C-30] www.rehmshop.de

[C-31]https://www.ewm-sales.com

[C-32]http://www.werkzeug-news.de/forum/viewforum.php?f=19

[C-33]www.schweisserforum.de/

[C-34]http://www.fuelldraht.de/

[C-35]https://www.weldorado.de/

[C-36]http://www.hoffmann-tools.com/

[C-37]http://de.wikipedia.org/wiki/Feile

[C-38]http://www.poellhuber.at/schweisser-shop/

[C-39]https://www.ewm-sales.com/product/view/3409

[C-40] "T-T-T-diagram" von Metallos - Eigenes Werk mit Informationen aus H. K. D. H. Bhadeshia, "Bainite in steels". Cambridge University, Dept. of Materials Science and Metallurgy (1990). Lizenziert unter GFDL via Wikimedia Commons-http://commons.wikimedia.org/wiki/File:T-T-T-diagram.svg#mediaviewer/File:T-T-T-diagram.svg

[C-41] http://www.metall-zert.de/ausfuehrungsklassen.html

[C-42]:„Pinch“ von Mühlenberg-Eigenes Werk. Lizenziert unter CC-BY-SA 4.0 über Wikimedia Commons-http://commons.wikimedia.org/wiki/ File: Pinch.png#mediaviewer/File:Pinch.png